土木工程本科应用型系列教材

土木工程施工组织

主　编　郑显春　王利文
副主编　李雪飞
主　审　白润山

中国建材工业出版社

图书在版编目(CIP)数据

土木工程施工组织/郑显春,王利文主编. —北京:中国
建材工业出版社,2009,9
(土木工程本科应用型系列教材)
ISBN 978-7-80227-533-1

Ⅰ. 土… Ⅱ.①郑…②王… Ⅲ. 土木工程—施工
组织—高等学校—教材 Ⅳ. TU721

中国版本图书馆 CIP 数据核字(2009)第 163018 号

内 容 简 介

本书依据《工程网络计划技术规程》(JGJ/T 121—99)及《建设工程项目管理规范》(GB/T 50326—2006)编写而成,主要阐述了施工组织的基本原理和理论方法。全书共六章,内容包括:施工组织概论、流水施工原理、网络计划技术、施工组织总设计、单位工程施工组织设计和建设工程项目管理规划概述。

本书将理论知识与工程实践的实例结合,突出了工程的实用性,强化了施工管理实践能力的训练,具有内容翔实、深浅适度、可操作性强、适用面广等特点。可作为高等院校土木工程专业、工程管理专业、建筑工程技术专业及其他相关专业的教材,也可作为继续教育的培训教材,同时供土木工程施工管理人员参考使用。

土木工程施工组织

主 编 郑显春 王利文

出版发行:中国建材工业出版社
地 址:北京市西城区车公庄大街 6 号
邮 编:100044
经 销:全国各地新华书店
印 刷:北京鑫正大印刷有限公司
开 本:787mm×1092mm 1/16
印 张:14.75
插 页:2
字 数:374 千字
版 次:2009 年 9 月第 1 版
印 次:2009 年 9 月第 1 次
书 号:ISBN 978-7-80227-533-1
定 价:28.00 元

本社网址:www. jccbs. com. cn
本书如出现印装质量问题,由我社发行部负责调换。联系电话:(010)88386906

前　言

　　《土木工程施工组织》是土木工程、工程管理、建筑施工技术等专业的一门主要专业课程，它是针对土木工程施工的复杂性，研究土木工程建设的统筹安排与系统管理的客观规律，制定最合理的施工组织与管理方法的一门科学。

　　本书是根据"土木工程施工组织"课程的教学大纲要求编写的，主要阐述了施工组织的基本原理和理论方法。书中补充了当前建筑业改革中应用的现代化施工组织和管理方法，注重贯彻我国现行规范、规程及有关文件，并给出了一些工程实例，使本书的理论与生产实际情况更加密切地结合。本书具有应用性知识突出、可操作性强、深浅适度、图文并茂、通俗易懂等特点。通过对本书的学习，可以掌握土木工程施工组织设计的基本原理、基本内容和基本步骤，以及施工管理的主要方法，从而为学生走向工作岗位打下坚实的理论基础。同时，也可提高建筑施工企业的组织能力和管理水平。

　　全书共六章，内容包括：施工组织概论、流水施工原理、网络计划技术、施工组织总设计、单位工程施工组织设计和建设工程项目管理规划概述。每章均有复习思考题，第二、三章编有习题，便于读者学习、巩固。

　　本书由河北建筑工程学院的老师编写，郑显春、王利文担任主编，李雪飞担任副主编。具体写作分工为：第一章由郭涛编写；第二章由王利文编写；第三章第一至五节和第七至八节由郑显春编写；第四章由李鹏飞编写；第五章由李雪飞编写；第六章和第三章的第六节由徐玲玲编写。最后，由郑显春进一步统稿并定稿。

　　由于编者水平有限，书中难免有不妥和错误之处，恳请读者批评指正。

编者
2009 年 7 月

目　录

第一章 施工组织概论

第一节 土木工程产品及其施工的特点

一、土木工程产品的特点

1. 土木工程产品的固定性

任何土木工程产品（如建筑物、构筑物、公路等）都是在建设单位所选定的地点上建造和使用，它与所选定地点的土地是不可分割的。因此，土木工程产品的建造和使用地点在空间上是固定的。

2. 土木工程产品的多样性

土木工程产品不但需要满足用户对其使用功能和质量的要求，而且还要体现各地区的民族风格，并受到当地社会环境、自然条件等诸多因素的限制，使其在建设规模、结构类型、构造型式、装饰材料等诸多方面各不相同；即使是同一类型产品，设计图纸也相同，也会因建造地点、地质条件等的不同而彼此有所区别，因此形成了土木工程产品的多样性。

3. 土木工程产品体形庞大

为了满足特定的使用功能，土木工程产品必然占据广阔的地面与空间，因而其体形庞大。与一般工业产品比较，建造时耗用的人工、材料、机械设备等资源众多。

4. 土木工程产品的综合性

土木工程产品是一个完整的实物体系，它综合了建筑风格、建筑功能、结构构造、装饰做法等多方面的技术成就，以及工艺设备、采暖通风、供水供电、通信网络、安全监控、卫生设备等各类设施的当代水平，从而使土木工程产品的涉及面更广，综合性更强。

二、土木工程施工的特点

1. 施工的流动性

由于土木工程产品的固定性，决定了参与工程施工的工人、机具、材料等是不断流动的，不仅要随产品的建造地点的变动而流动，而且还要随着产品施工程序和施工部位的改变而不断地在空间流动。这就要求事先必须有一个周密的施工组织设计，做好流水施工安排，确保流动着的工人、机具、材料等互相协调配合，使工程施工能有条不紊、连续、均衡地进行。

2. 施工的单件性

由于土木工程产品的多样性和固定性，决定了其施工的单件性。不同类型的，甚至是相同类型、规模的土木工程产品，由于在不同的地区或不同地点、不同季节施工，施工现场条件、施工方法、施工人员等也不尽相同，一般也不可能有完全相同的施工模式。因此，每一个土木工程产品的施工都具有个别性、单件性。这就要求事先必须有一个切实可行的施工组织设计，以便工程施工能因时制宜、因地制宜地顺利进行。

3. 施工的周期长

1

由于土木工程产品体形庞大而复杂,产品固定又具有不可分割性,生产过程中要投入大量的人力、物力、财力,露天作业,受季节、气候以及劳动条件影响,还要受到生产技术、工艺流程和活动空间的限制,这些都决定了土木工程产品施工周期长的特点。

4. 施工的地区性

由于土木工程产品的固定性决定了同一使用功能的工程产品因其建造地点的不同必然受到建设地区的自然、技术、经济和社会条件的约束,使其结构、构造、艺术形式、室内设施、材料、施工方案等方面均各异。因此工程施工具有明显的地区性。

5. 施工露天作业多,高空作业多,安全性差

土木工程产品不能像其他工业产品一样在车间内生产,除少量构件生产及部分装饰工程、设备安装工程外,大部分施工过程都是在室外完成的。同时随着我国国民经济的不断发展和建筑技术的日益进步,建筑产品向高层、超高层发展,使得建筑施工高空作业多的特点日益明显,因而也增加了作业环境的不安全因素。

6. 施工手工作业多、工人劳动强度大

目前,我国土木工程施工企业的技术装备机械化程度还比较低,工人手工操作量大,致使工人的劳动强度大、劳动条件差。

7. 施工的复杂性

由于土木工程产品施工的流动性、单件性、周期长和露天作业多、高空作业多、手工操作多等特点,再加上它涉及工程力学、建筑结构、建筑构造、地基基础、水暖电、机械设备、建筑材料和施工技术等学科的专业知识,涉及建设、设计、监理、施工单位以及消防、环境保护、材料供应、水电供应、科研试验等社会各部门和领域,要在不同时期、不同地点和不同产品上组织多专业、多工种的综合作业,这就使组织工程施工更加复杂,要求事先必须有一个全面的施工组织设计,科学地制定施工进度计划,并提出相应的技术、质量、组织、安全、环保、节能等各项保证措施,以确保能多快好省地完成施工任务。

第二节　原始资料调查

原始资料是工程设计、施工组织设计、施工方案选择的重要依据之一。对一项工程所涉及的自然条件和技术经济条件等施工资料进行调查,也是施工准备工作的一项重要内容。尤其是当施工单位进入一个新的城市或地区,对建设地区的技术经济条件、场地特点和社会情况等不太熟悉,此项工作显得尤为重要。调查研究与收集资料的工作应有计划、有目的地进行,事先要拟定详细的调查提纲。其调查的范围、内容等应根据拟建工程的规模、性质、复杂程度、工期以及对当地了解程度确定。调查时,除向建设单位、勘察设计单位、当地气象台站及有关部门和单位收集资料及有关规定外,还应到实地勘测,并向当地居民了解。对调查、收集到的资料应注意整理归纳、分析研究,对其中特别重要的资料,必须复查其数据的真实性和可靠性。

一、原始资料的调查

(一)对建设单位与设计单位的调查

向建设单位与设计单位调查的项目见表1-1。

表 1-1 向建设单位和设计单位调查的项目

序 号	调查单位	调查内容	调查目的
1	建设单位	1. 建设项目设计任务书、有关文件； 2. 建设项目性质、规模、生产能力； 3. 生产工艺流程、主要工艺设备名称及来源、供应时间、分批或全部到货时间； 4. 建设期限、开工时间、交工先后顺序、竣工投产时间； 5. 总概算投资、年度建设计划； 6. 施工准备工作的内容、安排、工作进度表	1. 施工依据； 2. 项目建设部署； 3. 制定主要工程施工方案； 4. 规划施工总进度； 5. 安排年度施工计划； 6. 规划施工总平面； 7. 确定占地范围
2	设计单位	1. 建设项目总平面规划； 2. 工程地质勘察资料； 3. 水文勘察资料； 4. 项目建筑规模、建筑、结构、装修概况、总建筑面积、占地面积； 5. 单项（单位）工程个数； 6. 设计进度安排； 7. 生产工艺设计、特点； 8. 地形测量图	1. 规划施工总平面图； 2. 规划生产施工区、生活区； 3. 安排大型临建工程； 4. 规划施工总进度； 5. 计算平整场地土石方量； 6. 确定地基、基础的施工方案

（二）自然条件调查分析

包括对建设地区的气象资料、工程地形地质、工程水文地质、周围民宅的坚固程度及其居民的健康状况等项调查。为制定施工方案、各项技术组织措施、冬雨期施工措施及进行施工平面规划布置等提供依据；为编制现场"七通一平"计划提供依据，如地上建筑物的拆除、高压电线路的搬迁、地下构筑物的拆除和各种管线的搬迁等项工作；为了减少施工公害，如打桩工程在打桩前，对居民的危房和居民中的心脏病患者采取保护性措施。自然条件调查的项目见表1-2。

表 1-2 自然条件调查的项目

序 号	项目	调查内容	调查目的
1		气象资料	
(1)	气温	1. 全年各月平均温度； 2. 最高温度、月份，最低温度、月份； 3. 冬天、夏季室外计算温度； 4. 霜、冻、冰雹期； 5. 小于-3℃、0℃、5℃的天数，起止日期	1. 防暑降温； 2. 全年正常施工天数； 3. 冬期施工措施； 4. 估计混凝土、砂浆强度增长
(2)	降雨	1. 雨季起止时间； 2. 全年降水量、日最大降水量； 3. 全年雷暴天数、时间； 4. 全年各月平均降水量	1. 雨期施工措施； 2. 现场排水、防洪； 3. 防雷； 4. 雨天天数估计
(3)	风	1. 主导风向及频率（风玫瑰图）； 2. 大于或等于8级风的全年天数、时间	1. 布置临时设施； 2. 高空作业及吊装措施
2		工程地质、地形	
(1)	地形	1. 区域地形图； 2. 工程位置地形图； 3. 工程建设地区的城市规划； 4. 控制桩、水准点的位置； 5. 地形、地质的特征； 6. 勘察文件、资料等	1. 选择施工用地； 2. 合理布置施工总平面图； 3. 计算现场平整土方量； 4. 障碍物及数量； 5. 拆迁和清理施工现场

序号	项目	调查内容	调查目的
(2)	地质	1. 钻孔布置图; 2. 地质剖面图(各层土的特征、厚度); 3. 土质稳定性:滑坡、流砂、冲沟; 4. 地基土强度的结论,各项物理力学指标:天然含水量、孔隙比、渗透性、压缩性指标、塑性指数、地基承载力; 5. 软弱土、膨胀土、湿陷性黄土分布情况;最大冻结深度; 6. 防空洞、枯井、土坑、古墓、洞穴,地基土破坏情况; 7. 地下沟渠管网、地下构筑物	1. 土方施工方法的选择; 2. 地基处理方法; 3. 基础、地下结构施工措施; 4. 障碍物拆除计划; 5. 基坑开挖方案设计
(3)	地震	抗震设防烈度的大小	对地基、结构影响,施工注意事项
3		工程水文地质	
(1)	地下水	1. 最高、最低水位及时间; 2. 流向、流速、流量; 3. 水质分析; 4. 抽水试验、测定水量	1. 土方施工、基础施工方案的选择; 2. 降低地下水位方法、措施; 3. 判定侵蚀性质及施工注意事项; 4. 使用、饮用地下水的可能性
(2)	地面水 (地面河流)	1. 邻近的江河、湖泊及距离; 2. 洪水、平水、枯水时期,其水位、流量、流速、航道深度,通航可能性; 3. 水质分析	1. 临时给水; 2. 航运组织; 3. 水工工程
(3)	周围环境及障碍物	1. 施工区域现有建筑物、构筑物、沟渠、水流、树木、土堆、高压输变电线路等; 2. 邻近建筑坚固程度及其中人员工作、生活、健康状况	1. 及时拆迁、拆除; 2. 保护工作; 3. 合理布置施工平面; 4. 合理安排施工进度

(三)技术经济条件调查分析

包括地方建筑生产企业、地方资源交通运输,水、电及其他能源,主要设备、三大材料和特殊材料,以及它们的生产能力等项调查。调查的项目见表1-3～表1-9。

表1-3 地方建筑材料及构件生产企业情况调查内容

序号	企业名称	产品名称	规格质量	单位	生产能力	供应能力	生产方式	出厂价格	运距	运输方式	单位运价	备注

注:1. 名称按照构件厂、木工厂、金属结构厂、商品混凝土厂、砂石厂、建筑设备厂及砖、瓦、石灰厂等填列;
    2. 资料来源:当地计划、经济、建筑主管部门;
    3. 调查明细:落实物资供应。

表1-4 地方资源情况调查内容

序号	材料名称	产地	储存量	质量	开采 (生产)量	开采费	出厂价	运距	运费	供应可能性

注:1. 材料名称栏按照块石、碎石、砾石、砂、工业废料(包括冶金矿渣、炉渣、电站粉煤灰)填列;
    2. 调查目的:落实地方物资准备工作。

表 1-5　地区交通运输条件调查内容

序　号	项　　目	调　查　内　容
1	铁路	1. 邻近铁路专用线、车站至工地的距离及沿途运输条件; 2. 站场卸货路线长度,起重能力和储存能力; 3. 装载单个货物的最大尺寸,质量的限制; 4. 运费、装卸费和装卸力量
2	公路	1. 主要材料产地至工地的公路等级,路面构造宽度及完好情况,允许最大载重量; 2. 途经桥涵等级,允许最大载重量; 3. 当地专业机构及附近村镇能提供的装卸、运输能力,汽车、畜力、人力车的数量及运输效率,运费、装载费; 4. 当地有无汽车修配厂,修配能力和至工地距离、路况; 5. 沿途架空电线高度
3	航运	1. 货源、工地至邻近河流、码头渡口的距离,道路情况; 2. 洪水、平水、枯水期和封冻期通航的最大船只及吨位,取得船只的可能性; 3. 码头装卸能力,最大起重量,增设码头的可能性; 4. 渡口的渡船能力,同时可载汽车、马车数,每日次数,能为施工提供的能力; 5. 运费、渡口费、装卸费

注:调查目的:选择施工运输方式及拟定施工运输计划。

表 1-6　供电、供气条件调查内容

序　号	项　　目	调　查　内　容
1	给水排水	1. 与当地现有水源连接的可能性,可供水量,接管地点、管径、管材、埋深、水压、水质、水费,至工地距离,地形地物情况; 2. 临时供水源:利用江河、湖水的可能性,水源、水量、水质,取水方式,至工地距离,地形地物情况,临时水井位置、深度、出水量、水质; 3. 利用永久排水设施的可能性,施工排水去向、距离、坡度,有无洪水影响,现有防洪设施,排洪能力
2	供电与通讯	1. 电源位置,引入的可能,允许供电容量、电压、导线截面、距离、电费、接线地点,至工地距离,地形地物情况; 2. 建设单位、施工单位自有发电、变电设备的规格型号、台数、能力、燃料、资料及可能性; 3. 利用邻近电信设备的可能性,电话、电报局至工地距离,增设电话设备和计算机等自动化办公设备和线路的可能性
3	供气	1. 蒸汽来源,可供能力、数量,接管地点、管径、埋深,至工地距离,地形地物情况,供气价格,供气的正常性; 2. 建设单位、施工单位自有锅炉型号、台数、能力、所需燃料、用水水质、投资费用; 3. 当地单位、建设单位提供压缩空气、氧气的能力,至工地的距离

注:1. 资料来源:当地城建、供电局、水厂等单位及建设单位;
　　2. 调查目的:选择给水排水、供电、供气方式,作出经济比较。

表 1-7　三大材料、特殊材料及主要设备调查内容

序　号	项　　目	调　查　内　容	调　查　目　的
1	三大材料	1. 钢材订货的规格、牌号、强度等级、数量和到货时间; 2. 木材订货的规格、等级、数量和到货时间; 3. 水泥订货的品种、强度等级、数量和到货时间	1. 确定临时设施和堆放场地; 2. 确定木材加工计划; 3. 确定水泥储存方式
2	特殊材料	1. 需要的品种、规格、数量; 2. 试制、加工和供应情况; 3. 进口材料和新材料	1. 制定供应计划; 2. 确定存储方式;

序　号	项　目	调　查　内　容	调　查　目　的
3	主要设备	1. 主要工艺设备的名称、规格、数量和供货单位； 2. 分批或全部到货时间	1. 确定临时设施和堆放场地； 2. 拟定防雨措施

表 1-8　建设地区社会劳动力和生活设施的调查内容

序　号	项　目	调　查　内　容	调　查　目　的
1	社会劳动力	1. 少数民族地区的风俗习惯； 2. 当地能提供的劳动力人数、技术水平、工资费用和来源； 3. 上述人员的生活安排	1. 拟定劳动力计划； 2. 安排临时设施
2	房屋设施	1. 必须在工地居住的单身人数和户数； 2. 能作为施工用的现有的房屋栋数、每栋面积、结构特征、总面积、位置、水、暖、电、卫、设备状况； 3. 上述建筑物的适宜用途，用作宿舍、食堂、办公室的可能性	1. 确定现有房屋为施工服务的可能性； 2. 安排临时设施
3	周围环境	1. 主副食品供应，日用品供应，文化教育，消防治安等机构能为施工提供的支援能力； 2. 邻近医疗单位至工地的距离，可能就医情况； 3. 当地公共汽车、邮电服务情况； 4. 周围是否存在有害气体，污染情况，有无地方病	安排职工生活基地，解除后顾之忧

表 1-9　参加施工的各单位能力调查内容

序号	项目	调查内容
1	工人	1. 工人数量、分工种人数，能投入本工程施工的人数； 2. 专业分工及一专多能的情况，工人队组形式； 3. 定额完成情况、工人技术水平、技术等级构成
2	管理人员	1. 管理人员总数，所占比例； 2. 其中技术人员数，专业情况，技术职称，其他人员数
3	施工机械	1. 机械名称、型号、能力、数量、新旧程度、完好率，能投入本工程施工的情况； 2. 总装备程度(马力/全员)； 3. 分配、新购情况
4	施工经验	1. 历年曾施工的主要工程项目、规模、结构、工期； 2. 习惯施工方法，采用过的先进施工方法，构件加工、生产能力、质量； 3. 工程质量合格情况，科研、革新成果
5	经济指标	1. 劳动生产率、年完成能力； 2. 质量、安全、降低成本能力； 3. 机械化程度； 4. 工业化程度，机械、设备的完好率，利用率

注：1. 资料来源：参加施工的各单位；

　　2. 调查目的：明确施工力量、技术素质，规划施工任务分配、安排。

第三节　施工准备工作

现代企业管理的理论认为，企业管理的重点是生产经营，而生产经营的核心是决策。工程项目施工准备工作是生产经营管理的重要组成部分,是对拟建工程目标、资源供应和施工方案的选择,是对空间布置和时间排列等诸方面进行的施工决策。

一、施工准备工作的重要性

现代的建筑施工是一项错综复杂的生产活动,它不但需要耗用大量的材料、动用大批的机具设备、组织安排成百上千的各类专业工人进行施工操作,而且还要处理各种复杂的技术问题,协调内部、外部的各种关系,真可谓涉及面广、情况复杂、千头万绪。如果事先没有统筹安排或准备得不充分,势必会使某些施工过程出现停工待料、延长施工时间、施工秩序混乱的情况,致使工程施工无法正常进行。因此,事先全面细致地做好施工准备工作,对调动各方面的积极因素,合理组织人力、物力,加快施工进度,提高工程质量,节约资金和材料,提高企业的经济效益,都将起到重要作用。

施工阶段的施工程序是:施工准备、土建施工、设备安装、竣工验收交付使用。其中施工准备工作的基本任务是为拟建工程施工建立必要的技术、物资和组织条件,统筹安排施工力量和布置施工现场,确保拟建工程按时开工和持续施工。实践经验证明,严格遵守施工程序,按照客观规律组织施工,及时做好各项施工准备工作,是工程施工能够顺利进行和圆满完成施工任务的重要保证。

二、施工准备工作的分类

(一)按施工准备工作的范围分类

1. 全场性施工准备。它是以一个建筑工地为对象而进行的各项施工准备工作,其目的和内容都是为全场性施工服务的,同时也兼顾单位工程施工条件的准备工作。

2. 单位工程施工条件的准备。它是以一个建筑物或构筑物为对象而进行的各项准备工作,其目的和内容都是为该单位工程创造施工条件做准备工作,确保单位工程按期开工和持续施工,同时也兼顾分部分项工程施工条件的准备工作。

3. 分部分项工程作业条件的准备。它是以一个分部或分项工程或冬、雨期施工工程为对象而进行的各项作业条件的准备工作。

(二)按拟建工程所处的施工阶段分类

1. 开工前的施工准备。它是拟建工程开工前所进行的各项施工准备工作,其目的是为拟建工程正式开工和在一定的时间内持续施工创造必要的施工条件。它包括全场性施工准备和单位工程施工条件的准备。

2. 各施工阶段施工前的准备。它是拟建工程开工后,每个施工阶段正式开工前所做的各项施工准备工作,其目的是为各施工阶段正式开工创造必要的条件。如一般民用建筑工程施工,可分为地基与基础工程、主体工程、屋面工程和装修工程等施工阶段,每个施工阶段的施工内容不同,所需要的技术条件、物资条件、施工方法、组织措施要求及现场平面布置等方面也就不同,所以,每个施工阶段开始前,均要做好相应的施工准备工作。

由此可以看出,不仅在拟建工程开工之前要做好施工准备工作,而且随着工程施工的进展,在各施工阶段开工之前也要做好施工准备工作。施工准备工作既有阶段性,又有连续性,因此施工准备工作必须有计划、有步骤、分期、分阶段地进行,要贯穿拟建工程整个建造过程的始终。

三、施工准备工作的内容

施工准备工作通常包括技术资料准备、施工现场准备、物资准备、施工组织准备和对外工作准备五个方面。

(一)技术资料准备

技术资料准备即通常所说的"内业"工作,是施工准备工作的核心,是确保工程质量、工期、施工安全和降低工程成本、增加企业经济效益的关键。其主要内容包括熟悉与会审施工图纸、调查研究与收集资料、编制施工组织设计、编制施工预算文件。

1. 熟悉与会审施工图纸

(1)熟悉与会审施工图纸的目的

① 充分了解设计意图、结构构造特点、技术要求、质量标准,以免发生施工指导性错误。

② 及时发现施工图纸中存在的差错或遗漏,以便及时改正,确保工程顺利施工。

③ 结合具体情况,提出合理化建议和协商有关配合施工等事宜,以便确保工程质量、安全,降低工程成本和缩短工期。

(2)熟悉施工图纸的要求和重点内容

1)熟悉施工图纸的要求

先粗后细,先小后大,先建筑后结构,先一般后特殊,图纸与说明结合,土建与安装结合,图纸要求与实际情况结合。

2)熟悉施工图纸的重点内容

① 基础部分,应核对建筑、结构、设备施工图纸中有关基础留洞的位置尺寸、标高,地下室的排水方向,变形缝及人防出口的做法,防水体系的包圈和收头要求等是否一致和符合规定。

② 主体结构部分,主要掌握各层所用砂浆、混凝土的强度等级,墙、柱与轴线的关系,梁、柱配筋及节点做法,悬挑结构的锚固要求,楼梯间的构造做法等,核对设备图和土建图上洞口的尺寸与位置关系是否准确一致。

③ 屋面及装修部分,主要掌握屋面防水节点做法,内外墙和地面等所用材料及做法,核对结构施工时为装修施工设置的预埋件、预留洞的位置、尺寸和数量是否正确。

在熟悉图纸时,对发现的问题应在图纸的相应位置作出标记,并做好记录,以便在图纸会审时提出意见,协商解决。

(3)施工图纸会审

施工图纸会审一般由建设单位组织,设计单位、施工单位参加。会审时,首先由设计单位进行图纸交底,主要设计人员应向与会者说明拟建工程的设计依据、意图和功能要求,并对特殊结构、新材料、新工艺和新技术的选用和设计进行说明;然后施工单位根据熟悉审查图纸时的记录和对设计意图的理解,对施工图纸提出问题、疑问和建议;最后在三方统一认识的基础上,对所探讨的问题逐一做好协商记录,形成"图纸会审纪要",由建设单位正式行文,参加会议的单位共同会签、盖章,作为与施工图纸同时使用的技术文件和指导施工的依据,并列入工程预算和工程技术档案。

施工图纸会审的重点内容如下:

1)审查拟建工程的地点、建筑总平面图是否符合国家或当地政府的规划,是否与规划部门批准的工程项目规模形式、平面立面图一致,在设计功能和使用要求上是否符合卫生、防火及美化城市等方面的要求。

2)审查施工图纸与说明书在内容上是否一致,施工图纸是否完整、齐全,各种施工图纸之间或各组成部分之间是否有矛盾和差错,图纸上的尺寸、标高、坐标是否准确、一致。

3)审查地上与地下工程、土建与安装工程、结构与装修工程等施工图之间是否有矛盾或施工中是否会发生干扰,地基处理、基础设计是否与拟建工程所在地点的水文、地质条件等相符合。

4)当拟建工程采用特殊的施工方法和特定的技术措施,或工程复杂、施工难度大时,应审查本单位在技术上、装备条件上或特殊材料上、构配件的加工订货上有无困难,能否满足工程质量、施工安全和工期的要求;采取某些方法和措施后,是否能满足设计要求。

5)明确建设期限、分期分批投产或交付使用的顺序、时间;明确建设、设计和施工单位之间的协作、配合关系;明确建设单位所能提供的各种施工条件及完成的时间,建设单位提供的材料和设备的种类、规格、数量及到货日期等。

6)对设计和施工提出的合理化建议是否被采纳或部分采纳;施工图纸中不明确或有疑问之处,设计单位是否解释清楚等。

2. 调查研究、收集资料

我国地域辽阔,各地区的自然条件、技术经济条件和社会状况等各不相同,因此必须做好调查研究,了解当地的实际情况,熟悉当地条件,掌握第一手资料,作为编制施工组织设计的依据。其主要内容包括技术经济资料的调查、建设场址的勘察、社会资料调查等。

3. 编制施工组织设计

施工组织设计是规划和指导拟建工程从施工准备到竣工验收的施工全过程中各项活动的技术、经济和组织的综合性文件。施工总承包单位经过投标、中标承接施工任务后,即开始编制施工组织设计,这是拟建工程开工前最重要的施工准备工作之一。施工准备工作计划则是施工组织设计的重要内容之一。

4. 编制施工预算

施工预算是在施工图预算的控制下,按照施工图、拟定的施工方法和建筑工程施工定额,计算出各工种工程的人工、材料和机械台班的使用量及其费用,作为施工单位内部承包施工任务时进行结算的依据,同时也是编制施工作业计划、签发施工任务单、限额领料、基层进行经济核算的依据,也是考核施工企业用工状况、进行施工图预算与施工预算的"两算"对比的依据。

(二)施工现场准备

施工现场是参加建筑施工的全体人员为优质、安全、低成本和高速度完成施工任务而进行工作的活动空间;施工现场准备工作是为拟建工程施工创造有利的施工条件和物资保证的基础。其主要内容包括:拆除障碍物,搞好"七通一平";做好施工场地的控制网测量与放线;搭设临时设施;安装调试施工机具,做好建筑材料、构配件等的存放工作;做好冬雨期施工安排;设置消防、保安设施和机构。

1. 拆除障碍物

拆除施工范围内的一切地上、地下妨碍施工的障碍物,通常是由建设单位来完成,但有时也委托施工单位完成。拆除障碍物时,必须事先找全有关资料,摸清底细;资料不全时,应采取相应防范措施,以防发生事故。架空线路、地下自来水管道、污水管道、燃气管道、电力与通讯电缆等的拆除,必须与有关部门取得联系,并办好相关手续后方可进行。最好由有关部门自行拆除或承包给专业施工单位拆除。现场内的树木应报园林部门批准后方可砍伐。拆除房屋时必须在水源、电源、气源等截断后方可进行。

2. 做好施工场地的控制网测量与放线工作

按照设计单位提供的建筑总平面图和城市规划部门给定的建筑红线桩或控制轴线桩及标准水准点进行测量放线,在施工现场范围内建立平面控制网、标高控制网,并对其桩位进行保护;同时还要测定出建筑物、构筑物的定位轴线、其他轴线及开挖线等,并对其桩位进行保护。

测量放线是确定拟建工程的平面位置和标高的关键环节,施测中必须认真负责,确保精度,杜绝差错。为此,施测前应对测量仪器、钢尺等进行检验校正;同时对规划部门给定的红线桩或控制轴线桩和水准点进行校核,如发现问题,应提请建设单位迅速处理。建筑物在施工场地中的平面位置是依据设计图中建筑物的控制轴线与建筑红线间的距离测定的,控制轴线桩测定后应提交有关部门和建设单位进行验线,以便确保定位的准确性。沿建筑红线的建筑物控制轴线测定后,还应由规划部门进行验线,以防建筑物压红线或超出红线。

3. 搞好"七通一平"

"七通"包括在工程用地范围内,接通施工用水、用电、道路、通讯(电话 IDD、DDD、传真、电子邮件、宽带网络、光缆等)及燃气(煤气或天然气),保证施工现场排水及排污畅通;"一平"是指平整场地。

4. 搭设临时设施

施工现场所需的各种生产、办公、生活、福利等临时设施,均应报请规划、市政、消防、交通、环保等有关部门审查批准,并按施工平面图中确定的位置、尺寸搭设,不得乱搭乱建。

为了施工方便和行人安全,应采用符合当地市容管理要求的围护结构将施工现场围起来,并在主要出入口处设置标牌,标明工地名称、施工单位、工地负责人等内容。

5. 安装调试施工机具,做好建筑材料、构配件等的存放工作

按照施工机具的需要量及供应计划,组织施工机具进场,并安置在施工平面图规定的地点或库棚内。固定的机具就位后,应做好搭棚、接电源水源、保养和调试工作;所有施工机具都必须在正式使用之前进行检查和试运转,以确保正常使用。

按照建筑材料、构配件和制品的需要及供应计划,分期分批地组织进场,并按施工平面图规定的位置和存放方式存放。

6. 季节性施工准备

(1)冬期施工准备

1)合理选择冬期施工项目。冬期施工条件差,技术要求高,施工质量不容易保证,同时还要增加施工费用。因此要求:尽量安排冬施费用增加不多、又能比较容易保证施工质量的施工项目在冬期施工,如吊装工程、打桩工程和室内装修工程等;尽量不安排冬施费用增加较多、又不易保证施工质量的项目在冬期施工,如土方工程、基础工程、屋面防水工程和室外装饰工程;对于那些冬施费用增加稍多一些,但采用适当的技术、组织措施后能保证施工质量的施工项目,也可以考虑安排在冬期施工,如砌筑工程、现浇钢筋混凝土工程等。

2)冬期施工准备工作的主要内容。包括各种热源设备、保温材料的储存、供应以及司炉工等设备操作管理人员的培训工作;砂浆、混凝土的各项测温准备工作;室内施工项目的保暖防冻、室外给排水管道等设施的保温防冻、每天完工部位的防冻保护等准备工作;冬期到来之前,尽量储存足够的建筑材料、构配件和保温用品等物资,节约冬期施工运输费用;防止施工道路积水成冰,及时清除冰雪,确保道路畅通;加强冬期施工安全教育,落实安全、消防措施。

(2)雨期施工准备

合理安排雨期施工项目,尽量把不宜在雨期施工的土方、基础工程安排在雨期到来之前完

成,并预留出一定数量的室内装修等雨天也能施工的工程,以备雨天室外无法施工时转入室内装修施工;做好施工现场排水、施工道路的维护工作;做好施工物资的储运保管、施工机具设备的保护等防雨措施;加强雨期施工安全教育,落实安全措施。

（3）夏季施工准备

夏季气温高,干燥,应编制夏季施工方案及采取的技术措施,做好防雷、避雷工作,此外还必须做好施工人员的防暑降温工作。

7. 设置消防、保安设施和机构

按照施工组织设计的要求和施工平面图确定的位置设置消防设施和施工安全设施,建立消防、保安等组织机构,制定有关的规章制度和消防、保安措施。

（三）物资准备

建筑材料、构配件、工艺机械设备、施工材料、机具等施工用物资是确保拟建工程顺利施工的物质基础,这些物资的准备工作必须在工程开工前完成,并根据工程施工的需要和供应计划,分期分批地运达施工现场,以便满足工程连续施工的要求。

1. 物资进场验收和使用注意事项

为了确保工程质量和施工安全,施工物资进场验收和使用时,还应注意以下几个问题:

（1）无出厂合格证明或没有按规定进行复验的原材料、不合格的建筑构配件,一律不得进场和使用。严格执行施工物资的进场检查验收制度,杜绝假冒低劣产品进入施工现场;

（2）施工过程中要注意查验各种材料、构配件的质量和使用情况,对不符合质量要求、与原试验检测品种不符或有怀疑的,应提出复检或化学检验的要求;

（3）现场配制的混凝土、砂浆、防水材料、耐火材料、绝缘材料、保温隔热材料、防腐蚀材料、润滑材料以及各种掺合料、外加剂等,使用前均应由试验室确定原材料的规格和配合比,并制定出相应的操作方法和检验标准后方可使用;

（4）进场的机械设备,必须进行开箱检查验收,产品的规格、型号、生产厂家和地点、出厂日期等,必须与设计要求完全一致。

2. 物资准备工作的程序

物资准备工程程序如图 1-1 所示。

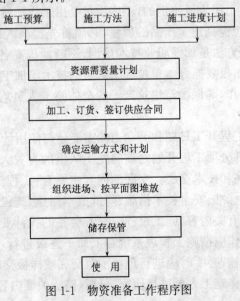

图 1-1　物资准备工作程序图

（四）施工组织准备

施工组织准备是确保拟建工程能够优质、安全、低成本、高速度地按期建成的必要条件。其主要内容包括：建立拟建项目的领导机构；集结精干的施工队伍；加强职业培训和技术交底工作；建立健全各项管理制度。

1. 建立拟建项目的领导机构

项目领导机构人员的配置应根据拟建项目的规模、结构特点、施工的难易程度而定。对于一般的单位工程，可配置项目经理、技术员、质量员、材料员、安全员、定额统计员、会计各一人即可；对于大型的单位工程，项目经理可配副职，技术员、质量员、材料员和安全员的人数均应适当增加。

2. 集结精干的施工队伍

建筑安装工程施工队伍主要有基本、专业和外包施工队伍三种类型。基本施工队伍是建筑施工企业组织施工生产的主力，应根据工程的特点、施工方法和流水施工的要求恰当地选择劳动组织形式。土建工程施工一般采用混合施工班组较好，其特点是：人员配备少，工人以本工种为主，兼做其他工作，施工过程之间搭接比较紧凑，劳动效率高，也便于组织流水施工。

专业施工队伍主要用来承担机械化施工的土方工程、吊装工程、钢筋气压焊施工和大型单位工程内部的机电安装、消防、空调、通讯系统等设备安装工程。也可将这些专业性较强的工程外包给其他专业施工单位来完成。

外包施工队伍主要用来弥补施工企业劳动力的不足。随着建筑市场的开放、用工制度的改革和建筑施工企业的精兵简政，施工企业仅靠自己的施工力量来完成施工任务已远远不能满足需要，因而将越来越多地依靠组织外包施工队伍来共同完成施工任务。外包施工队伍大致有三种形式：独立承担单位工程施工、承担分部分项工程施工和参与施工单位施工队组施工，以前两种形式居多。

施工经验证明，无论采用哪种形式的施工队伍，都应遵循施工队组和劳动力相对稳定的原则，以利于保证工程质量和提高劳动效率。

3. 加强职业培训和技术交底工作

建筑产品的质量是由工序质量决定的，工序质量是由工作质量决定的，工作质量又是由人的素质决定的。因此，要想提高建筑产品的质量，必须首先提高人的素质。提高人的素质、更新人的观念和知识的主要方法是加强职业技术培训，不断地提高各类施工操作人员的技术水平。加强职业培训工作，不仅要抓好本单位施工队伍的技术培训工作，而且要督促和协助外包施工单位抓好技术培训工作，确保参与建筑施工的全体施工人员均有较好的素质和满足施工要求的专业技术水平。

施工队伍确定后，按工程开工日期和劳动力的需要量与使用计划，分期分批地组织劳动力进场，并在单位工程或分部分项工程开始之前向施工队组的有关人员或全体施工人员进行施工组织设计、施工计划交底和技术交底。交底的内容主要有：工程施工进度计划、月（旬）作业计划、施工工艺方法、质量标准、安全技术措施、降低成本措施、施工验收规范中的有关要求以及图纸会审纪要中确定的有关内容、施工过程中三方会签的设计变更通知单或洽商记录中核定的有关内容等。交底工作应按施工管理系统自上而下逐级进行，交底的方式以书面交底为主，口头交底、会议交底为辅，必要时应进行现场示范交底或样板交底。交底工作之后，还要组织施工队组有关人员或全体施工人员进行研究、分析，搞清关键内容，掌握操作要领，明确施工任务和分工协作关系,并制定出相应的岗位责任制和安全、质量保证措施。

4. 建立健全各项规章与管理制度

施工现场各项规章与管理制度是否健全,不仅直接影响工程质量、施工安全和施工活动的顺利进行,而且直接影响企业的施工管理水平、企业的信誉和社会形象,也就是直接影响企业在竞争激烈的建筑市场中承接施工任务的份额和企业的经济效益,为此必须建立健全各项规章与管理制度。

主要的规章与管理制度有:

(1)工程质量检查与验收制度;

(2)工程技术档案管理制度;

(3)建筑材料、构配件、制品的检查验收制度;

(4)技术责任制度;

(5)施工图纸学习与会审制度;

(6)技术交底制度;

(7)职工考勤、考核制度;

(8)经济核算制度;

(9)定额领料制度;

(10)安全操作制度;

(11)机具设备使用保养制度。

(五)对外工作准备

施工准备工作除了要做好企业内部和施工现场准备工作外,还要同时做好对外协作的有关准备工作。主要有:

1. 选定材料、构配件和制品的加工订购地区和单位,签订加工订货合同;

2. 确定外包施工任务的内容,选择外包施工单位,签订分包施工合同;

3. 施工准备工作基本满足开工条件要求时,应及时填写开工申请报告,呈报上级批准。

四、施工准备工作计划

为了落实各项施工准备工作,加强检查和监督,必须根据各项施工准备的内容、时间和人员,编制出施工准备工作计划,见表1-10。

表 1-10　施工准备工作计划表

序号	施工准备工作	简要内容	要求	负责单位	负责人	配合单位	起止时间		备注
							月日	月日	

由于各项施工准备工作不是分离的、孤立的,而是互相补充、互相配合的,为了提高施工准备工作的质量,加快施工准备工作的速度,除了用表1-10编制施工准备工作计划外,还可采用编制施工准备工作网络计划的方法,以明确各项准备工作之间的逻辑关系,找出关键线路,并在网络计划图上进行施工准备工期的调整,尽量缩短准备工作的时间,使各项工作有领导、有组织、有计划和分期分批地进行。

五、对施工准备工作的要求

（一）施工准备工作要有明确分工

1. 建设单位应做好主要专用设备、特殊材料等的订货，建设征地，申请建筑许可证，拆除障碍物，接通场外的施工道路、水源、电源等项工作。

2. 设计单位主要是进行施工图设计及设计概算等相关工作。

3. 施工单位主要是分析整个建设项目的施工部署，做好调查研究，收集有关资料，编制好施工组织设计，并做好相应的施工准备工作。

（二）施工准备工作应分阶段、有计划地进行

施工准备工作应分阶段、有组织、有计划、有步骤地进行。施工准备工作不仅要在开工之前集中进行，而且要贯穿整个施工过程的始终。随着工程施工的不断进展，各分部分项工程的施工准备工作都要连续不断地分阶段、有组织、有计划、有步骤地进行。为了保证施工准备工作能按时完成，应按照施工进度计划的要求，编制好施工准备工作计划，并随工程的进展，按时组织落实。

（三）施工准备工作要有严格的保证措施

主要保证措施有：

1. 施工准备工作责任制度；

2. 施工准备工作检查制度；

3. 坚持基建程序，严格执行开工报告制度。

（四）施工准备工作中应做好四个结合

1. 施工与设计相结合。接到施工任务后，施工单位应尽早与设计单位联系，着重了解工程的总体规划、平面布局、结构形式、构件种类、新材料新技术等的应用和出图的顺序，以便使出图顺序与单位工程的开工顺序及施工准备工作顺序协调一致。

2. 室内准备工作与室外准备工作相结合。室内准备主要指内业的技术资料准备工作，室外准备主要指调查研究、收集资料和施工现场准备、物资准备等外业工作。室内准备对室外准备起着指导作用，而室外准备则为室内准备提供依据或具体落实室内准备的有关要求，室内准备工作与室外准备工作要协调地进行。

3. 土建工程准备与专业工程准备相结合。工程施工过程中，土建工程与专业工程是相互配合进行的，如果专业工程施工跟不上土建工程施工，就会影响施工进度。因此，土建施工单位做施工准备工作时，要告知专业施工单位，并督促和协助专业工程施工单位做好施工准备工作。

4. 前期施工准备与后期施工准备相结合。

（五）开工前对施工准备工作进行全面检查

单位工程的施工准备工作基本完成后，要对施工准备工作进行全面检查，具备了开工条件后，应及时向上级有关部门报送开工报告，经批准后即可开工。单位工程应具备的开工条件如下：

1. 施工图纸已经会审，并有会审纪要。

2. 施工组织设计已经审核批准，并进行了交底工作。

3. 施工图预算和施工预算已经编制和审定。

4. 施工合同已经签订，施工执照已经办好。

5. 现场障碍物已经拆除或迁移完毕，场内的"三通一平"工作基本完成，能够满足施工要求。

6. 永久或半永久性的平面测量控制网的坐标点和标高测量控制网的水准点均已建立,建筑物、构筑物的定位放线工作已基本完成,能满足施工的需要。

7. 施工现场的各种临时设施已按设计要求搭设,基本能够满足使用要求。

8. 工程施工所用的材料、构配件、制品和机械设备已订购落实,并已陆续进场,能够保证开工和连续施工的要求;先期使用的施工机具已按施工组织设计的要求安装完毕,并进行了试运转,能保证正常使用。

9. 施工队伍已经落实,已经过或正在进行必要的进场教育和各项技术交底工作,已调进现场或随时准备进场。

10. 现场安全施工守则已经制定,安全宣传牌已经设置,安全消防设施已经具备。

第四节　施工组织设计

一、施工组织设计的概念

施工组织设计是指根据拟建工程的特点,对人力、材料、机械、资金、施工方法等方面的因素作全面、科学、合理的安排,并形成指导拟建工程施工全过程中各项活动的综合性技术经济文件。

施工组织设计的基本任务是根据国家对基本建设项目的工期要求,选择经济合理的施工方案。

二、施工组织设计的主要作用

1. 施工组织设计是施工准备工作的重要组成部分,也是做好施工准备工作的依据和重要保证。

2. 施工组织设计是沟通工程设计和施工之间的桥梁。

3. 施工组织设计具有重要的规划、组织和指导作用。

4. 施工组织设计是对拟建工程施工全过程实行科学管理的重要手段。

5. 施工组织设计是编制施工预算的主要依据。

6. 施工组织设计是检查工程施工进度、质量、成本三大目标的依据。

7. 施工组织设计是建设单位与施工单位之间履行合同的主要依据。

三、施工组织设计的分类

(一)按编制对象范围的不同分类

1. 施工组织总设计

施工组织总设计是以整个建设项目或一个建筑群为编制对象,是对整个建设工程的施工全过程进行全面规划和统筹安排,用以指导全局性的施工活动的技术、经济性文件。

2. 单位工程施工组织设计

单位工程施工组织设计是以一个单位工程(一个建筑物或构筑物)为对象,用以指导其施工全过程的各项施工活动的技术、经济性文件。

3. 分部分项工程施工组织设计

分部分项工程施工组织设计是以分部分项工程为编制对象,用以具体指导其施工全过程的各项施工活动的技术、经济性文件。

4. 专项施工组织设计

专项施工组织设计是以某一专项技术（如重要的安全技术、质量技术或高新技术）为编制对象，用以指导其施工的综合性文件。

（二）按编制时间不同分类

施工组织设计按编制时间不同可分为投标前编制的施工组织设计（简称标前设计）和签订工程承包合同后编制的施工组织设计（简称标后设计）两种。两种施工组织设计的区别如表1-11所示。

表 1-11 标前与标后施工组织设计的区别

种 类	编制时间	编制者	服务范围	编制程度	追求主要目标
标前施工组织设计	投标前	经营管理层	投标与签约	简明	中标和经济效益
标后施工组织设计	签约后开工前	项目管理层	施工准备至验收	详细	施工效率和效益

（三）按编制内容的繁简程度不同分类

施工组织设计按编制内容的繁简程度不同可分为完整的施工组织设计和简明施工组织设计两种。

1. 完整的施工组织设计

对于重点工程，规模大、结构复杂、技术要求高，或采用新结构、新技术、新材料和新工艺的拟建工程项目，必须编制内容详尽的完整的施工组织设计。

2. 简明施工组织设计

对于工程规模小、结构简单、技术要求和工艺方法不复杂的拟建工程项目，可以编制仅包括施工方案、施工进度计划表和施工平面布置图（简称一案、一表、一图）等内容的简明施工组织设计。

四、施工组织设计的内容

一个完整的施工组织设计一般应包括以下基本内容：

1. 工程概况及施工特点分析；

2. 施工方案的选择；

3. 施工准备工作计划；

4. 施工进度计划；

5. 各项资源需用量计划；

6. 施工平面图设计；

7. 主要技术组织保证措施；

8. 主要技术经济指标；

9. 结束语。

五、施工组织设计的编制与执行

（一）施工组织设计的编制

1. 当拟建工程中标后，施工单位必须编制建设工程施工组织设计。建设工程实行总包和分包的，由总包单位负责编制施工组织设计或者分阶段施工组织设计。分包单位在总包单位的总体部署下，负责编制分包工程的施工组织设计。施工组织设计应根据合同工期及有关的规定进行编制,并且要广泛征求各协作施工单位的意见。

2. 对结构复杂、施工难度大以及采用新工艺和新技术的工程项目,要进行专业性的研究,必要时组织专门会议,邀请有经验的专业工程技术人员参加,集中群众智慧,为施工组织设计的编制和实施打下坚定的群众基础。

3. 在施工组织设计编制过程中,要充分发挥各职能部门的作用,吸收他们参加编制和审定,充分利用施工企业的技术素质和管理素质,统筹安排、扬长避短,发挥施工企业的优势,合理地进行工序交叉配合的程序设计。

4. 当比较完整的施工组织设计方案提出之后,要组织参加编制的人员及单位进行讨论,逐项逐条地研究,修改后确定,最终形成正式文件,送主管部门审批。

(二)施工组织设计的执行

施工组织设计的编制,只是为实施拟建工程项目的生产过程提供了一个可行的方案。这个方案的经济效果如何,必须通过实践去验证。施工组织设计贯彻的实质,就是把一个静态平衡方案放到不断变化的施工过程中,考核其效果和检查其优劣的过程,以达到预定的目标。所以施工组织设计贯彻的情况如何,其意义是深远的,为了保证施工组织设计的顺利实施,应做好以下几个方面的工作:

1. 传达施工组织设计的内容和要求,做好施工组织设计的交底工作;

2. 制定有关贯彻施工组织设计的规章制度;

3. 推行项目经理责任制和项目成本核算制;

4. 统筹安排,综合平衡;

5. 切实做好施工准备工作。

(三)组织项目施工的基本原则

根据我国建筑业几十年来积累的经验和教训,在编制施工组织设计和组织项目施工时,应遵守以下原则:

1. 认真贯彻执行党和国家对工程建设的各项方针和政策,严格执行现行的建设程序。

2. 遵循建筑施工工艺及其技术规律,坚持合理的施工程序和施工顺序,在保证工程质量的前提下,加快建设速度,缩短工程工期。

3. 采用流水施工方法和网络计划等先进技术,组织有节奏、连续和均衡的施工,科学地安排施工进度计划,保证人力、物力充分发挥作用。

4. 统筹安排,保证重点,合理地安排冬期、雨期施工项目,提高施工的连续性和均衡性。

5. 采用国内外先进施工技术,科学地确定施工方案,贯彻执行施工技术规范、操作规程,提高工程质量,确保安全施工,缩短施工工期,降低工程成本。

6. 精心规划施工平面图,节约用地;尽量减少临时设施,合理储存物资,充分利用当地资源,减少物资运输量。

7. 做好现场文明施工和环境保护工作。

复习思考题

1. 试述土木工程产品及其施工的特点。

2. 原始资料调查包括哪些内容?

3. 简述施工准备工作的重要性。

4. 施工准备工作如何分类?

5. 施工准备工作的主要内容有哪些?
6. 熟悉施工图纸的要求是什么?
7. 施工图纸会审的重点内容有哪些?
8. 施工现场准备包括哪些内容?
9. 简述施工组织设计的概念、作用及分类。
10. 施工组织设计的基本内容有哪些?

第二章 流水施工原理

第一节 流水施工的基本概念

流水施工是一种科学、有效的工程项目施工组织方法,它可以充分地利用工作时间和操作空间,减少非生产性劳动消耗,提高劳动生产率,保证工程施工连续、均衡、有节奏地进行,从而对提高工程质量、降低工程造价、缩短工期有着显著的作用。

一、流水作业的基本概念

流水作业是一种先进的生产组织方式,即把整个的加工过程划分成若干个不同的工序,按照一定的顺序像流水似地组织生产。它是在劳动分工、合作和劳动工具专业化的基础上产生出来的,最早应用在工业生产上,后来应用于所有生产领域,在建筑安装施工的过程中也采用流水作业法,即流水施工。生产实践已经证明,流水作业法的基本特点在于生产过程具有连续性、均衡性和节奏性,可以充分利用时间和空间,提高生产率,是组织产品生产的最理想、最有效的科学组织方式。

建筑工程的"流水施工"来源于工业生产中的"流水作业",但又有所不同。在工业生产中,生产工人和设备的位置是固定的,产品按生产加工工艺在生产线上进行移动加工,从而形成加工者与被加工对象之间的相对流动;而在建筑施工过程中,建筑产品有固定性的特点,因此,在建筑工程中的流水施工是建筑产品的位置固定不动,由生产工人带着材料和机具等在建筑物的空间上从前一段到后一段进行移动生产形成的。

二、组织施工的基本方式

(一)组织施工的基本方式

考虑工程项目的施工特点、工艺流程、资源利用、平面或空间布置等要求,组织施工的方式有依次施工、平行施工和流水施工三种,为了能更清楚地说明它们各自的特点、概念及流水施工的优越性,下面举一例对它们进行分析和对比。

【例 2-1】 某基础工程,除褥垫层每栋施工需要 1 周外,其余每个专业队在每栋建筑物的施工作业时间均为 3 周,各专业队的人数分别为 10 人、20 人、15 人和 25 人。试比较三栋建筑物基础工程的不同组织方式的进度计划。

1. 依次施工(顺序施工)

依次施工是按照一定的施工顺序,前一个施工过程完成后,后一个施工过程开始施工;或先按一定的施工顺序完成前一个施工段上的全部施工过程后再进行下一个施工段的施工,直到完成所有的施工段上的作业。按照依次施工的方式组织上述工程施工,其施工进度、工期和劳动力动态变化曲线如图 2-1 所示。由图 2-1 可见依次施工具有以下优缺点。

(1)优点

1)单位时间内投入的劳动力、材料、机具资源量较少且较均衡,有利于资源供应的组织工作。

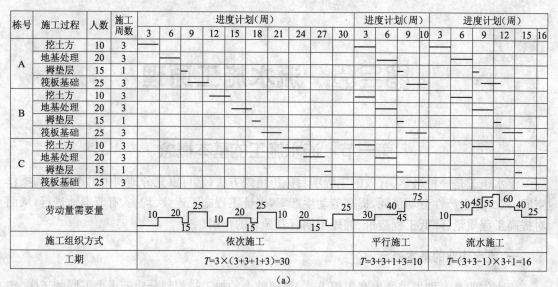

（a）

施工过程	人数	施工周数	进度计划(周)										进度计划(周)			进度计划(周)				
			3	6	9	12	15	18	21	24	27	30	3	6	9 10	3	6	9	12	15 16
挖土方	10	3																		
地基处理	20	3																		
褥垫层	15	1																		
筏板基础	25	3																		
劳动量需要量			10 20 15 25 10 20 15 25 10 20 15 25										30 40 45 75			10 30 45 55 60 40 25				
施工组织方式			依次施工										平行施工			流水施工				
工期			$T=3×(3+3+1+3)=30$										$T=3+3+1+3=10$			$T=(3+3-1)×3+1=16$				

（b）

图 2-1　不同组织方式对比分析图
（a）纵向排列施工段；（b）横向排列施工段

2）施工现场的组织、管理较简单。

（2）缺点

1）不能充分利用工作面去争取时间，工期长。

2）各专业班组不能连续工作，产生窝工现象（宜采用混合队组）。

3）不利于实现专业化施工，不利于改进工人的操作方法和施工机具，不利于提高劳动生产率和工程质量。

因此，依次施工一般适用于场地小、资源供应不足、工作面有限、工期不紧、规模较小的工程，例如住宅小区非功能性的零星工程。依次施工适合组织大包队施工。

2. 平行施工（各队同时进行）

平行施工即组织几个相同的工作队（或班组），在各施工段上同时开工、齐头并进，并且同时完工的一种施工组织方式。由图 2-1 可见平行施工具有以下优缺点。

（1）优点

充分利用了工作面，工期短。

（2）缺点

1）单位时间内投入施工的资源量成倍增长，资源供应集中，现场临时设施也相应增加。

2)不利于实现专业化施工队伍连续作业,不利于提高劳动生产率和工程质量。

3)施工现场组织、管理较复杂。

所以,平行施工的组织方式只有在拟建工程任务十分紧迫,工作面允许以及资源保证供应的条件下才适用,例如抢险救灾工程。

3. 流水施工

流水施工是将拟建工程项目的全部建造过程在工艺上分解为若干个施工过程(也就是划分为若干个工作性质相同的分部、分项工程或工序),同时在平面上划分成若干个劳动量大致相等的施工段,在竖向上划分成若干个施工层。然后按照施工过程相应地组织若干个专业工作队(或班组),同一施工队按照一定的流向在各施工段上流动,不同的施工队按工艺顺序依次投入施工,并使相邻两个专业工作队,在开工时间上最大限度地、合理地搭接起来,保证工程项目施工全过程在时间和空间上,有节奏、连续、均衡地进行下去,直到完成全部工程任务。流水施工具有以下特点(图 2-1):

(1)科学地利用了工作面,工期较合理,能连续、均衡地生产;

(2)实现了专业化施工,可使工人的操作技术熟练,更好地保证工作质量,提高劳动生产率;

(3)参与流水的专业工作队能够连续作业,相邻的专业工作队之间实现了最大限度的合理搭接;

(4)单位时间内投入施工的资源量较为均衡,有利于资源供应的组织工作;

(5)为文明施工和现场的科学管理创造了有利条件。

显然,采用流水施工的组织方式,充分利用时间和空间,明显优于依次施工和平行施工。

(二)流水施工的技术经济效果

通过比较三种施工组织方式可以看出,流水施工方式是一种先进、科学的施工组织方式。由于在工艺过程划分、时间安排和空间布置上进行统筹安排,使劳动力得以合理使用,使施工生产连续而均衡地进行,所以体现出优越的技术经济效果,具体表现在以下几个方面:

1. 缩短工期。由于流水施工的节奏性、连续性,消除了各专业班组投入施工后的等待时间,可以加快各专业队的施工进度,减少时间间隔;充分利用时间与空间,在一定条件下相邻两施工过程还可以互相搭接,做到尽可能早地开始工作,从而可以大大缩短工期(一般工期可缩短 1/3~1/2)。

2. 由于流水施工方式建立了合理的劳动组织,工作班组实现了专业化生产,人员工种比较固定,为工人提高技术水平、改进操作方法以及革新生产工具创造了有利条件,因而促进了劳动生产率的不断提高和工人劳动条件的改善。

同时由于工人连续作业,没有窝工现象,机械闲置时间少,增加了有效劳动时间,从而使施工机械和劳动力的生产效率得以充分发挥(一般可提高劳动生产率 30% 以上)。

3. 施工质量更容易保证。正是由于实行了专业化生产,工人的技术水平及熟练程度也不断提高,而且各专业队之间紧密地搭接作业,紧后工作队监督紧前工作队,从而使工程质量更容易得到保证和提高,便于推行全面质量管理工作,为创造优良工程提供了条件。

4. 资源供应均衡。在资源使用上,克服了高峰现象,供应比较均衡,有利于资源的采购、组织、存储、供应等工作。

5. 降低工程成本。由于流水施工资源消耗均衡,便于组织资源供应,使得资源存储合理,利用充分,可以减少各种不必要的损失,节约了材料费;生产效率的提高,可以减少用工量和施工临时设施的建造量,从而节约人工费和机械使用费,减少了临时设施费;工期较短,可以减少企业管理费,最终达到降低工程成本,提高企业经济效益的目的(一般可降低成本 6%～12%)。

值得强调的是,取得以上经济效益仅仅是改变了施工组织的形式。

三、流水施工的表达方式

流水施工的表达方式主要有网络图、横道图、斜线图三种,网络图我们在第三章中介绍,本章主要介绍横道图。

(一)流水施工的横道图表示法

横道图又叫水平图表,其表达形式如图 2-2 所示。图中纵坐标表示施工过程的名称或编号,横坐标表示流水施工在时间坐标下的施工进度,每条水平线段的长度则表示某施工过程在某个施工段的作业延续时间,横道位置的起止表示某施工过程在某施工段上作业开始、结束的时间。

横道图绘制简单,流水施工直观、形象、易懂,使用方便。

施工过程	施工进度(天)			
	2	4	6	8
支模板	①	②	③	
绑钢筋		①	②	③
浇筑混凝土			①	② ③

图 2-2　流水施工的横道图

注:每条带有编号的水平粗线段表示在某施工段作业面上的施工过程,
长短表示该施工过程持续的时间,编号①、②、③表示施工段编号。

(二)流水施工的斜线图表示法

斜线图又叫垂直图表,其表达形式如图 2-3 所示。图中纵坐标表示各施工段(施工段的编号一般由下向上编写),横坐标表示流水施工过程在时间坐标下的施工进度,斜线水平投影的长度表示某施工过程在某个施工段的持续时间,施工过程的紧前、紧后关系由斜线的前后位置表示。

施工过程	施工进度(天)				
	2	4	6	8	10
③					
②		支模板	绑钢筋	浇筑混凝土	
①					

图 2-3　流水施工斜线图(垂直图表)

斜线图能直观地反映出在一个施工段中各施工过程的先后顺序和相互配合关系,可由其斜线的斜率形象地反映出各施工过程的施工速度,斜率越大则表明施工速度越快。

四、组织流水施工需考虑的因素

(一)划分施工过程

首先把拟建工程的整个建造过程分解成若干个施工过程或工序,每个施工过程或工序分别由固定的专业班组来完成。如:木工负责支模板,钢筋工负责绑扎钢筋,混凝土工负责混凝土的浇筑。

(二)划分施工段

根据组织流水施工的要求,将拟建工程在平面上尽可能地划分为劳动量大致相等的若干个施工作业面,也称为施工段。

(三)每个施工过程组织独立的施工班组

每个施工过程均应组织独立的施工班组,负责本施工过程的施工,每个班组按施工顺序依次、连续、均衡地从一个施工段转移到另一个施工段反复完成相同的工作。

(四)确定每一施工过程在各施工段上的延续时间(即流水节拍)

根据各施工段劳动量的大小及作业班组人数或机械数量等因素,计算各专业班组在各施工段上作业的延续时间。

(五)主要施工过程连续、均衡地施工

主要施工过程是指工程量大、施工持续时间较长的施工过程。对于主要施工过程,必须安排在各施工段之间连续施工,并尽可能均衡施工。而对于其他次要施工过程,可考虑与相邻施工过程合并或安排合理间断施工,以便缩短施工工期。

(六)相邻的施工过程按施工工艺要求,尽可能组织平行搭接施工

组织各施工过程之间的合理关系,在工作面及相关条件允许的情况下,除必要的技术与组织间歇时间外,相邻的施工过程应最大限度地安排在不同的施工段上平行搭接施工,以达到缩短总工期的目的。

五、流水施工分类

流水施工的分类是组织流水施工的基础,其分类方法可按不同的流水特征来划分。

(一)按流水施工的组织范围划分

根据组织流水施工的工程对象范围的大小,流水施工可划分为分项工程流水施工、分部工程流水施工、单位工程流水施工和群体工程流水施工。其中最重要的是分部工程流水施工,又叫专业流水,它是组织流水施工的基本方法。

1. 分项工程流水施工

也称细部流水或施工过程流水,它是在一个专业工种内部组织起来的流水施工,即一个工作队(组)依次在各施工段进行连续作业的施工方式。如安装模板的工作队依次在各段上连续完成模板工作。它是组织流水施工的基本单元。

2. 分部工程流水施工

又叫专业流水,它是在一个分部工程内部各分项工程之间组织起来的流水施工,即由若干个在工艺上密切联系的工作队(组)依次连续不断地在各施工段上重复完成各自的工作,直到所有工作队都经过了各施工段,完成所有过程为止。例如钢筋混凝土工程由支模板、绑扎钢筋、浇筑混凝土三个分项工程组成,木工、钢筋工、混凝土工三个专业队组依次在各施工段上完成各自的工作。

3. 单位工程流水施工

它是在一个单位工程内部各分部工程之间组织起来的流水施工，即所有专业班组依次在一个单位工程的各施工段上连续施工。直至完成该单位工程为止。一般的，它由若干个分部工程流水组成。如多层全现浇钢筋混凝土框架结构房屋的土建部分是由基础分部工程流水、主体分部工程流水、围护分部工程流水和装饰分部工程流水等组成。

4. 群体工程流水施工

群体工程流水又叫综合流水，俗称大流水施工，它是在单位工程之间组织起来的流水施工，是指为完成群体工程而组织起来的全部单位工程流水的总和，即所有工作队依次在工地上建筑群的各施工段上连续施工的总和。如一个住宅小区建设、一个工业厂区建设等所组织的流水施工中，由多个单位工程的流水施工组合而成的流水施工方式。

以上四种流水方式中，其中分项工程流水和分部工程流水是流水施工的基本方式，而单位工程流水和群体工程流水实际上是分部工程流水的推广应用，因此我们应认真研究专业流水。

（二）按流水节拍的特征划分

根据流水节拍的特征，流水施工可划分为有节奏流水施工和无节奏流水施工。其中，有节奏流水施工又可分为等节奏流水施工（全等节拍流水施工）和异节奏流水施工（异节拍流水施工）。而异节奏流水施工又可分为等步距异节奏流水施工和异步距异节奏流水施工两种。如图 2-4 所示。

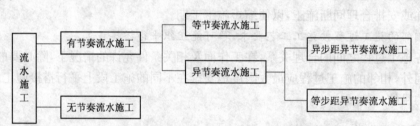

图 2-4　流水施工分类（按流水节拍特征分）

第二节　流水施工的主要参数

在组织流水施工时，为了说明各施工过程在时间和空间上的开展情况及相互依存关系，这里引入一些描述工艺流程、空间布置和时间安排等方面的特征和各种数量关系的参数，称为流水施工参数。按其性质的不同，一般可分为工艺参数、时间参数和空间参数。

一、工艺参数

工艺参数主要是指在组织流水施工时，用以表达流水施工在施工工艺上的开展顺序及其特征的参数，通常包括施工过程数和流水强度两个参数。

（一）施工过程数 n

施工过程的数目一般用 n 表示，它是流水施工的主要参数之一。根据其性质和特点不同，施工过程一般分为三类，即建造类施工过程、运输类施工过程和制备类施工过程。

（1）建造类施工过程。是指在施工对象的空间上直接进行施工（砌筑、浇筑），最终形成建筑产品的施工过程。它是建设工程施工中占有主导地位的施工过程，如建筑物或构筑物的基础工程、主体结构工程等。

（2）运输类施工过程。是指将土木工程建筑材料、成品、半成品、构配件、设备和制品等物资，运到工地仓库或现场操作使用地点而形成的施工过程。

（3）制备类施工过程。是指为了提高土木工程生产的工厂化、机械化程度而预先加工和制造建筑半成品、构配件等而进行的施工过程。如砂浆、混凝土、门窗、构配件及其他制品的制备过程。

由于建造类施工过程占有施工对象的空间，直接影响工期的长短，因此，必须列入施工进度计划，并大多作为主导施工过程或关键工作。

运输类与制备类施工过程一般不占施工对象的空间，不影响工期，故不需要列入流水施工进度计划之中。只有当其占有施工对象的工作面，影响工期时，才列入施工进度计划之中。例如，对于采用装配式钢筋混凝土结构的土木工程，钢筋混凝土构件的现场制作过程就需要列入施工进度计划之中，同样，结构安装中的构件吊运施工过程也需要列入施工进度计划之中。

组织土木工程流水施工时，根据施工组织及计划安排将计划任务划分成的子项称为施工过程；施工过程划分的粗细程度由实际需要而定，坚持不简不繁的划分原则。

确定施工过程数（n）应考虑以下因素：

（1）施工过程数目的确定，可依据项目结构特点、施工进度计划在客观上的作用、采用的施工方法及对工程项目的工期要求等因素综合考虑。一般情况下，可根据施工工艺顺序和专业班组性质按分项工程进行划分，如一般混合结构住宅的施工过程大致可分为 20～30 个；对于工业建筑，施工过程可划分得多些。

（2）施工过程数要划分适当，没有必要划分得太多、太细，给各种计算增添麻烦，在施工进度计划上也会带来主次不分的缺点；但也不宜划分太少，以免计划过于笼统，失去指导施工的作用。

（3）当编制控制性的施工进度计划时，其施工过程应划分得粗些、综合性大些，一般只列出分部工程名称，如基础工程、主体结构工程、吊装工程、装修工程、屋面工程等。当编制实施性的施工进度计划时，其施工过程应划分得细些、具体些，可将分部工程再分解为若干个分项工程，如将基础工程分解为挖土、做垫层、浇筑混凝土基础、回填土等。对于其中起主导作用的分项工程，往往需要考虑按专业工种组织专业施工队进行施工，为便于掌握施工进度和指导施工，可将分项工程再进一步分解成若干个由专业工种施工的工序作为施工过程。

在例 2-1 中，地基处理施工过程后，如果为 CFG 桩处理，那么褥垫层施工过程实际包括清凿桩头、铺级配砂卵褥垫层、浇筑混凝土垫层三个施工过程，为了使流水简化，我们把三个过程合并为一个综合褥垫层施工过程。

同时，为了充分利用工作面，有些施工过程不参与流水更有利。换句话就是，组织流水施工时，只要安排好主导施工过程（即工程量大、持续时间长）连续均衡即可。而非主导施工过程（即工程量小、持续时间短），可以安排其间断施工。例如图 2-1 中褥垫层施工过程就做了间断安排。对比不间断安排图 2-5 流水施工，褥垫层连续施工，而工期延长了 4 天，所以合理间断安排有利于缩短工期。

（二）流水强度 V

流水强度是指流水施工的某施工过程（专业工作队）在单位时间内所完成的工程量（如浇捣混凝土施工过程每工作班能浇捣多少立方米混凝土），也称为流水能力或生产能力，一般用 V 表示。

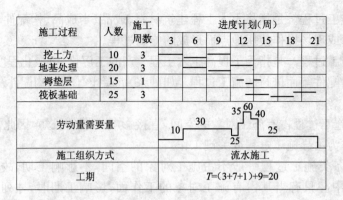

施工过程	人数	施工周数	进度计划（周）						
			3	6	9	12	15	18	21
挖土方	10	3							
地基处理	20	3							
褥垫层	15	1							
筏板基础	25	3							
劳动量需要量									
施工组织方式			流水施工						
工期			$T=(3+7+1)+9=20$						

图 2-5　非主要施工过程不间断安排效果

1. 机械施工过程的流水强度

$$V=\sum_{i=1}^{x} R_i S_i \qquad (2\text{-}1)$$

式中，R_i 为第 i 种施工机械的台数；S_i 为投入该施工过程中第 i 种资源的产量定额；x 为用于同一施工过程的主导施工机械种类数。

2. 手工操作过程的流水强度

$$V=NS \qquad (2\text{-}2)$$

式中，N 为每一施工队（或班组）工人人数；S 为工人每班产量定额。

二、空间参数

在组织流水施工时，用以表达流水施工在空间布置上所处状态的参数，称为空间参数。它包括工作面、施工段数和施工层。

（一）工作面（A）

工作面是表明施工对象上可能安置多少工人进行操作或布置多少施工机械进行施工的场所空间大小。根据施工过程的不同，它可以用不同的计量单位。在组织流水施工时，通常是前一施工过程的结束为后一个（或几个）施工过程提供了工作面。每个作业的工人或每台施工机械所需工作面的大小，取决于单位时间内其完成的工程量和安全施工的要求。工作面确定得合理与否，直接影响专业工作队的生产效率。最小工作面是指施工队（班组）为保证安全生产和充分发挥劳动效率所必需的工作面。施工段上的工作面必须大于施工队伍的最小工作面。主要工种的最小工作面的参考数据见表 2-1。

表 2-1　主要工种最小工作面参考数据表

工 作 项 目	每个技工的工作面	说　明
砌筑砖基础	7.6m/人	以 1 砖半计，2 砖乘以 0.8，3 砖乘以 0.55
砌筑砖墙	8.5m/人	以 1 砖计，1 砖半乘以 0.71，2 砖乘以 0.57
混凝土柱、墙基础	8.0m³/人	机拌、机捣
混凝土设备基础	7.0m³/人	机拌、机捣
现浇钢筋混凝土柱	2.45m³/人	机拌、机捣
现浇钢筋混凝土梁	3.20m³/人	机拌、机捣

工 作 项 目	每个技工的工作面	说 明
现浇钢筋混凝土楼板	5.0m³/人	机拌、机捣
预制钢筋混凝土柱	5.3m³/人	机拌、机捣
预制钢筋混凝土梁	3.6m³/人	机拌、机捣
预制钢筋混凝土屋架	2.7m³/人	机拌、机捣
预制钢筋混凝土平板、空心板	1.91m³/人	机拌、机捣
预制钢筋混凝土大型屋面板	2.62m³/人	机拌、机捣
混凝土地坪及面层	40.0m²/人	机拌、机捣
外墙抹灰	16.0m²/人	
内墙抹灰	18.5m²/人	
卷材屋面	18.5m²/人	
门窗安装	11.0m²/人	

（二）施工段数（m）

为了有效地组织流水施工，通常将施工对象在平面或空间上划分成若干个劳动量大致相等的施工段落，称为施工段或流水段。施工段的数目一般用 m 表示，它是流水施工的主要参数之一。

1. 划分施工段的目的

划分施工段的目的就是为了组织流水施工，由于土木工程体形庞大，所以可以将其划分成若干个施工段，从而为组织流水施工提供足够的空间，保证不同的施工班组在不同的施工段上同时进行施工。在组织流水施工时，专业工作队完成一个施工段上的任务后，遵循施工组织顺序又到另一个施工段上作业，产生连续流动施工的效果。在一般情况下，一个施工段在同一时间内，只安排一个专业工作队施工，各专业工作队遵循施工工艺顺序依次投入作业，同一时间内在不同的施工段上平行施工，使流水施工均衡地进行。组织流水施工时，可以划分足够数量的施工段，使各施工班组能按一定的时间间隔转移到另一个施工段进行连续施工，既消除等待、停歇现象，避免窝工，又互不干扰。

2. 划分施工段的原则

（1）施工段的分界应尽可能与结构界限或栋号相一致，宜设在伸缩缝、温度缝、沉降缝和单元尺寸等处；如果必须将分界线设在墙体中间时，应将其设在门窗洞门处，以减少施工缝的数量，有利于结构的整体性。

（2）各个施工段上的劳动量（或工程量）应大致相等，相差幅度不宜超过 10%～15%。只有这样，才能保证在施工班组人数不变的情况下，使同一施工过程在各段上的施工持续时间相等，从而保证组织连续、均衡、有节奏的流水施工。

（3）为充分发挥工人（或机械）的生产效率，不仅要满足专业工种对最小工作面的要求，且要使施工段所能容纳的劳动力人数（或机械台数）满足最小劳动组合要求。

所谓最小劳动组合，就是指某一施工过程进行正常施工所必需的最低限度的工人数及其合理组合。如砖墙砌筑施工，包括砂浆搅拌、材料运输、砌砖等多项工作，一般人数不宜少于18 人，如果人数太少，则无法组织正常的流水施工；而技工、壮工的比例也以 2∶1 为宜，这就是砌筑砖墙施工队(班组)的最小劳动组合。

(4)施工段数目要适宜,对于某一项工程,若施工段数过多,则每段上的工程量就较少,势必要减少班组人数,使得过多的工作面不能被充分利用,拖长工期;若施工段数过少,则每段上的工程量较大,又造成施工段上的劳动力、机械和材料等的供应过于集中,互相干扰大,不利于组织流水施工,也会使工期拖长。

(5)划分施工段时,应以主导施工过程的需要来划分。主导施工过程是指劳动量较大或技术复杂、对总工期起控制作用的施工过程,如多层全现浇钢筋混凝土结构的混凝土工程就是主导施工过程。

(6)施工段的划分还应考虑垂直运输机械和进料的影响。一般用塔吊时分段可多些,用井架等固定式垂直运输机械时,分段应与其经济服务半径相适应,以免跨段进行楼面水平运输而造成的混乱。

(7)当有层间关系(即拟建工程又分层又分段)时,为使各施工队(班组)能连续施工(即各施工过程的施工队做完第一段能立即转入第二段,施工完第一层的最后一段能立即转入第二层的第一段),每层的施工段数应满足下列要求:$m \geqslant n$ 或 $m \geqslant \sum b_i$(b_i 为第 i 个施工过程的施工队数);当有间歇时间时,则应满足公式(2-3)或公式(2-4)的要求。

$$m \geqslant n + \frac{\sum Z_1 + Z_2 + \sum G - \sum D}{K} \tag{2-3}$$

或

$$m \geqslant \sum b_i + \frac{\sum Z_1 + Z_2 + \sum G - \sum D}{K_b} \tag{2-4}$$

式中,$\sum Z_1$ 为一个施工层内的各个施工过程间的技术间歇时间之和;Z_2 为层间间歇;$\sum G$ 为一个施工层内的各个施工过程间的组织间歇之和;$\sum b_i$ 为等步距异节拍流水施工方式中的专业工作队总数;K_b 为等步距异节拍流水施工方式中的流水步距。

3. 施工段数 m 与施工过程数 n 的关系

【例 2-2】 一栋二层砖混结构,主要施工过程为砌体结构、现浇楼板,(即 $n=2$),分段流水的方案如下(条件:工作面足够,各方案的人、机数不变)。

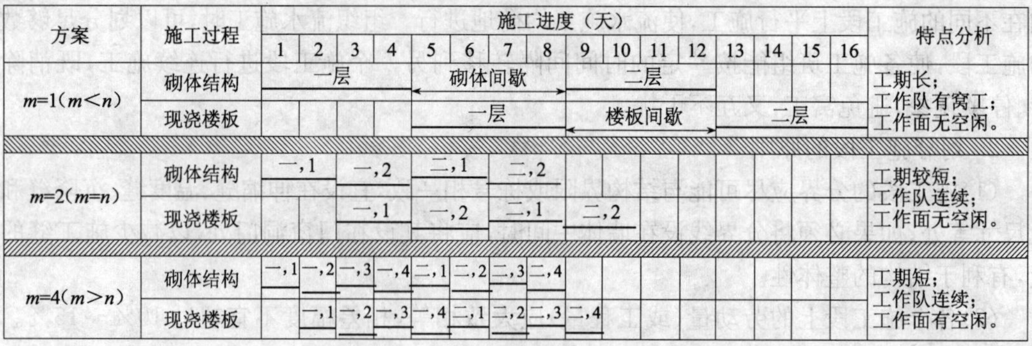

方案	施工过程	施工进度(天)																特点分析
		1	2	3	4	5	6	7	8	9	10	11	12	13	14	15	16	
$m=1(m<n)$	砌体结构	一层				砌体间歇				二层								工期长;工作队有窝工;工作面无空闲
	现浇楼板					一层				楼板间歇				二层				
$m=2(m=n)$	砌体结构	一,1		一,2		二,1		二,2										工期较短;工作队连续;工作面无空闲
	现浇楼板			一,1		一,2		二,1		二,2								
$m=4(m>n)$	砌体结构	一,1	一,2	一,3	一,4	二,1	二,2	二,3	二,4									工期短;工作队连续;工作面有空闲
	现浇楼板		一,1	一,2	一,3	一,4	二,1	二,2	二,3	二,4								

图 2-6 施工段数 m 与施工过程数 n 的关系图

结论:专业队组流水作业,当分层又分段时,应使 $m \geqslant n$,才能保证不窝工,工期短。当无层间关系时,施工段数的确定则不受此约束。同时注意 m 不能过大,否则,可能不满足最小工作面要求,材料、人员、机具过于集中,影响效率和效益,且易发生事故。

(三)施工层数(j)

在组织流水施工时,为满足专业工种对操作高度的要求,通常将施工项目在竖向上划分为若干个操作层,这些操作层均称为施工层。一般施工层数用 j 表示。

施工层的划分,要视工程项目的具体情况,根据建筑物的高度、楼层来确定。如砌筑工程的施工层高度一般为 1.2~1.4m,即一步脚手架的高度作为一个施工层;室内抹灰、木装修、油漆、玻璃和水电安装等,可以一个楼层作为一个施工层。

三、时间参数

时间参数是指在组织流水施工时,用以表达各流水施工过程的工作持续时间及其在时间排列上的相互关系和所处状态的参数。主要有流水节拍、流水步距、流水工期、间歇时间、平行搭接时间五种。

(一)流水节拍(t)

流水节拍是指从事某一施工过程的专业工作队(组)在一个施工段上的工作持续时间。流水节拍是流水施工的主要参数之一,它表明流水施工的速度和节奏性。流水节拍小,其流水速度快,节奏感强;反之则相反。流水节拍决定着单位时间的资源供应量,同时,流水节拍也是区别流水施工组织方式的特征参数。

同一施工过程的流水节拍,主要由所采用的施工方法、施工机械以及在工作面允许的前提下投入施工的工人数、机械台数和采用的工作班次等因素确定。有时,为了均衡施工和减少转移施工段时消耗的工时,可以适当调整流水节拍,其数值最好为半个班的整数倍。

1. 流水节拍的确定方法

(1)定额计算法

即利用公式套用定额进行计算。此时流水节拍的计算公式如式(2-5):

$$t_{ij} = \frac{Q_{ij}}{S_i n_{ij} b_{ij}} = \frac{P_{ij}}{n_{ij} b_{ij}} = \frac{Q_{ij} H_i}{n_{ij} b_{ij}} \tag{2-5}$$

式中,t_{ij} 为第 i 施工过程在第 j 施工段上的流水节拍;Q_{ij} 为第 i 施工过程在第 j 施工段上的工程量;P_{ij} 为第 i 施工过程在第 j 施工段上的劳动量;S_i 为第 i 施工过程的人工或机械产量定额;H_i 为第 i 施工过程的人工或机械时间定额;n_{ij} 为第 i 施工过程在第 j 施工段上的施工班组人数或机械台数;b_{ij} 为第 i 施工过程在第 j 施工段上的每天工作班制。

有时,也可在 t_{ij} 已知的情况下,利用式(2-5)反算某施工过程的班组人数(或机械台数)。

【例 2-3】 某住宅共有四个单元,划分四个施工段,其基础工程的施工过程为:①挖土方、②垫层、③绑钢筋、④浇混凝土、⑤砌砖基、⑥回填土,各施工过程的工程量、产量定额、专业队人数见表 2-2。试计算各施工过程流水节拍。

【解】 (1)根据施工对象的具体情况以及进度计划的性质,划分施工过程并确定施工起点流向,根据施工过程之间的关系,确定施工顺序。由于垫层和回填土的工程量较少,为简化流水,将二过程作为间歇处理,各预留一天,由表 2-2 中数据可知,该基础施工过程数取 $n=4$,根据其工艺关系,该基础工程的施工顺序为:挖土方→绑钢筋→浇混凝土→砌砖基。

表 2-2 某基础工程有关数据

	工　　程　　量	产量定额	人数(台数)
挖土方	795	65	1 台
垫层	57	—	—
绑钢筋	10815	450	4

	工　程　量	产量定额	人数（台数）
浇混凝土	231	1.5	20
砌砖基	365	1.25	25
回填土	345	—	—

（2）根据题意，取 $m=4$。

（3）采用定额计算法，取一班制，计算各施工过程的流水节拍数值。

1）计算各施工过程在一个施工段上的劳动量

挖土方　　　　　　 $P=Q/S=795/(4\times65)\approx3$（台班）

绑钢筋　　　　　　 $P=Q/S=10815/(4\times450)\approx6$（工日）

浇混凝土　　　　　 $P=Q/S=231/(4\times1.5)=38.5$（工日）

砌砖基　　　　　　 $P=Q/S=365/(4\times1.25)=73$（工日）

2）求各施工段的流水节拍（一班制）

挖土方　　　　　　 $t=P/(nb)=3/(1\times1)\approx3$（天）

绑钢筋　　　　　　 $t=P/(nb)=6/(4\times1)=1.5$（天）

浇混凝土　　　　　 $t=P/(nb)=38.5/(20\times1)\approx2$（天）

砌砖基　　　　　　 $t=P/(nb)=73/(25\times1)\approx3$（天）

（2）三时估算法

对某些采用新技术、新工艺的施工过程，往往缺乏定额，此时可采用"三时估算法"，即

$$t_i=\frac{a+4c+b}{6} \tag{2-6}$$

式中，t_i 为某施工过程在某施工段的流水节拍；a 为某施工过程完成某施工段工程量的最乐观时间（即按最顺利条件估计的最短时间）；c 为某施工过程完成某施工段工程量的最可能时间（即按正常条件估计的正常时间）；b 为某施工过程完成某施工段工程量的最悲观时间（即按最不利条件估计的最长时间）。

（3）工期计算法

对于有工期要求的工程，可采用工期计算法（也叫倒排进度法）。其方法是首先将一个工程对象划分为几个施工阶段，根据规定工期，估计出每一阶段所需要的时间，然后将每一施工阶段划分为若干个施工过程，并在平面上划分为若干个施工段（在竖向上划分施工层），再确定每一施工过程在每一施工阶段的作业持续时间，最后即可确定出各施工过程在各施工段（层）上的作业时间，即流水节拍，见例2-8。

2. 确定流水节拍时应考虑的因素

从理论上讲，总希望流水节拍越小越好，但在确定流水节拍时应考虑以下因素：

（1）施工班组人数要适宜。既要满足最小劳动组合人数的要求（它是人数的最低限度），又要满足最小工作面的要求（它是人数的最高限度），不能为了缩短工期而无限制地增加人数，否则由于工作面不足会降低劳动效率，且容易发生安全事故。

（2）工作班制要恰当。工作班制应根据工期、工艺等要求而定。当工期不紧迫、工艺上又无连续施工的要求时，一般采用一班制；组织流水施工时为了给第二天连续施工创造条件，某些施工过程可考虑在夜班进行，即采用两班制；当工期较紧或工艺上要求连续施工，或为了提高施工机械的使用率，某些项目可考虑采用三班制施工，如现浇混凝土构件，为了满足工艺上

的要求,常采用两班制或三班制施工(但如果在市区施工,考虑夜间扰民,则不得采用三班浇筑混凝土)。

(3)机械的台班效率或机械台班产量的大小。

(4)要考虑各种资源(劳动力、机械、材料、构配件等)的供应情况。

(5)流水节拍值一般应取半天的整倍数。

(二)流水步距(K)

流水步距是指相邻两个施工过程的施工班组在保证施工顺序、满足连续施工和保证工程质量要求的条件下相继投入同一施工段开始工作的最小间隔时间(不包括技术间歇时间和组织间歇时间,也不必减去搭接时间),通常用符号 K 表示。

流水步距的大小对工期影响很大,在施工段不变的情况下,流水步距小,则工期短;反之,则工期长。流水步距的数目取决于参加流水的施工过程数,如施工过程数为 n 个,则流水步距的总数为 $n-1$ 个。流水步距应取半天的整倍数。

1. 确定流水步距的基本要求

(1)始终保持合理的先后两个施工过程工艺顺序。

(2)尽可能保持各施工过程的连续作业。

(3)做到前后两个施工过程施工时间的最大搭接(即前一施工过程完成后,后一施工过程尽可能早地进入施工)。

2. 确定流水步距的方法

确定流水步距的方法有图上分析法、不同的流水节拍特征确定法、最大差法,其中"最大差法"(也叫潘特考夫斯基法)计算比较简单,且该方法适用于各种形式的流水施工。"最大差法"可概括为"累加数列错位相减取大差",即"把同一施工过程在各施工段上的流水节拍依次进行累加形成数列,然后将两相邻施工过程的累加数列的后者均向后错一位,两数列错位相减后得出一个新数列,新数列中的最大者即为这两个相邻施工过程间的流水步距"。

【例 2-4】 某分部工程划分为 A、B、C、D 四个施工过程,分三段组织施工,各施工过程的流水节拍见表 2-3 所示,且施工过程 B 完成后需有 1 天的技术间歇时间,试计算流水步距。

表 2-3 某分部工程的流水节拍

施工段 施工过程	①	②	③
A	2	2	3
B	3	3	4
C	3	2	2
D	3	4	3

【解】 计算流水步距

(1)求 $K_{A,B}$

$$
\begin{array}{r}
2\ 4\ 7 \\
-)\quad 3\ 6\ 10 \\
\hline
K_{A,B}=\max\{2\ 1\ 1\ -10\}=2(天)
\end{array}
$$

(2)求 $K_{B,C}$

$$\begin{array}{r} 3 \quad 6 \quad 10 \\ -)\qquad 3 \quad 5 \quad 7 \\ \hline \end{array}$$
$$K_{B,C}=\max\overline{\{3\quad 3\quad 5\quad -7\}}=5（天）$$

（3）求 $K_{C,D}$

$$\begin{array}{r} 3 \quad 5 \quad 7 \\ -)\qquad 3 \quad 7 \quad 10 \\ \hline \end{array}$$
$$K_{C,D}=\max\overline{\{3\quad 2\quad 0\quad -10\}}=3（天）$$

（三）流水工期（T_L）

流水工期是指在组织某工程的流水施工时,从第一个施工过程进入第一个施工段开始施工算起,到最后一个施工过程退出最后一个施工段的施工为止的总持续时间。

流水工期 T_L 的计算公式也因不同的流水施工组织形式而异,后面将详细介绍。

（四）间歇时间

1. 技术间歇时间（Z_1）

技术间歇时间是指在组织流水施工时,为了保证工程质量,由施工规范规定的或施工工艺要求的在相邻两个施工过程之间必须留有的间隔时间,一般用 Z_1 表示。例如:混凝土浇筑后的养护时间、砂浆抹面的干燥时间、油漆面的干燥时间等。

2. 组织间歇时间（G）

组织间歇时间是指在组织流水施工时,由于考虑组织上的因素,两相邻施工过程在规定流水步距之外所增加的必要时间间隔,一般用 G 表示。它是为对前一施工过程进行检查验收或为后一施工过程的开始做必要的施工准备工作而考虑的间歇时间。例如混凝土浇筑之前要检查钢筋及预埋件并作记录、砌筑墙身前的弹线时间、回填土以前对埋设的地下管道的检查验收时间等都属于组织间歇时间。

在组织流水施工时,技术间歇和组织间歇可以统一考虑,但是二者的概念、作用和内涵是不同的,施工组织者必须清楚。

3. 层间间歇时间（Z_2）

指由于技术或组织方面的原因,层与层之间需要间歇的时间,一般用 Z_2 表示。实际上,层间间歇就是位于两层之间的技术间歇或组织间歇。

（五）搭接时间（D）

搭接时间是指相邻两个施工过程同时在同一施工段上工作的重叠时间,通常用 D 表示。

一般情况下,相邻两个施工过程的专业施工队在同一施工段上的关系是前后衔接关系,即前者全部结束后者才能开始。但有时为了缩短工期,在工作面允许的前提下,也可以在前者完成部分可以满足后者的工作面要求时,让后者提前进入同一施工段,两者在同一施工段上平行搭接施工。

第三节　流水施工的基本组织方式

流水施工方式根据流水节拍特征的不同,可分为等节拍流水、等步距异节拍流水、异步距异节拍流水、无节奏流水施工四种。

一、不同流水施工组织方式的比较

这里从流水节拍、流水步距、施工段数以及流水工期的特征等方面对几种基本流水组织方式加以比较,见表 2-4。

表 2-4 几种基本流水组织方式的对比

组织方式 比较内容	等节奏流水	等步距异节拍流水	异步距异节拍流水	无节奏流水
流水节拍	所有的施工过程在各个施工段上的流水节拍均相等	同一施工过程在各个施工段上的流水节拍均相等,不同施工过程之间的流水节拍不完全相等		同一施工过程在不同施工段上的流水节拍不完全相等,不同施工过程流水节拍也不完全相等
		各施工过程的流水节拍等于或为其中最小流水节拍的整数倍	不存在倍数关系	
流水步距	各施工过程之间的流水步距都相等,且等于其流水节拍	流水步距都相等,等于其中最小的流水节拍 $K_b = t_{min}$	流水步距不完全相等,用潘特考夫斯基法计算	流水步距不完全相等,用潘特考夫斯基法计算
工作队数	等于施工过程数	不等于施工过程数	等于施工过程数	等于施工过程数
施工段数	(1)如果没有层间关系,可按划分施工段原则的前六条确定施工段数; (2)如果有层间关系,为使各施工队能够连续施工,则七条原则均应考虑,故全等节拍流水施工的施工段数还应满足:$m \geqslant n + \dfrac{\sum Z_1 + Z_2 + \sum G - \sum D}{K}$	同等节奏流水,施工段数公式为: $m \geqslant \sum b_i + \dfrac{\sum Z_1 + Z_2 + \sum G - \sum D}{K_b}$	按划分施工段原则的前六条确定施工段数	按划分施工段原则的前六条确定施工段数
流水工期	$T = (mj + n - 1)K + \sum Z_1 + \sum G - \sum D$ 式中,T 为流水工期;K 为流水步距;j 为施工层数;m 为施工段数;n 为施工过程数;$\sum Z_1$ 为技术间歇时间之和;$\sum G$ 为组织间歇时间之和;$\sum D$ 为搭接时间之和	$T = (mj + \sum b_i - 1)K_b + \sum Z_1 + \sum G - \sum D$ 式中,$\sum b_i$ 为专业工作队总数	(1)无层间关系 $T = \sum K_{i,i+1} + \sum t_n^j + \sum Z_1 + \sum G - \sum D$ (2)有层间关系 1)$\max \sum t_i \leqslant \sum K_{i,i+1} + K' + Z_2 + \sum Z_1 + \sum G - \sum D$ $T = j(\sum K_{i,i+1} + \sum Z_1 + \sum G - \sum D) + (j-1)(K' + Z_2) + \sum t_n^j$ 式中,$\sum K_{i,i+1}$ 为一个施工层各施工过程间流水步距之和;t_n^j 为最后一个施工过程在第 j 个施工段上的流水节拍;K' 为层间流水步距。 2)$\max \sum t_i > \sum K_{i,i+1} + K' + Z_2 + \sum Z_1 + \sum G - \sum D$ $T = \sum K_{i,i+1} + \sum Z_1 + \sum G - \sum D + (j-1)\max \sum t_i + \sum t_n^j$	

二、四种基本流水组织方式案例

(一)等节拍流水案例

【例 2-5】 背景:某分部工程由 A、B、C、D 四个施工过程组成,划分两个施工层组织流水施工,流水节拍均为 1 天,施工过程 B 完成后需养护 1 天施工过程 C 才能开始,且层间间歇时间为 2 天。

问题:(1)试述等节奏流水施工的特点与组织过程;(2)为了保证工作队连续作业,试确定流水步距、施工段数、计算工期;(3)绘制流水施工进度表。

【解】 (1)等节奏流水施工的特点是所有的施工过程在各个施工段上的流水节拍均相等（是一个常数）。其组织过程是：第一，把流水对象（项目）划分为若干个施工过程；第二，把流水对象（项目）划分为若干个施工段（区）；第三，组建专业队并确定其在每一施工段上的持续时间；第四，各专业队依次、连续地在各施工段上完成同样的作业；第五，如果允许，各专业队的工作可以适当地搭接起来。

(2)由题意，应组织等节奏流水施工，其流水参数为：

1)流水步距

$$K = t = 1(天)$$

2)施工段数

$$m \geqslant n + \frac{\sum Z_1 + Z_2 + \sum G - \sum D}{K} = 4 + \frac{1+2}{1} = 7(段)，取 m = 7(段)$$

3)计算工期

$$T = (mj + n - 1)K + \sum Z_1 + \sum G - \sum D = (7 \times 2 + 4 - 1) \times 1 + 1 = 18(天)$$

(3)绘制流水施工进度计划表，如图 2-7 所示。

施工层	施工过程	施工进度（天）																	
		1	2	3	4	5	6	7	8	9	10	11	12	13	14	15	16	17	18
第一层	A	①	②	③	④	⑤	⑥	⑦											
	B		①	②	③	④	⑤	⑥	⑦										
	C			①	②	③	④	⑤	⑥	⑦									
	D				①	②	③	④	⑤	⑥	⑦								
第二层	A							①	②	③	④	⑤	⑥	⑦					
	B								①	②	③	④	⑤	⑥	⑦				
	C									①	②	③	④	⑤	⑥	⑦			
	D										①	②	③	④	⑤	⑥	⑦		

$$(n-1)K + \sum Z_1 \qquad mjK$$

图 2-7 等节拍流水施工进度计划表

【例 2-6】 根据例 2-3 中的条件，且已知浇混凝土与砌砖基之间技术间歇为 2 天。试按全等节拍流水组织施工，计算工期，并绘制流水施工进度计划表。

【解】 (1)确定施工过程

为简化流水，把垫层和回填土的工程量较少的两个过程作为间歇处理，各预留 1 天进行部分施工过程间断流水的方法。

(2)确定主导施工过程的施工班组人数与流水节拍

本工程中，挖土方是主导施工过程

$$t = Q/(Snb) = P/(nb) = 3.06/(1 \times 1) \approx 3(天)$$

(3)确定其他施工过程的施工班组人数

因为是组织等节拍流水施工，即各个施工过程的流水节拍均为 3 天，所以各施工过程所需人数 $n = P/(tb)$，经计算，绑钢筋为 2 人、浇混凝土 13 人和砌砖基 22 人。

(4)计算工期

$$T = (mj+n-1)K + \sum Z_1 + \sum G - \sum D$$
$$= (4 \times 1 + 4 - 1) \times 3 + (1+1) + 2 + 0 - 0$$
$$= 25(天)$$

(5)绘制流水施工进度计划表,如图 2-8 所示。

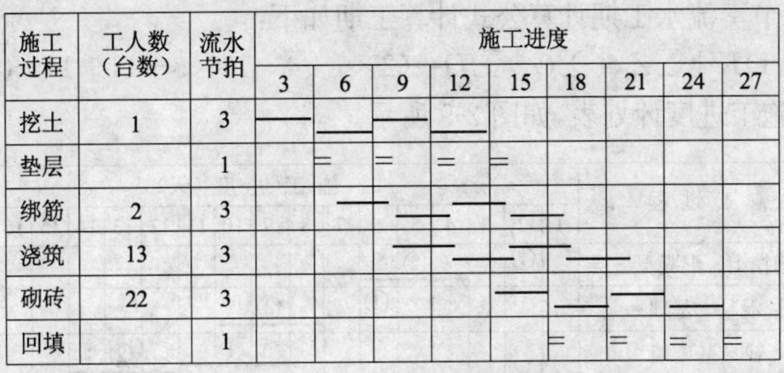

施工过程	工人数(台数)	流水节拍	施工进度								
			3	6	9	12	15	18	21	24	27
挖土	1	3									
垫层		1									
绑筋	2	3									
浇筑	13	3									
砌砖	22	3									
回填		1									

图 2-8　流水施工进度计划图表

为简化流水,例 2-3 中是把垫层和回填土的工程量较少的两过程作为间歇处理,各预留 1 天进行部分施工过程间断流水的方法,当然也可以采用合并施工过程的流水,如例 2-7。

【例 2-7】　某砖混结构住宅工程的基础工程,分两段组织施工,各分项工程施工过程及劳动量见表 2-5 所示,已知垫层混凝土和条形基础混凝土浇筑后均需养护 1 天后方可进行下一道工序施工。若工期没有规定,试按等节奏流水组织施工,计算工期,并绘制流水施工进度计划表。

表 2-5　某砖混结构住宅楼基础工程劳动量一览表

序　　号	施工过程	劳动量(工日)	施工班组人数
1	基槽土方开挖	184	35
2	垫层混凝土浇筑	28	
3	条基钢筋绑扎	24	14
4	条基混凝土浇筑	60	
5	砖基础墙砌筑	106	18
6	基槽回填土	46	14
7	室内地坪回填土	40	

【解】　(1)确定施工过程

由于混凝土垫层的劳动量较小,故将其与相邻的基槽挖土合并为一个施工过程"基槽挖土、垫层浇筑";将工程量较小的钢筋绑扎与混凝土浇筑合并为一个施工过程"混凝土基础";将工种相同的基槽回填土与室内地坪回填土合并为一个施工过程"回填土"。

(2)确定主导施工过程的施工班组人数与流水节拍

本工程中,基槽挖土、混凝土垫层的合并劳动量最大,所以是主导施工过程。根据工作面、劳动组合和资源情况,该施工班组人数确定为 35 人,将其填入表 2-5。其流水节拍根据公式 (2-5)中 $t_{ij} = \dfrac{P_{ij}}{n_{ij}b_{ij}}$,并取两个工作班制,计算如下

$$t = \frac{184+28}{35 \times 2} \approx 3(天)$$

（3）确定其他施工过程的施工班组人数

因为是等节奏流水施工，即各个施工过程的流水节拍均为 3 天，所以可由公式（2-5）反算其他施工过程的施工班组人数（均按两个工作班考虑），计算后还应验证是否满足工作面、劳动组合和资源情况的要求。经计算，分别为 14 人、18 人和 14 人，将他们也填入表 2-5。

（4）计算工期

根据表 2-4 等节奏流水工期计算公式计算工期如下：

$$T=(mj+n-1)K+\sum Z_1+\sum G-\sum D=(2\times1+4-1)\times3+(1+1)+0-0=17（天）$$

（5）绘制流水施工进度计划表，如图 2-9 所示。

施工过程	施工 进 度（天）																
	1	2	3	4	5	6	7	8	9	10	11	12	13	14	15	16	17
基槽挖土、混凝土垫层		①			②												
混凝土基础						①			②								
砌砖基础墙										①			②				
回填土													①			②	

图 2-9 某砖混住宅基础工程流水施工进度计划表

【例 2-8】 若例 2-7 中工程，基础工程工期已规定为 15 天，试组织等节奏流水施工。

【解】 （1）确定流水节拍

按式 $T=(mj+n-1)K+\sum Z_1+\sum G-\sum D$ 反算如下

$$t=K=\frac{T-\sum Z_1-\sum G+\sum D}{mj+n-1}=\frac{15-(1+1)-0+0}{2\times1+4-1}=2.6（天），取 t=2.5（天）$$

（2）确定各施工过程的施工班组人数

根据公式（2-5）反算各施工过程的施工班组人数，并验证是否满足工作面和劳动组合等的要求。经计算，分别为 42 人、17 人、21 人和 17 人。

（3）计算工期

$$T=(mj+n-1)K+\sum Z_1+\sum G-\sum D=(2\times1+4-1)\times2.5+(1+1)+0-0=14.5（天）$$

满足规定工期要求。

（4）绘制流水施工进度计划表，如图 2-10 所示。

施工过程	施工 进 度（天）														
	1	2	3	4	5	6	7	8	9	10	11	12	13	14	15
基槽挖土、混凝土垫层		①		②											
混凝土基础					①			②							
砌砖基础墙								①		②					
回填土										①		②			

图 2-10 某基础工程流水施工进度计划表

【例 2-9】 某公路有四个涵洞，施工过程包括基础开挖、预制涵管、安装和回填土压实。如果合同工期不超过 50 天，试组织等节奏流水施工，计算流水节拍 t 和流水步距 K，并绘制流水施工进度计划表。

【解】 由已知数据可分析出，施工段有 4 段，每个施工段有 4 个施工过程，并且要求组织等节奏流水施工。

已知 $n=4,m=4$；且由于是等节奏流水，所以 $K=t$

因此可得： $T=(m+n-1)K=7K\leqslant 50$（天）

从而得 $K=t=7$（天），则流水工期 $T=7K=7\times 7=49$（天）

根据以上计算结果，绘制流水施工进度计划表，如图 2-11 所示。

施工过程	施工进度（天）						
	7	14	21	28	35	42	49
基础开挖	①	②	③	④			
预制涵管		①	②	③	④		
安装			①	②	③	④	
回填土压实				①	②	③	④

图 2-11 某涵洞工程流水施工进度计划表

等节奏流水施工比较适用于分部工程流水，特别是施工过程较少的分部工程，而对于一个单位工程，因其施工过程数较多，要使所有的施工过程的流水节拍都相等是十分困难的，所以单位工程一般不宜组织等节奏流水施工，至于单项工程和群体工程，它同样也不适用。因此，等节奏流水施工的实际应用范围不是很广泛。

在实际工程中，往往由于各方面的原因（如工程性质、复杂程度、劳动量、技术组织等），采用相同的流水节拍来组织施工，是不可能的。如某些施工过程要求尽快完成，或者某些施工过程工程量过少，流水节拍较小，或者某些施工过程的工作面受到限制，不能投入较多的人力、机械，而使得流水节拍较大，因而会出现各细部流水的流水节拍不等的情况，此时便可采用异节奏流水施工的组织形式来组织施工。异节奏流水施工又可分为等步距异节拍流水和异步距异节拍流水施工两种。

（二）等步距异节拍流水施工案例

等步距异节拍流水施工是指同一施工过程在各个施工段上的流水节拍相等，不同的施工过程之间的流水节拍不完全相等，但各个施工过程的流水节拍均为其中最小流水节拍的整数倍的流水施工方式。若工期要求较紧且现场条件（如工作面满足要求，不致降低生产效率，且劳动力和施工机具也能满足供应）允许的情况下，可通过增加施工机械或施工班组的措施加快施工进度，转化成类似于 n 个施工过程的全等节拍流水施工，所不同的仅是在组织安排上应将这些机械或专业班组以交叉的方式安排在不同的施工段上施工。

1. 一般建筑工程的等步距异节拍流水施工案例

【例 2-10】 某分部工程划分为 A、B、C、D 四个施工过程，分五段组织施工，各施工过程的流水节拍分别为 4 天、6 天、2 天、4 天，A、B 两个过程可搭接 1 天，且施工过程 C 完成后需有 2 天的技术间歇时间，试组织等步距异节拍流水施工。

【解】 （1）确定流水步距

$$K_b=t_{min}=2（天）$$

（2）确定各施工过程的专业工作队数

$$b_A=t_A/K_b=4/2=2（队）；b_B=t_B/K_b=6/2=3（队）$$

$$b_C=t_C/K_b=2/2=1（队）；b_D=t_D/K_b=4/2=2（队）$$

专业工作队总数为： $\sum b_i=2+3+1+2=8$（队）

（3）计算工期

$$T=(mj+\sum b_i-1)K_b+\sum Z_1+\sum G-\sum D=(5\times 1+8-1)\times 2+2+0-1=25（天）$$

（4）绘制流水施工进度计划表，如图 2-12 所示

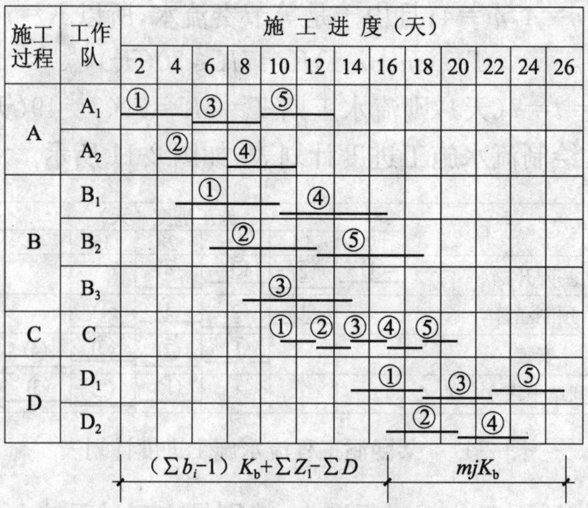

施工过程	工作队	施工进度（天）												
		2	4	6	8	10	12	14	16	18	20	22	24	26
A	A₁	①		③		⑤								
	A₂		②		④									
B	B₁			①			④							
	B₂				②			⑤						
	B₃					③								
C	C					① ② ③ ④ ⑤								
D	D₁								①		③		⑤	
	D₂									②		④		

$$(\sum b_i-1)\,K_b+\sum Z_i-\sum D \qquad mjK_b$$

图 2-12 等步距异节拍流水施工进度表

对图 2-12 作进一步分析可知:组织等步距异节拍流水可使各工序步调一致,衔接紧密,不但各施工过程连续施工,而且无空闲的施工段,因而总工期较短。但在组织等步距异节拍流水时,纳入流水的专业班组不宜太多,以免造成现场混乱和管理工作的复杂。

值得说明的是,等步距异节拍流水的组织方式,与采用"两班制"、"三班制"的组织方式有所不同。"两班制"、"三班制"的组织方式,通常是指同一个专业班组在同一施工段上连续作业 16 小时(两班制)或 24 小时(三班制),或安排两个专业班组在同一施工段上各作业 8 小时累计 16 小时(两班制),或安排三个专业班组在同一施工段上各作业 8 小时累计 24 小时(三班制)。因而,在进度计划上反映出的流水节拍应为原流水节拍的 1/2(两班制)或 1/3(三班制)。而等步距异节拍流水的组织方式,是将增加的专业班组与原专业班组分别以交叉的方式安排在不同的施工段上进行作业,因而其流水节拍不发生变化。

【例 2-11】 某三层的分部工程由 A、B、C 三个施工过程组成,其流水节拍分别为 2 天、4 天、2 天,B、C 两个施工过程之间有 2 天的组织间歇时间,C 施工过程干完后需要间歇 1 天的时间,后一层才能开始施工。为保证各工作队能连续施工,试确定施工段数,组织加快成倍节拍流水施工,计算工期,并绘制流水施工进度计划表。

【解】 (1)确定流水步距: $K_b = t_{min} = 2$ (天)

(2)确定专业工作队数

$b_A = t_A/K_b = 2/2 = 1$ (队); $b_B = t_B/K_b = 4/2 = 2$ (队); $b_C = t_C/K_b = 2/2 = 1$ (队)

专业工作队总数为: $\sum b_i = 1+2+1 = 4$ (队)

(3)确定施工段数: $m \geqslant \sum b_i + (\sum Z_1 + Z_2 + \sum G - \sum D)/K_b = 4 + (1+2)/2 = 5.5$,取 $m = 6$ (段)

(4)计算工期

$T = (mj + \sum b_i - 1)K_b + \sum Z_1 + \sum G - \sum D = (6 \times 3 + 4 - 1) \times 2 + 0 + 2 - 0 = 44$ (天)

(5)绘制流水施工进度计划表,如图 2-13 所示

2. 线形工程流水线法

等步距异节拍流水施工比较适用于线形工程的施工,线形工程是指单向延伸的土木工程,如道路、管道、沟渠、堤坝和地下通道等。这类工程沿长度方向分布均匀、单一,作业队可匀速施工,一般采用流水线法组织施工。其步骤为:

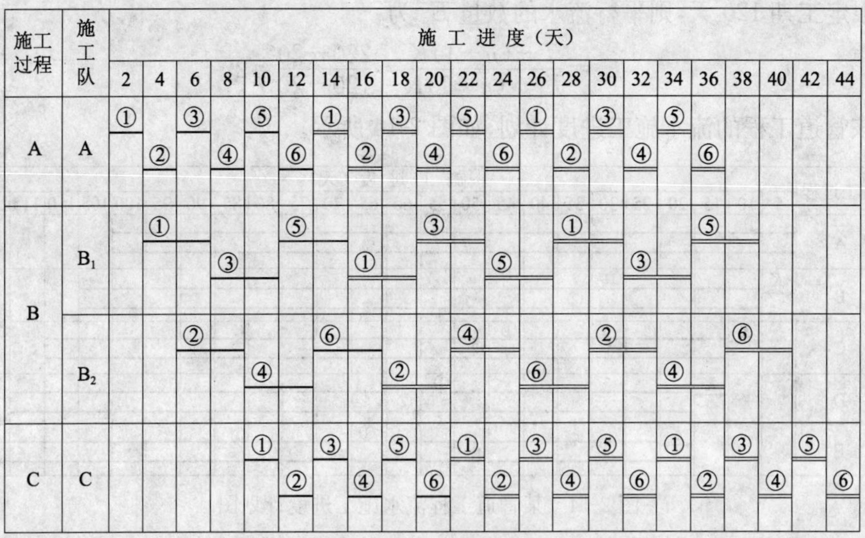

图 2-13　某工程流水施工进度计划表

(1)划分施工过程,确定其数目 n;

(2)确定主导施工过程;

(3)确定主导施工过程每个班次的施工速度 v,按 v 值设计其他施工过程的细部流水施工速度,并使两者相配合协调;

(4)确定相邻两作业队开始施工的时间间隔 K,当两队流水速度相等时,则各相邻作业队之间的 K 均相等;

(5)计算流水工期 T。

线形工程流水工期 T 可按式(2-7)计算:

$$T=(n-1)K+\frac{L}{v} \tag{2-7}$$

有间歇时

$$T=(n-1)K+\frac{L}{v}+\sum Z_1+\sum G-\sum D \tag{2-8}$$

式中,K 为流水步距,一段上的持续时间;n 为流水施工的施工过程数目;L 为工程的全长长度(km 或 m);v 为作业队的施工速度(km/d 或 m/d)。

如果限定工期 T_1,则平行流水的数量 E_n 为

$$E_n=\frac{T-(n-1)K}{T_1-(n-1)K} \tag{2-9}$$

或

$$m=\frac{L}{v\cdot[T_1-(n-1)K]} \tag{2-10}$$

式中,E_n 为平行流水的数量;T_1 为限定的施工期限;m 为线形工程分成的段落数目,$m\leqslant 3$ 时可采用二班或三班制进行施工,不必划分施工段。

【例 2-12】　某管道工程限定工期为 $T_1=120$ 天,作业队施工速度 $v=0.2$km/天,管线长度 $L=40$km,分 A、B、C、D、E5 个施工过程作业,流水步距 $K=5$ 天,试组织线形工程流水施工进度计划。

【解】　(1)计算线形工程流水工期 T:

$$T=(n-1)K+\frac{L}{v}=(5-1)\times 5+40/0.2=220(天)$$

39

(2)限定工期 120 天,则平行流水的数量 E_n 为:

$$E_n = \frac{T-(n-1)K}{T_1-(n-1)K} = \frac{220-20}{120-20} = 2$$

(3)该管道工程的流水施工进度计划,如图 2-14 所示。

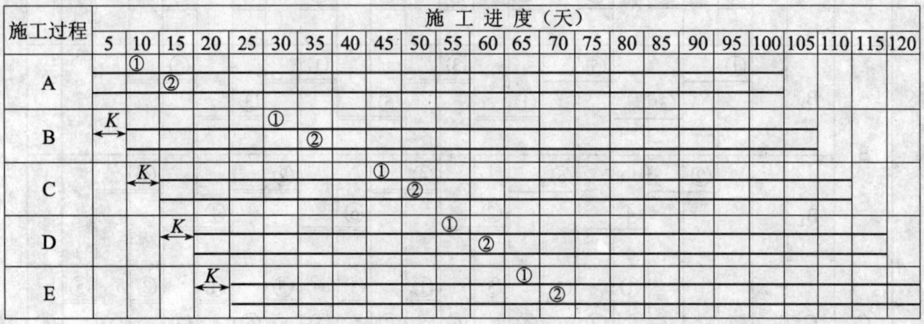

图 2-14 某管道工程流水施工进度计划图

【例 2-13】 某煤气管道铺设工程,长 400m,工期限定为 15 天,由挖管沟、安装管道和回填土 3 个施工过程组成,采用挖土机挖管沟,人工安装管道和回填土。根据管沟断面和机械的产量定额,算得生产率为 40m/天。试组织线形工程流水施工进度计划。

【解】 (1)确定施工过程数目 n,其由挖管沟、安管道和回填土三个施工过程组成,即 $n=3$。

(2)确定机械开挖管沟为主导施工过程,其施工速度 $v = 40m$/天。

(3)安管道和回填土速度同主导施工过程,相应为 40m/天。

(4)确定相邻两专业队的开始作业时间间隔为 1 天,即 $K=1$ 天。

(5)计算流水工期 $T = (n-1)K + \dfrac{L}{v} = (3-1) \times$

图 2-15 煤气管道铺设工程的施工进度计划

$1 + 400/40 = 12$ 天,$T \leqslant T_1 = 15$ 天,不分施工段。

(6)该煤气管道铺设工程的施工进度计划如图 2-15 所示。

(三)异步距异节拍流水与无节奏流水施工案例

1. 无层间关系的异步距异节拍流水与无节奏流水施工案例

【例 2-14】 某工程分为四段,有甲、乙、丙 3 个施工过程。其在各段上的流水节拍(天)分别为:甲——3、2、2、4;乙——1、3、2、2;丙——3、2、3、2。试组织流水施工。

【解】 由题意,应组织无节奏流水施工。

(1)计算流水步距

1)求 $K_{\text{甲,乙}}$

$$
\begin{array}{cccccc}
 & 3 & 5 & 7 & 11 & \\
-) & & 1 & 4 & 6 & 8 \\
\hline
\end{array}
$$

$K_{\text{甲,乙}} = \max\{\ 3 \quad 4 \quad 3 \quad 5 \quad -8\} = 5$(天)

2)求 $K_{\text{乙,丙}}$

$$
\begin{array}{cccccc}
 & 1 & 4 & 6 & 8 & \\
-) & & 3 & 5 & 8 & 10 \\
\hline
\end{array}
$$

$K_{\text{乙,丙}} = \max\{\ 1 \quad 1 \quad 1 \quad 0 \quad -10\} = 1$(天)

(2)计算工期

$$T=\sum K_{i,i+1}+\sum t_n^j+\sum Z_1+\sum G-\sum D=(5+1)+10=16(天)$$

(3)绘制流水施工进度计划表,如图 2-16 所示。

施工过程	施工进度（天）															
	1	2	3	4	5	6	7	8	9	10	11	12	13	14	15	16
甲	①		②			③			④							
乙	$K_{甲,乙}=5$					①		②			③		④			
丙					$K_{乙,丙}=1$				①		②		③			④

图 2-16　无层间关系的无节奏流水施工进度计划

【例 2-15】　某分部工程划分为 A、B、C、D 4 个施工过程,分 5 段组织施工,各施工过程的流水节拍分别为 4 天、6 天、2 天、4 天,A、B 两个过程可搭接 1 天,且施工过程 C 完成后需有 2 天的技术间歇时间,试组织异步距异节拍流水施工。

【解】　(1)计算流水步距

1)求 $K_{A,B}$

$$
\begin{array}{ccccc}
4 & 8 & 12 & 16 & 20 \\
-)\quad & 6 & 12 & 18 & 24 & 30
\end{array}
$$

$$K_{A,B}=\max\{\ 4\quad 2\quad 0\ -2\ -4\ -30\}=4(天)$$

2)求 $K_{B,C}$

$$
\begin{array}{ccccc}
6 & 12 & 18 & 24 & 30 \\
-)\quad & 2 & 4 & 6 & 8 & 10
\end{array}
$$

$$K_{B,C}=\max\{\ 6\quad 10\quad 14\quad 18\quad 22\ -10\}=22(天)$$

3)求 $K_{C,D}$

$$
\begin{array}{ccccc}
2 & 4 & 6 & 8 & 10 \\
-)\quad & 4 & 8 & 12 & 16 & 20
\end{array}
$$

$$K_{C,D}=\max\{\ 2\quad 0\ -2\ -4\ -16\ -20\}=2(天)$$

(2)计算工期

$$T=\sum K_{i,i+1}+\sum t_n^j+\sum Z_1+\sum G-\sum D=(4+22+2)+4\times5+2+0-1=49(天)$$

(3)绘制流水施工进度计划表,如图 2-17 所示

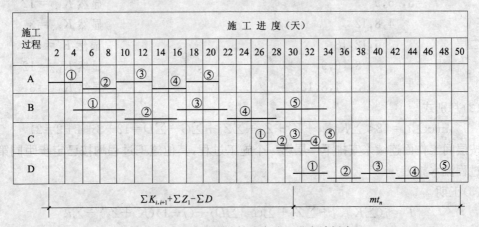

图 2-17　异步距异节拍流水施工进度计划表

41

(四)有层间关系的异步距异节拍流水与无节奏流水施工案例

多个施工层异步距异节拍流水与无节奏流水施工的组织,要考虑在第一个施工层组织流水后,以后各层何时开始。以后各层开始的时间要受到空间和时间两方面限制。所谓空间限制,是指前一个施工层任何一个施工段工作未完,则后面施工层的相应施工段就没有施工的空间;所谓时间限制,是指任何一个施工队未完成前一施工层的工作,则后一施工层就没有施工队能够开始作业。这都将导致工作后移。每项工程具体受到哪种限制,取决于其流水段数及流水节拍的特征。

多个施工层异步距异节拍流水与无节奏流水施工的组织,可根据一个施工层的施工过程持续时间的最大值 $\max\sum t_i$ 与流水步距及间歇时间总和的大小对比进行判别。

1. 当 $\max\sum t_i < \sum K_{i,i+1}+K'+Z_2+\sum Z_1+\sum G-\sum D$ 时,除一层以外的各施工层施工只受空间限制,可按层间工作面连续来安排下一层第一个施工过程,其他施工过程均按已定步距依次施工。各施工队都能连续作业。

2. 当 $\max\sum t_i = \sum K_{i,i+1}+K'+Z_2+\sum Z_1+\sum G-\sum D$ 时,流水安排同1),但只有 $\max\sum t_i$ 值的施工过程的施工队可以连续作业。

上述两种情况的流水工期

$$T=j(\sum K_{i,i+1}+\sum Z_1+\sum G-\sum D)+(j-1)(K'+Z_2)+\sum t_n^j \qquad (2-11)$$

3. 当 $\max\sum t_i > \sum K_{i,i+1}+K'+Z_2+\sum Z_1+\sum G-\sum D$ 时,具有 $\max\sum t_i$ 值的施工过程的施工队可以连续作业,其他施工过程可依次按与该施工过程的步距关系安排作业,若 $\max\sum t_i$ 值同属几个施工过程,则其相应的施工队均可以连续作业。

该情况下的流水工期

$$T=\sum K_{i,i+1}+\sum Z_1+\sum G-\sum D+(j-1)\max\sum t_i+\sum t_n^j \qquad (2-12)$$

【例 2-16】 某两层钢筋混凝土工程由 3 个施工过程组成,划分为 3 个施工段组织流水施工,已知每层每段的施工过程持续时间分别为:$t_1=6$ 天,$t_2=3$ 天,$t_3=4$ 天,且层间间歇时间为 2 天,按不加快成倍节拍流水,试计算工期,并绘制流水施工进度表。

【解】 由题意,应组织异步距异节拍流水施工。

(1)确定流水步距

一层: 6,12,18

         3, 6,9   显然 $K_{1,2}=12$

         4,8,12   显然 $K_{2,3}=3$

二层: 6,12,18   显然 $K'=4$

            3, 6,9   显然 $K_{1,2}=12$

            4,8,12   显然 $K_{2,3}=3$

(2)判别式

$$\max\sum t_i=18 < \sum K_{i,i+1}+K'+Z_2+\sum Z_1+\sum G-\sum D=12+3+4+2=21$$

按层间工作面连续来安排下一层第一个施工过程,其他施工过程均按已定步距同第一个施工过程流水施工。

(3)工期

$$\begin{aligned} T &=j(\sum K_{i,i+1}+\sum Z_1+\sum G-\sum D)+(j-1)(K'+Z_2)+\sum t_n^j \\ &=2\times(12+3)+(2-1)\times(4+2)+12 \\ &=48(天) \end{aligned}$$

(4)绘制流水施工进度计划表，如图 2-18 所示。

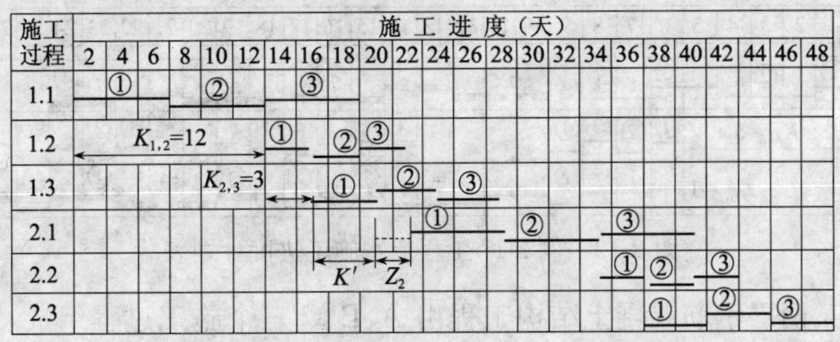

图 2-18　某工程流水施工进度计划表

【例 2-17】 某三层的分部工程划分为 A、B、C 三个施工过程，分 4 段组织施工，施工顺序 A—B—C，各施工过程的流水节拍见表 2-6 所示，试组织流水施工。

表 2-6　某分部工程流水节拍　（天）

施工段 / 施工过程	①	②	③	④
A	1	3	2	2
B	1	1	1	1
C	2	1	2	3

【解】 根据题设条件，该工程应组织无节奏流水施工。

(1)确定流水步距

1)求 $K_{A,B}$

$$\begin{array}{rrrrrr} & 1 & 4 & 6 & 8 & \\ -) & & 1 & 2 & 3 & 4 \\ \hline K_{A,B}=\max\{ & 1 & 3 & 4 & 5 & -4\}=5(\text{天}) \end{array}$$

2)求 $K_{B,C}$

$$\begin{array}{rrrrrr} & 1 & 2 & 3 & 4 & \\ -) & & 2 & 3 & 5 & 8 \\ \hline K_{B,C}=\max\{ & 1 & 0 & 0 & -1 & -8\}=1(\text{天}) \end{array}$$

3)求 C 施工过程和第二层的 A 施工过程之间的流水节拍 K'

$$\begin{array}{rrrrrr} & 2 & 3 & 5 & 8 & \\ -) & & 1 & 4 & 6 & 8 \\ \hline K'=\max\{ & 2 & 2 & 1 & 2 & -8\}=2(\text{天}) \end{array}$$

(2)判别式

$$\max\sum t_i=8=\sum K_{i,i+1}+K'+Z_2+\sum Z_1+\sum G-\sum D=5+1+2=8$$

按层间工作面连续来安排下一层第一个施工过程，但只有 $\max\sum t_i$ 值的 A、C 施工过程的施工队可以连续作业。B 施工过程按已定步距流水施工。

(3)计算工期

$$\begin{aligned} T&=j(\sum K_{i,i+1}+\sum Z_1+\sum G-\sum D)+(j-1)(K'+Z_2)+\sum t_n^j \\ &=3\times(5+1)+(3-1)\times 2+8 \\ &=30(\text{天}) \end{aligned}$$

(4)绘制流水施工进度计划表，如图 2-19 所示。

二、三层先绘制 A、C 施工过程的进度线，再依据已定步距绘制 B 施工过程进度线。

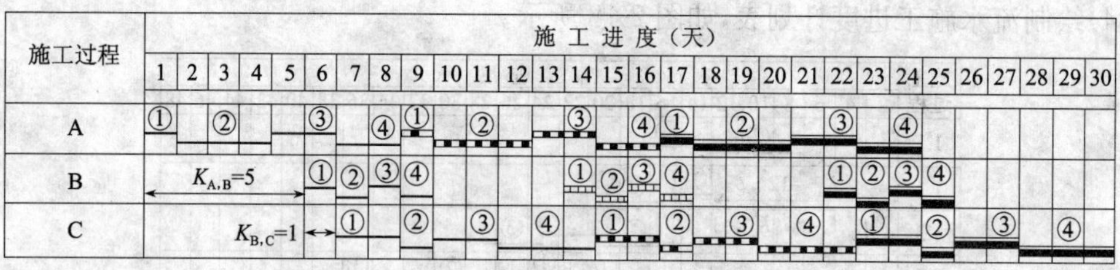

图 2-19　例 2-17 工程流水施工进度计划表

【例 2-18】 某两层钢筋混凝土结构工程由 A、B、C 三个施工过程组成,划分为四个施工段,施工顺序 A—B—C,已知每层每段的施工持续时间(天)为 A:3、3、2、2;B:4、2、3、2;C:2、2、2、3,试计算工期,并绘制流水施工进度计划表。

【解】 根据题设条件,该工程应组织无节奏流水施工。

(1)确定流水步距

一层：　3,6,8,10

　　　　4,6,9,11　　　　　　　　　　　　　　　　显然 $K_{A,B}=3$

　　　　2,4,6,9　　　　　　　　　　　　　　　　显然 $K_{B,C}=5$

二层：　　3,6,8,10　　　　　　　　　　　　　　显然 $K'=2$

　　　　4,6,9,11　　　　　　　　　　　　　　　显然 $K_{A,B}=3$

　　　　2,4,6,9　　　　　　　　　　　　　　　显然 $K_{B,C}=5$

(2)判别式

$$\max\sum t_i=11>\sum K_{i,i+1}+K'+Z_2+\sum Z_1+\sum G-\sum D=3+5+2=10$$

具有 $\max\sum t_i$ 值的 B 施工过程的施工队可以连续作业,所以先安排 B 工作,其他施工过程可依次按与 B 施工过程的步距关系安排作业。

(3)计算工期

$$T=\sum K_{i,i+1}+\sum Z_1+\sum G-\sum D+(j-1)\max\sum t_i+\sum t_n^j$$
$$=3+5+(2-1)\times 11+9$$
$$=28(天)$$

(4)绘制流水施工进度计划表,如图 2-20 所示。

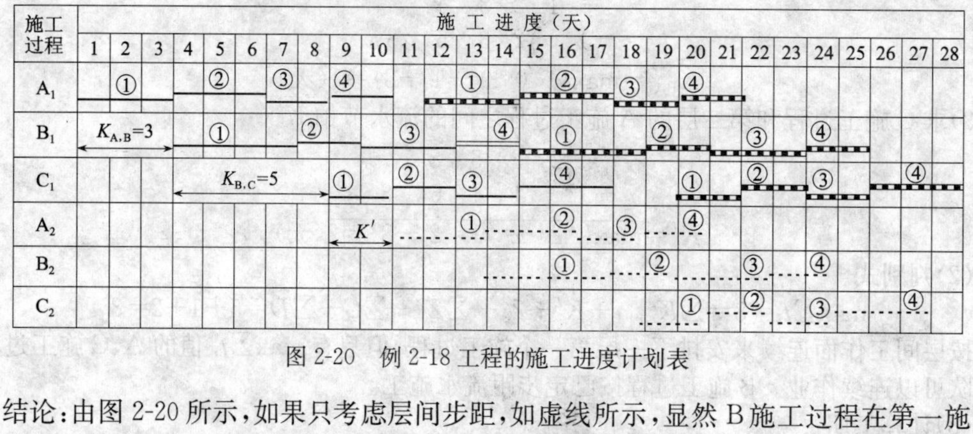

图 2-20　例 2-18 工程的施工进度计划表

结论:由图 2-20 所示,如果只考虑层间步距,如虚线所示,显然 B 施工过程在第一施工层和第二施工层 14 天处冲突重叠,所以 B 施工过程第二施工层第一段必须从第 15 天开始施工。

【例 2-19】 某三层的分部工程由 A、B、C 三个施工过程组成,划分为四个施工段,施工顺序 A—B—C,流水节拍(天)分别为 A:2、3、2、1;B:5、4、3、4;C:3、2、3、2,已知 A、B 之间有 2 天技术间歇,B、C 可搭接 1 天施工,且层间间歇为 1 天,试计算工期,并绘制流水施工进度计划

44

表。

【解】 根据题设条件,该工程应组织无节奏流水施工。

(1)确定流水步距

一层:2,5,7,8

5,9,12,16　　　　　　　　　　　　　　　　　显然 $K_{A,B}=2$

　3, 5, 8,10　　　　　　　　　　　　　　　显然 $K_{B,C}=8$

二层:　　2, 5, 7,8　　　　　　　　　　　　显然 $K'=3$

$\vdots$　　　　　　　　　　　　　　　　　　　　$\vdots$

(2)判别式

$$\max\sum t_i = 16 > \sum K_{i,i+1}+K'+Z_2+\sum Z_1+\sum G-\sum D=2+8+3+1+2-1=15$$

具有 $\max\sum t_i$ 值的 B 施工过程的施工队可以连续作业,所以先安排 B 工作,其他施工过程可依次按与 B 施工过程的步距关系安排作业。

(3)计算工期

$$T = \sum K_{i,i+1}+\sum Z_1+\sum G-\sum D+(j-1)\max\sum t_i+\sum t_n^j$$
$$=2+8+2-1+(3-1)\times 16+10$$
$$=53(天)$$

(4)绘制流水施工进度计划表,如图 2-21 所示。

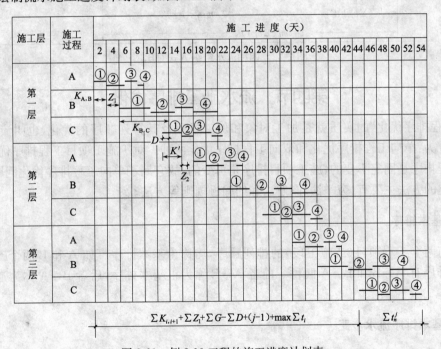

图 2-21　例 2-19 工程的施工进度计划表

(五)不同流水方式对比案例

【例 2-20】 某两层钢结构房屋,据技术要求,流水节拍为:基础 4 天;钢结构柱及梁施工 6 天;安板 2 天。试组织流水作业。

【解】 有四种流水组织方法,其进度安排及特点对比如图 2-22 所示。

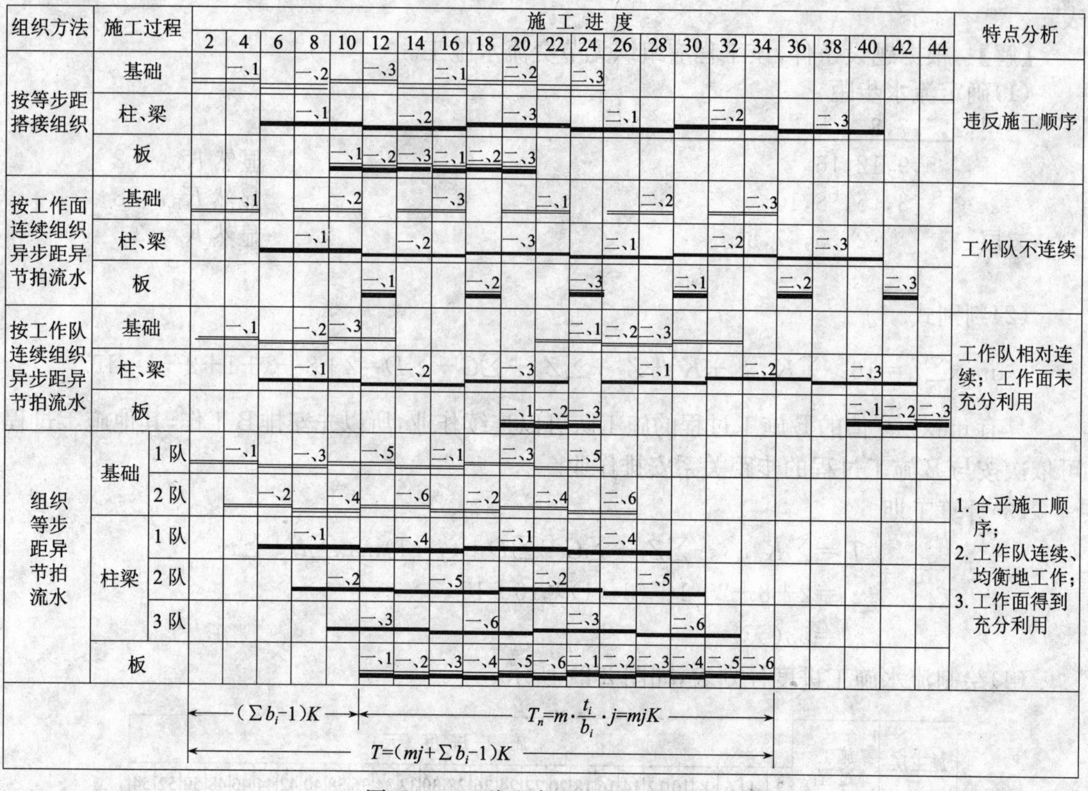

图 2-22　四种流水组织方式对比图

$$(\sum b_i - 1)K \qquad T_n = m \cdot \frac{t_i}{b_i} \cdot j = mjK$$

$$T = (mj + \sum b_i - 1)K$$

第四节　流水施工排序优化

"工程排序优化"的实质就是加工对象和加工过程及其排列顺序的优化,也叫流程优化。它通常分为:单向工程排序优化和双向工程排序优化两种。对于施工项目工程排序优化,由于施工过程排序是固定不变的,施工项目排序是可变的,故它属于单向工程排序优化问题。工程排序优化的方法主要有:穷举法、图解法和约翰逊规则等方法。

一、基本排序

任何两个工程项目(或施工段)的排列顺序,均称为基本排序。如 A 和 B 两个工程项目的基本排序有 A→B 和 B→A 两种。前者 A→B 称为正基本排序,后者 B→A 称为逆基本排序。

二、基本排序流水步距

任何两个工程项目 A 和 B,先后投入第 j 个施工过程开始施工的时间间隔,称为基本排序流水步距,即工程 A 与 B 之间的流水步距,并以 $K_{i,i+1}$ 表示。如:A→B 基本排序流水步距记为 $K_{A,B}$,B→A 基本排序流水步距记为 $K_{B,A}$。

三、工程排序模式

在组织工程排序时,若干个工程项目(或施工段)排列顺序的全部可能组合模式,均称为工程排序模式。如:A、B、C、D 四个工程项目,则有:A→B→C→D;A→B→D→C;……;B→D→A

46

→C 等 24 种工程排序模式。

【例 2-21】 某群体工程 A、B、C 三栋楼，它们都要依次经过砌墙、支模、混凝土工程三个施工过程，各个工程项目在各个施工过程上的持续时间：甲（砌墙）：$t_A=2$、$t_B=4$、$t_C=5$；乙（支模）：$t_A=3$、$t_B=4$、$t_C=3$；丙（混凝土工程）：$t_A=4$、$t_B=3$、$t_C=2$；如果上述工程项目排列顺序是可变的，那么如何安排它们的排列顺序，才能使计算总工期最短？

【解】 根据题设条件，该工程应组织无节奏流水施工。

背景条件中有 A、B、C 三栋楼及砌墙、支模、混凝土 3 个施工过程，可确定此工程可采用栋间流水，施工段数为 3，施工过程数为 3。由排列组合可知，施工段数的组合有 ABC、ACB、BAC、BCA、CAB、CBA 六种，本题基本排序项较少，所以可以采用穷举法计算六种情况的工期：

(1)分别求出全部工程项目各种可能基本排序流水步距 $K_{i,i+1}$ 和工期 T。

1)ABC 工程项目排列顺序

① 计算施工过程的流水步距

$$K_{\text{甲,乙}} \quad \begin{array}{ccc} 2 & 6 & 11 \\ & 3 & 7 & 10 \\ \hline 2 & 3 & 4 & -10 \end{array}$$

所以，$K_{\text{甲,乙}}=4$（天）

$$K_{\text{乙,丙}} \quad \begin{array}{ccc} 3 & 7 & 10 \\ & 4 & 7 & 9 \\ \hline 3 & 3 & 3 & -9 \end{array}$$

所以，$K_{\text{乙,丙}}=3$（天）

② 计算工期

$$T=\sum K_{i,i+1}+\sum t_n^j+\sum Z_1+\sum G-\sum D=(4+3)+(4+3+2)=16（天）$$

2)ACB 工程项目排列顺序

① 计算施工过程的流水步距

所以，$K_{\text{甲,乙}}=4$（天）

$$K_{\text{甲,乙}} \quad \begin{array}{ccc} 2 & 7 & 11 \\ & 3 & 6 & 10 \\ \hline 2 & 4 & 5 & -10 \end{array}$$

所以，$K_{\text{甲,乙}}=5$（天）

$$K_{\text{甲,乙}} \quad \begin{array}{ccc} 3 & 6 & 10 \\ & 4 & 6 & 9 \\ \hline 3 & 2 & 4 & -9 \end{array}$$

所以，$K_{\text{乙,丙}}=4$（天）

② 计算工期

$$T=\sum K_{i,i+1}+\sum t_n^j+\sum Z_1+\sum G-\sum D=(5+4)+(4+3+2)=18（天）$$

3)BAC 工程项目排列顺序

① 计算施工过程的流水步距

$$K_{\text{甲,乙}} \quad \begin{array}{ccc} 4 & 6 & 11 \\ & 4 & 7 & 10 \\ \hline 4 & 2 & 4 & -10 \end{array}$$

所以，$K_{\text{甲,乙}}=4$（天）

$$K_{甲,乙} \quad \begin{array}{ccc} 4 & 7 & 10 \\ & 3 & 7 & 9 \\ \hline 4 & 4 & 3 & -9 \end{array}$$

所以，$K_{乙,丙}=4$（天）

② 计算工期

$$T=\sum K_{i,i+1}+\sum t_n^j+\sum Z_1+\sum G-\sum D=(4+4)+(4+3+2)=17（天）$$

4）BCA 工程项目排列顺序

① 计算施工过程的流水步距

$$K_{甲,乙} \quad \begin{array}{ccc} 4 & 9 & 11 \\ & 4 & 7 & 10 \\ \hline 4 & 5 & 4 & -10 \end{array}$$

所以，$K_{甲,乙}=5$（天）

$$K_{乙,丙} \quad \begin{array}{ccc} 4 & 7 & 10 \\ & 3 & 5 & 9 \\ \hline 4 & 4 & 5 & -9 \end{array}$$

所以，$K_{乙,丙}=5$（天）

② 计算工期

$$T=\sum K_{i,i+1}+\sum t_n^j+\sum Z_1+\sum G-\sum D=(5+5)+(4+3+2)=19（天）$$

5）CAB 工程项目排列顺序

① 计算施工过程的流水步距

$$K_{甲,乙} \quad \begin{array}{ccc} 5 & 7 & 11 \\ & 3 & 5 & 10 \\ \hline 5 & 4 & 5 & -10 \end{array}$$

所以，$K_{甲,乙}=5$（天）

$$K_{乙,丙} \quad \begin{array}{ccc} 3 & 6 & 10 \\ & 2 & 6 & 9 \\ \hline 3 & 4 & 4 & -9 \end{array}$$

所以，$K_{乙,丙}=4$（天）

② 计算工期

$$T=\sum K_{i,i+1}+\sum t_n^j+\sum Z_1+\sum G-\sum D=(5+4)+(4+3+2)=18（天）$$

6）CBA 工程项目排列顺序

① 计算施工过程的流水步距

$$K_{甲,乙} \quad \begin{array}{ccc} 5 & 9 & 11 \\ & 3 & 7 & 10 \\ \hline 5 & 6 & 4 & -10 \end{array}$$

所以，$K_{甲,乙}=6$（天）

$$K_{乙,丙} \quad \begin{array}{ccc} 3 & 7 & 10 \\ & 2 & 5 & 9 \\ \hline 3 & 5 & 5 & -9 \end{array}$$

所以，$K_{乙,丙}=5$（天）

② 计算工期

$$T=\sum K_{i,i+1}+\sum t_n+\sum Z_1+(j-1)Z_2+\sum G-\sum D=(6+5)+(4+3+2)=20（天）$$

$$T=\sum K_{i,i+1}+\sum t_n^j+\sum Z_1+\sum G-\sum D=(6+5)+(4+3+2)=20（天）$$

显然，按照 A→B→C 工程项目排列顺序，工期 $T=16$ 天最短。

（2）按照 A→B→C 工程项目排列顺序，绘制流水施工进度计划表，如图 2-23 所示。

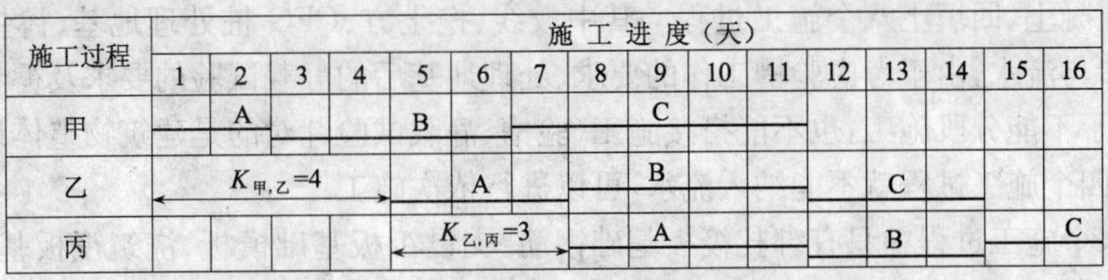

施工过程	施工进度（天）															
	1	2	3	4	5	6	7	8	9	10	11	12	13	14	15	16
甲		A			B				C							
乙	$K_{甲,乙}=4$				A			B				C				
丙			$K_{乙,丙}=3$				A				B			C		

图 2-23　A→B→C 工程项目排列顺序的流水施工进度计划表

第五节　流水施工组织应用实例

某工程主体为九层现浇钢筋混凝土框架结构，采用筏板基础，各施工过程持续时间计算见表 2-7。

表 2-7　某工程基础和主体工程流水节拍计算表

序号	施工过程 n	单位	劳动量 P（工日或台班）	班制 b	施工段数 m	流水节拍（天）	人或机械数 n	计算过程	备注
基础工程									
1	机械挖土方	台班	10	2	1	5	1		不参与流水
2	CFG 桩处理地基	工日	79	2	1	4	10	$t=\dfrac{P}{mnb}$	不参与流水
3	褥垫层施工	工日	30	1	1	2	15		不参与流水
4	绑扎筏板钢筋	工日	109	1	3	3	12		
5	基础模板	工日	82	1	3	3	9		
6	基础混凝土	工日	98	1	3	3	11	$n=\dfrac{P}{mtb}$	
7	回填土	工日	149	1	3	3	17		
主体工程									
8	脚手架	工日	310	2	3	3	20		不参与流水
9	柱筋	工日	140	2	3	4	12		
10	柱、梁、板模板	工日	1300	2	3	9	25		
11	柱混凝土	工日	210	2	3	1	50	$t=\dfrac{P}{mnb}$	
12	梁、板钢筋	工日	743	2	3	5	25		
13	梁、板混凝土	工日	942	2	3	5	50		
14	拆模	工日	370	1	3	5	25		不参与流水
15	砌墙	工日	1200	1	3	8	50		不参与流水

一、施工方案

本工程遵循施工顺序为:先地下后地上,先主体后围护,先土建后设备安装,先结构后装饰。主体结构自下而上逐层分段流水施工。根据工程的施工条件,全工程分三个阶段进行施工:第一阶段,基础工程;第二阶段,结构工程;第三阶段,装饰工程。

(一)基础工程阶段

分为放线、机械挖土、地基处理、褥垫层施工、绑扎筏板基础钢筋、支设筏板基础模板、浇筑筏板基础混凝土、回填土八个施工过程。其中放线、挖土方、CFG桩处理地基、褥垫层四个施工过程不参与流水,由于考虑验槽工作的要求、处理地基后的静载试验的要求及褥垫层施工的特点,决定了不能分段施工,也不能搭接施工(验槽、静载试验针对的是建筑物整体地基状况),显然,上述四个施工过程就不能纳入流水,可以进行依次施工。

所以八个施工过程中只有绑扎筏板基础钢筋、支设筏板基础模板、浇筑筏板基础混凝土、回填土四个施工过程参与流水,即 $n=4$。由于基础施工不存在分施工层问题,所以 m、n 的关系不限制,这里取 $m=3$;组织等节拍流水,根据表2-7:$K=t=3$。

基础工程流水工期为:$T=(m+n-1)K+t_{挖土}+t_{CFG桩}+t_{褥垫层}=(3+4-1)\times3+5+4+2=29$ 天。

基础工程流水施工进度计划如图2-24所示。

序号	施工过程 n	劳动量 P(工日或台班)	班制 b	施工段数 m	流水节拍 n(天)	人或机械数量 n	施工进度(天)
1	机械挖土方	10	2	1	5	1	1 2 3 4 5 6 7 8 9 10 11 12 13 14 15 16 17 18 19 20 21 22 23 24 25 26 27 28 29
2	CFG桩处理地基	89	2	1	4	10	
3	褥垫层施工	30	1	1	2	15	
4	绑扎筏板钢筋	109	1	3	3	12	
5	基础模板	82	1	3	3	9	
6	基础混凝土	98	1	3	3	11	
7	回填土	149	1	3	3	17	

图2-24 基础工程流水施工进度计划表

(二)结构工程阶段

包括搭设脚手架、绑扎柱钢筋、支设柱模板、浇筑柱混凝土、支设梁(板)模板、绑扎梁(板)钢筋、浇筑梁(板)混凝土、拆模板、砌筑墙体和门窗安装。其中搭设脚手架、拆模板、砌筑墙体和门窗安装四个施工过程,只根据工艺要求进行有效的穿插或搭接施工即可,不纳入流水。

所以十个施工过程中只有绑扎柱钢筋、支柱模板、浇筑柱混凝土、支梁(板)模板、绑扎梁(板)钢筋、浇筑梁(板)混凝土六个施工过程参与流水,由于主体工程存在层间关系,所以要求 $m\geqslant n$,如果 $m\geqslant6$ 将导致工作面太小,不利于提高劳动生产率,所以上述六个施工过程需要根据工艺特点进行施工过程的合并,绑扎柱钢筋和绑扎梁(板)钢筋实际是一个施工队,支柱模板和支梁(板)模板实际是一个施工队,现浇混凝土实际上也是一个施工队,现在我们对绑钢筋、支模板、浇混凝土三个施工过程组织流水施工即可。但是由于框架柱施工工艺是:绑钢筋→支模板→浇筑混凝土;而梁板的施工工艺是:支模板→绑钢筋→浇筑混凝土;存在顺序的不一致。经过分析,可按图2-25所示的方法组织。

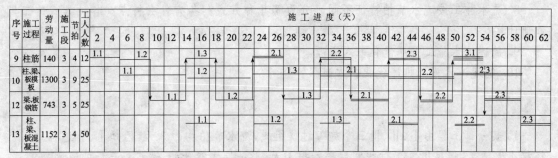

图 2-25　某框架结构工程主体阶段施工进度计划表

（三）装饰工程阶段

按自上而下的施工顺序进行，要求工序搭接合理，并尽可能与主体结构工程安排交叉作业，以缩短工期，该装饰工程划分为 3 个施工段，9 个施工层，以保证相应的工作队在施工段与施工层间组织有节奏、连续、均衡的施工。其中第一施工段为 1～5 轴，第二施工段为 5～10 轴；第三施工段为 11～15 轴（具体安排略）。

二、施工顺序

1. 基础工程，放线→挖土→地基处理→褥垫层→筏板基础→回填土。

2. 主体工程，主体结构工程阶段的工作，包括搭脚手架、绑扎钢筋、支模板、浇筑混凝土、墙体砌筑和门窗安装。主导工序为绑扎柱钢筋→支柱、梁、板模板→绑梁、板钢筋→浇柱、梁、板、楼梯混凝土。

3. 屋面及装饰工程。该阶段具有施工内容多、劳动量消耗大且手工操作多、需要时间长等特点。屋面工程施工顺序为：保温层施工并找坡→找平层→卷材防水层。由于受劳动力最大限额的限制，装饰工程和屋面工程应搭接施工。遵循先湿后干的施工程序，为了保证装饰工程的施工质量，在主体完成至第 5 层时，楼地面、顶棚抹灰、内墙抹灰从第 4 层至第 1 层穿插进行立体交叉搭接流水施工，顺序为楼面→天棚抹灰→内墙抹灰，主体全部完成后开始施工外墙贴瓷砖并穿插进行 9～5 层的楼地面、顶棚抹灰、内墙抹灰施工，其中在抹灰前平行搭接门窗安装。完成了楼梯瓷砖面层后进行玻璃油漆、全部喷白工程。水电安装在装饰工程之间穿插进行。

三、单位工程施工进度计划表

（略）

复习思考题

1. 组织施工的方式有哪些？各有什么特点？

2. 简述流水施工概念，组织流水施工需考虑哪些因素？

3. 说明流水施工的技术经济效果。

4. 流水施工有哪些参数？如何确定？

5. 施工段数与施工过程数的关系是怎样的？

6. 什么是"最小工作面"？什么是"最小劳动组合"？

7. 如何对流水施工进行分类？分为哪些种类？

8. 流水施工按流水节拍特征不同可分为哪几种方式？各有什么特点？各种方式的工期如何计算？

9. 简述流水施工排序优化基本原理。

10. 简述流水施工排序优化基本步骤。

习　题

1. 某分部工程由Ⅰ、Ⅱ、Ⅲ三个施工过程组成，流水节拍均为3天，已知Ⅰ、Ⅱ过程之间可搭接1天施工，但第Ⅲ施工过程完后需养护1天，下一层才能开始，试组织三层的流水施工。

2. 某二层现浇钢筋混凝土工程，其框架平面尺寸为15m×144m，沿长度方向每隔48m留伸缩缝一道。已知：$t_横$＝4天，$t_筋$＝4天，$t_混凝土$＝2天，层间技术间歇（混凝土浇筑后的养护时间）为2天，试组织异步距异节拍流水施工，并绘制流水施工进度计划表。

3. 把第2题组织成等步距异节拍流水施工。

4. 某分部工程由A、B、C三个施工过程组成，分三段组织流水施工，已知流水节拍分别为6天、3天、3天，且B、C两个施工过程之间有2天的组织间歇时间，试组织流水施工。

5. 已知某分部工程由四个施工过程组成，分四段组织流水施工，流水节拍分别为3天、4天、2天和4天，第2个施工过程和第3个施工过程之间有1天的技术间歇时间，试组织流水施工。

6. 某分部工程划分为A、B、C、D、E五个施工过程，分4段组织流水施工，其流水节拍见表1所示，且施工过程C完成后需有1天的技术间歇时间，试确定各施工过程间流水步距，计算工期，并绘制流水施工进度计划表。

表1　某分部工程的流水节拍　　　　　　　　　（天）

施工过程 ＼ 施工段	①	②	③	④
A	3	2	3	2
B	3	1	5	4
C	4	4	3	3
D	2	3	4	1
E	3	5	2	4

7. 某两层的分部工程划分为A、B、C三个施工过程，分四段组织施工，各施工过程的流水节拍见表2所示，已知施工过程B完成后需有2天的组织间歇时间，且层间间歇时间为1天，试组织流水施工。

表2　某分部工程的流水节拍　　　　　　　　　（天）

施工过程 ＼ 施工段	①	②	③	④
A	2	3	2	1
B	3	1	2	2
C	4	2	3	8

第三章 网络计划技术

第一节 概 述

一、基本概念

1. 网络图。《工程网络计划技术规程》(JGJ/T 121—99)规定:网络图(network diagram)由箭线和节点组成的,用来表示工作流程的有向、有序的网状图形。

2. 网络计划。《工程网络计划技术规程》(JGJ/T 121—99)规定:网络计划(network planning)是指用网络图表达任务构成、工作顺序并加注工作时间参数的进度计划。

3. 网络计划技术。网络计划技术是指用网络计划对任务的工作进度进行安排和控制,以保证实现预定目标的科学的计划管理技术。

二、网络计划技术的产生与发展

20 世纪 50 年代后期,为适应生产发展和关系复杂的科学研究工作的需要,国外陆续采用了一些计划管理的新方法,其中最引人注目的就是网络计划技术。

1956 年,美国的沃克和小凯利等,共同研究出了关键线路法(CPM),并应用于一个化工厂的建设和设备维修工作;1958 年,美国海军机械局在研究北极星导弹潜艇计划时创造了计划评审技术(PERT)。到了 20 世纪 60 年代,提出了搭接网络(QLN)、决策关键线路法(DCPM)、图示评审技术(GERT)等技术。最近几十年,又产生了随机网络计划技术(QGERT)、流水网络计划技术、风险型随机网络计划技术(VERT)、仿真随机网络计划技术(GERTS)等。

我国是在 1965 年,由华罗庚教授第一次把网络计划技术引入我国,当时称为"统筹法"。为规范网络计划技术在我国的实施推广,国家有关部门颁布了一系列标准、规程,目前正在执行的如《网络计划技术 第 3 部分:在项目管理中应用的一般程序》(GB/T 13400.3—2009)和《工程网络计划技术规程》(JGJ/T 121—99)等。

今天,网络计划技术与工程管理已经密不可分,国内外多年实践证明,应用网络计划技术组织与管理生产,一般能缩短时间 20%左右,降低成本 10%左右。

三、网络计划技术的基本原理

1. 把一项工程全部建造过程分解成若干项工作,并按各项工作开展顺序和相互制约关系,绘制成网络图。

2. 通过网络图各项时间参数计算,找出关键工作、关键线路和计算工期。

3. 通过网络计划优化,不断改进网络计划初始方案,找出最优方案。

4. 在网络计划执行过程中,对其进行有效的控制和监督,以最少的资源消耗,获得最大的经济效益。

四、网络计划的优缺点

网络计划与横道图都可以表示施工进度计划,但由于表达形式不同,各自有其优缺点。

(一)网络计划的优点

1. 能全面而明确地表达各项工作开展的先后顺序,并能反映出各项工作间相互制约和相互依赖的关系。

2. 能进行各种时间参数的计算,找出关键工作和关键线路,便于管理者抓住主要矛盾,确保按期竣工,避免盲目抢工。

3. 在计划实施过程中能进行有效的控制和监督,并利用计算出的各项工作的机动时间,更好地调配人力、物力,以达到降低成本的目的。

4. 通过网络计划的优化,可以在若干个可行方案中找出最优方案。

5. 网络计划的编制、计算、调整、优化和绘图等各项工作,都可以用计算机来协助完成。

(二)网络计划的缺点

1. 表达计划不直观、不形象,从图上很难清晰地看出流水作业的情况。

2. 难以据普通网络计划(非时标网络计划)计算资源日用量,但时标网络计划可以克服这一缺点。

3. 编制较难,绘图较麻烦。

与网络计划相比,横道图的优缺点恰恰与网络计划的优缺点互补,这里不再赘述。

五、网络计划的分类

按不同的原则,可以将网络计划划分为不同的类别,如表 3-1 所示。

表 3-1　网络计划分类表

分类原则	类　别	特　点　描　述
按编制的对象和范围分	局部网络计划	以拟建工程的某一分部工程或某一施工阶段为对象编制而成
	单位工程网络计划	以一个单位工程为对象编制而成
	总体网络计划	以整个建设项目或一个大型的单项工程为对象编制而成
按工作性质分	肯定型网络计划	工作、工作之间的逻辑关系和工作持续时间都肯定
	非肯定型网络计划	工作、工作之间的逻辑关系和工作持续时间三者中至少有一项不肯定
按表示方法分	双代号网络计划	以箭线及其两端节点的编号表示工作
	单代号网络计划	以节点及编号表示工作,箭线仅表示工作之间的逻辑关系
	搭接网络计划	前后工作之间存在搭接关系
	流水网络计划	能够反映流水作业的网络计划
按有无时间坐标分	时标网络计划	有时间坐标的网络计划
	非时标网络计划	无时间坐标的网络计划

第二节 双代号网络计划

《工程网络计划技术规程》(JGJ/T 121—99)规定:双代号网络图(activity-on-arrow net-work)是以箭线及其两端节点的编号表示工作的网络图。它是目前国际工程项目进度计划中最常采用的网络计划形式。

一、双代号网络图的组成

双代号网络图是由工作、节点、线路三个基本要素组成。

（一）工作

1. 定义

《工程网络计划技术规程》(JGJ/T 121—99)规定:工作(activity)是指计划任务按需要粗细程度划分而成的消耗时间或同时也消耗资源的一个子项目或子任务。

"工作"也可称施工过程或工序。

2. 表示方法

工作用一条箭线与其两端的节点来表示,工作名称写在箭线上面,持续时间写在箭线下面(图 3-1);箭头表示工作的结束,箭尾表示工作的开始;箭线的长短与持续时间不成比例(时标网络图除外);箭线的方向表示工作的进行方向,应保持自左向右的总方向,并应以水平线为主,斜线和竖线为辅。

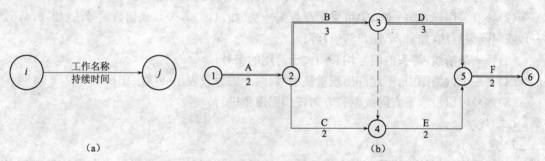

图 3-1 双代号网络图
(a)工作的表示方法;(b)工程(或计划)的表示方法

就工作而言,紧靠其前面的工作称为紧前工作,紧靠其后面的工作称为其紧后工作,与之平行的工作称为平行工作(图 3-2)。

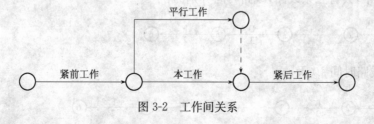

图 3-2 工作间关系

3. 工作分类

工作通常分为三种:既消耗时间又消耗资源的工作(如砌墙、浇筑混凝土);只消耗时间而不消耗资源的工作(如油漆干燥);既不消耗时间也不消耗资源的工作。在工程实际中,前两项工作是实际存在的,通常称为"实工作",后一种是人为虚设的,只表示相邻前后工作之间的逻辑关系,称为"虚工作",通常用虚箭线表示,如图 3-1 中工作 3-4 即为虚工作。

4. 工作划分的原则

工作可以是分项、分部、单位工程或工程项目,其划分的粗细程度,主要取决于计划的类型、工程性质和规模。控制性计划可分解到分部工程;实施性计划应分解到分项工程。

（二）节点

1. 定义

《工程网络计划技术规程》(JGJ/T 121—99)规定:节点(node)是指网络图中箭线端部的圆圈或其他形状的封闭图形。在双代号网络图中,它表示工作之间的逻辑关系;在单代号网络图中,它表示一项工作。

节点,也称事件。节点表示前面一项或若干项工作的结束和后面一项或若干项工作的开始,只是一个"瞬间",它既不消耗时间,也不消耗资源。

2. 节点分类

(1)起点节点(start node)。网络图的第一个节点,表示一项任务的开始。

(2)终点节点(end node)。网络图的最后一个节点,表示一项任务的完成。

(3)中间节点(middle node)。网络图中除起点节点和终点节点以外的其他节点。

3. 节点编号

网络图中的每一个节点都要编号,编号原则如下:

(1)编号从起点节点开始,用正整数由小到大,依次向终点节点进行;

(2)一般采用连续编号法,也可采用奇数编号法(如:1,3,5,…),或偶数编号法(如:2,4,6,…),或间隔编号法(如:1,5,10,15,…)等;

(3)每一条箭线,箭头的编号均必须大于箭尾的编号;

(4)在一个网络图中,不允许出现重复编号,两个编号只表示一项工作;

(5)编号可以沿水平方向或垂直方向按圆圈逐个进行。

（三）线路

1. 定义

《工程网络计划技术规程》(JGJ/T 121—99)规定:线路(path)是指网络图中从起点节点开始,沿箭头方向顺序通过一系列箭线与节点,最后达到终点节点的通路。

2. 线路时间

完成某条线路所需的总持续时间,称为该条线路的线路时间。

图 3-1(b)中,共有三条线路,线路时间分别为:

①$\xrightarrow{\text{A}\ 2}$②$\xrightarrow{\text{B}\ 3}$③$\xrightarrow{\text{D}\ 3}$⑤$\xrightarrow{\text{F}\ 2}$⑥

第一条,线路时间 10 天;

①$\xrightarrow{\text{A}\ 2}$②$\xrightarrow{\text{B}\ 3}$③$\dashrightarrow$④$\xrightarrow{\text{E}\ 2}$⑤$\xrightarrow{\text{F}\ 2}$⑥

第二条,线路时间 9 天;

①$\xrightarrow{\text{A}\ 2}$②$\xrightarrow{\text{C}\ 2}$④$\xrightarrow{\text{E}\ 2}$⑤$\xrightarrow{\text{F}\ 2}$⑥

第三条,线路时间 8 天。

3. 关键线路和非关键线路

关键线路是指网络图中线路时间最长的线路，其线路时间代表整个网络图的计算总工期。关键线路至少有一条，并以粗箭线或双箭线或彩色箭线表示。在网络图中，除了关键线路之外，其余线路都是非关键线路。图 3-1(b)中，第一条线路 1—2—3—5—6 是关键线路，其余两条是非关键线路。

4. 关键工作和非关键工作

关键线路上的工作都是关键工作，关键工作都没有时间储备。在非关键线路上，除了关键工作之外，其余工作均为非关键工作，非关键工作都有时间储备。

在一定条件下，关键工作与非关键工作、关键线路与非关键线路都可以相互转化(如当关键工作时间缩短或非关键工作时间延长时)。

二、双代号网络图的绘制

(一)绘图规则

双代号网络图的绘制必须遵循《工程网络计划技术规程》(JGJ/T 121—99)中的规定❶，如不允许出现图 3-3、图 3-4、图 3-5 的错误画法，可以有图 3-6、图 3-7 的画法，此外，还应满足：

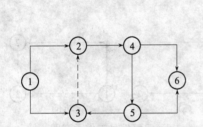

图 3-3　循环回路示意图

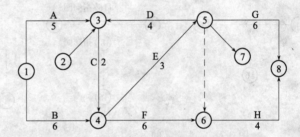

图 3-4　网络图中有多个起点节点和多个终点节点的错误示例

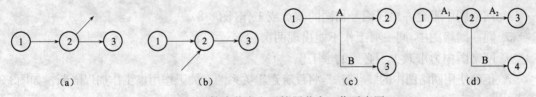

图 3-5　无箭头节点和无箭尾节点工作示意图
(a)无箭头节点的错误画法；(b)无箭尾节点的错误画法；(c)无箭尾节点的错误画法；(d)c的正确画法

---

❶ 《工程网络计划技术规程》(JGJ/T 121—99)规定：

3.2.1　双代号网络图必须正确表达已定的逻辑关系。

3.2.2　双代号网络图中，严禁出现循环回路。

3.2.3　双代号网络图中，在节点之间严禁出现带双向箭头或无箭头的连线。

3.2.4　双代号网络图中，严禁出现没有箭头节点或没有箭尾节点的箭线。

3.2.5　当双代号网络图的某些节点有多条外向箭线或多条内向箭线时，在不违反本规程第3.1.3条的前提下，可使用母线法绘图。当箭线线型不同时，可在从母线上引出的支线上标出。

3.2.6　绘制网络图时，箭线不宜交叉；当交叉不可避免时，可用过桥法或指向法。

3.2.7　双代号网络图中应只有一个起点节点；在不分期完成任务的网络图中，应只有一个终点节点；而其他所有节点均应是中间节点。

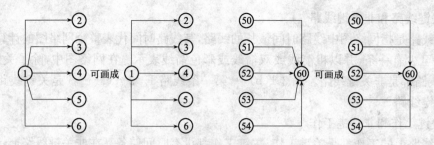

图 3-6 母线绘制法

1. 工作组成要清楚,顺序关系要明确,工作时间要正确。

2. 布局要合理,重点突出,层次分明;尽量把关键工作和关键线路布置在中心位置,密切相关的工作尽可能相邻布置,以减少箭线交叉。

3. 网络图应保持自左向右的方向,箭线应画成水平箭线、折线或斜线,且应以水平箭线为主,少用垂直箭线,避免用"反向箭线"。

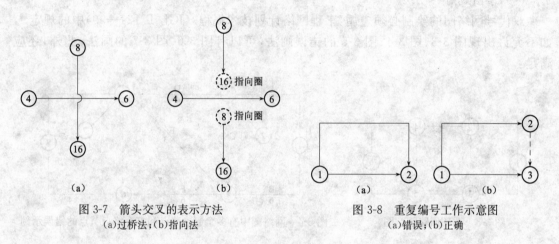

图 3-7　箭头交叉的表示方法
(a)过桥法;(b)指向法

图 3-8　重复编号工作示意图
(a)错误;(b)正确

4. 网络图中不允许出现编号相同的节点或工作(图 3-8)。

5. 同一网络图中,同一项工作不能出现两次。

6. 网络图中力求减少不必要的虚工作。

7. 正确使用网络图中的"断路法",将没有逻辑关系的有关工作用虚工作加以隔断。如图3-9所示。

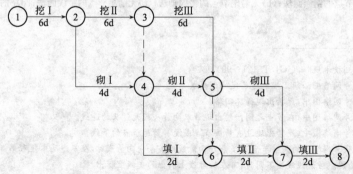

图 3-9　某工程双代号网络图

由图 3-9 可以看出,回填土Ⅰ不应该受挖土Ⅱ控制,回填土Ⅱ也不应该受挖土Ⅲ控制,这是空间逻辑关系上的表达错误,可以采用横向断路法或纵向断路法将其加以改正,前者用于无时间坐标网络图,后者用于有时间坐标网络图,如图 3-10 和图 3-11 所示。

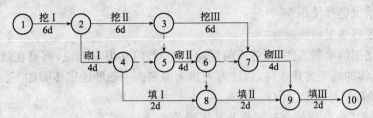

图 3-10　横向断路法示意图

图 3-11　纵向断路法示意图

(二)网络图的排列方法

1. 按施工段排列法

为了突出表示工作面的连续,可以把在同一施工段上的不同工种工作排列在同一水平线上,如图 3-12 所示。

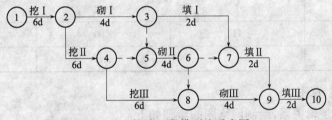

图 3-12　按施工段排列法示意图

2. 按工种排列法

为了突出表示工种的连续作业,可以把同一工种工作排列在同一水平线上,如图 3-10 所示。

3. 按楼层排列

即把同一楼层的各工作排列在同一水平线上,如图 3-13 所示。

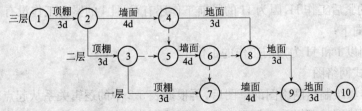

图 3-13　按楼层排列法示意图

59

4. 混合排列

如图 3-11 所示，这种排列方法的优点是对称、美观；缺点是排列无规律，不易掌握。

除按上述几种排列方法外，还有按施工单位（或专业）排列法、按栋号排列法等，实际工作中应根据具体情况选择使用。

（三）双代号网络图的绘制

双代号网络图的绘制方法，视各人的经验而不同，但从根本上说，都要在既定施工方案的基础上，根据具体的施工客观条件，以统筹安排为原则。一般的绘图步骤如下：

1. 任务分解，划分施工工作；

2. 确定完成工作计划的全部工作及其逻辑关系；

3. 确定每一工作的持续时间，制定各项工作之间的逻辑关系表；

4. 根据工作逻辑关系表，绘制并修改网络图。

【例 3-1】 根据表 3-2 中各项工作的逻辑关系，绘制双代号网络图。

表 3-2 某工程各项工作逻辑关系表

序　号	本 工 作	紧 前 工 作	紧 后 工 作
1	A	无	B、C
2	B	A	D、E
3	C	A	E、G
4	D	B	I
5	E	B、C	I、H
6	G	C	H
7	I	D、E	J
8	H	E、G	J
9	J	I、H	无

【解】 （1）绘制草图

根据表 3-2 中逻辑关系，绘制网络图的步骤如下：

1）先绘制无紧前工作的 A 工作；

2）绘制 A 的紧后工作 B、C；

3）绘制 B 的紧后工作 D、E；

4）绘制 C 的紧后工作 G，因为其紧后工作还有 E，故需在 E 前加两个虚工作；

5）绘制 D 的紧后工作 I，因为 I 的紧前工作还有 E，故需在 I 前加虚工作；

6）绘制 E 的紧后工作 H，因为 H 的紧前工作还有 G，且 I 的紧前工作没有 G，故需在 H 前加虚工作，箭头向下；

7）最后绘制以 I 和 H 为紧前工作的工作 J。

（2）绘制正式网络图

根据以上步骤绘制出网络图的草图后，再根据表 3-2 中的逻辑关系从起点节点开始，由左向右逐项检查网络图的逻辑关系是否正确，无误后再作结构调整，使整个网络条理清楚、布局合理，尽量做到对称、美观。最后绘制出正式的网络图，并进行节点编号，如图 3-14 所示。

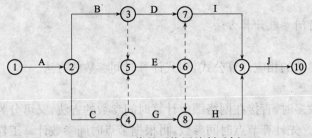

图 3-14　双代号网络图绘制示例

三、双代号网络计划时间参数计算

(一)计算目的

1. 确定关键线路和关键工作,便于施工中抓住重点,向关键线路要时间。

2. 明确非关键工作及其在施工中时间上有多大的机动性,便于挖掘潜力,统筹全局,部署资源。

3. 确定总工期,做到工程进度心中有数。

(二)时间参数分类

包括四类:工作持续时间、节点时间参数、工作时间参数和线路时间参数。

1. 工作持续时间 D_{i-j} (duration)

一项工作从开始到完成的时间。计算方法有两种:定额计算法、三时估算法。

2. 节点时间参数

(1)节点最早时间 ET_i (earliest event time)。以该节点为开始节点的各项工作的最早开始时间。

(2)节点最迟时间 LT_i (latest event time)。以该节点为完成节点的各项工作的最迟完成时间。

3. 工作时间参数

(1)工作最早开始时间 ES_{i-j} (earliest start time)。各紧前工作全部完成后,本工作有可能开始的最早时刻。

(2)工作最早完成时间 EF_{i-j} (earliest finish time)。各紧前工作全部完成后,本工作有可能完成的最早时刻。

(3)工作最迟开始时间 LS_{i-j} (latest start time)。在不影响整个任务按期完成的前提下,本工作必须开始的最迟时刻。

(4)工作最迟完成时间 LF_{i-j} (latest finish time)。在不影响整个任务按期完成的前提下,本工作必须完成的最迟时刻。

(5)总时差 TF_{i-j} (total float)。在不影响总工期的前提下,本工作可以利用的机动时间。

(6)自由时差 FF_{i-j} (free float)。在不影响其紧后工作最早开始时间的前提下,本工作可以利用的机动时间。

4. 工期

(1)计算工期 T_c (calculated project duration)。根据时间参数计算所得到的工期。

(2)要求工期 T_r (required project duration)。任务委托人所提出的指令性工期。

(3)计划工期 T_p (planned project duration)。根据要求工期和计算工期所确定的作为实施目标的工期。

(三)网络计划时间参数计算方法

1. 分析计算法

根据各项时间参数的相应计算公式,列式计算时间参数的方法。

2. 图上计算法

当工作数目不太多时,直接在网络图上计算时间参数的方法,又可分为两种:

(1)节点计算法。先计算节点时间参数,再根据节点时间参数计算工作的各项时间参数。

(2)工作计算法。不计算节点时间参数,直接计算工作的各项时间参数的方法。

3. 表上计算法

为了保持网络图的清晰和计算数据的条理化,用表格形式进行计算的一种方法。

4. 电算法

根据网络图提供的网络逻辑关系和数据,采用相应的算法语言,编制网络计划的相应计算程序,利用电子计算机进行各项时间参数计算的方法。

【例 3-2】 采用图上计算法(结合分析计算法)计算图 3-15 所示双代号网络图的各时间参数,找出关键工作和关键线路,并指出计算工期。

【解】 (1)按工作计算法计算时间参数[1]

按工作计算法计算时间参数,其计算结果应标注在箭线之上(图 3-16)。

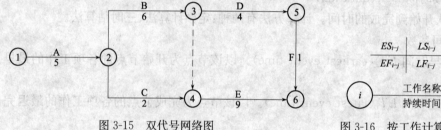

图 3-15 双代号网络图　　　　图 3-16 按工作计算法的标注内容

按工作计算法不必计算节点时间参数,而直接计算工作时间参数,其计算方法和计算步骤如下所述:

1)计算工作的最早开始时间

计算工作最早开始时间,应从网络计划的起点节点开始顺着箭线方向依次逐项计算。

① 以起点节点 i 为箭尾节点的工作 $i—j$,当未规定其最早开始时间时,其值应等于零,即

$$ES_{i-j}=0(i=1) \tag{3-1}$$

② 当工作 $i—j$ 只有一项紧前工作 $h—i$ 时,其最早开始时间应为

$$ES_{i-j}=ES_{h-i}+D_{h-i} \tag{3-2}$$

③ 当工作 $i—j$ 有多项紧前工作时,其最早开始时间应为

$$ES_{i-j}=\max\{ES_{h-i}+D_{h-i}\} \tag{3-3}$$

式中,ES_{h-i} 为工作 $i—j$ 的各项紧前工作 $h—i$ 的最早开始时间;D_{h-i} 为工作 $i—j$ 的各项紧前工作 $h—i$ 的持续时间。

---

[1] 《工程网络计划技术规程》(JGJ/T 121—99)规定:

3.3.1 按工作计算法计算时间参数应在确定各项工作的持续时间之后进行。虚工作必须视同工作进行计算,其持续时间为零。

按式(3-1)、式(3-2)和式(3-3)计算图 3-15 中各工作的最早开始时间,结果如下:

$ES_{1-2}=0,$ $\qquad$ $ES_{2-3}=ES_{1-2}+D_{1-2}=0+5=5$

$ES_{2-4}=ES_{1-2}+D_{1-2}=0+5=5,$ $\qquad$ $ES_{3-4}=ES_{2-3}+D_{2-3}=5+6=11$

$ES_{3-5}=ES_{2-3}+D_{2-3}=5+6=11,$ $\qquad$ $ES_{5-6}=ES_{3-5}+D_{3-5}=11+4=15$

$$ES_{4-6}=\max\{ES_{2-4}+D_{2-4},ES_{3-4}+D_{3-4}\}=\max\{5+2,11+0\}=11$$

计算结果直接写在图 3-17 中相应位置。

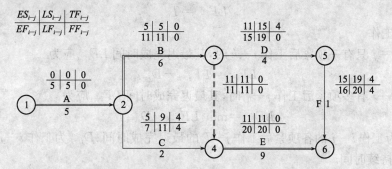

图 3-17　双代号网络计划时间参数计算图(按工作计算法)

2)计算工作的最早完成时间

工作 $i—j$ 的最早完成时间 EF_{i-j} 应按下式计算

$$EF_{i-j}=ES_{i-j}+D_{i-j} \tag{3-4}$$

按式(3-4)计算图 3-15 中各工作的最早完成时间,结果如下:

$EF_{1-2}=ES_{1-2}+D_{1-2}=0+5=5,$ $\qquad$ $EF_{2-3}=ES_{2-3}+D_{2-3}=5+6=11$

$EF_{2-4}=ES_{2-4}+D_{2-4}=5+2=7,$ $\qquad$ $EF_{3-4}=ES_{3-4}+D_{3-4}=11+0=11$

$EF_{3-5}=ES_{3-5}+D_{3-5}=11+4=15,$ $\qquad$ $EF_{4-6}=ES_{4-6}+D_{4-6}=11+9=20$

$EF_{5-6}=ES_{5-6}+D_{5-6}=15+1=16$

计算结果直接写在图 3-17 中相应位置。

3)确定网络计划的计算工期 T_c

网络计划的计算工期 T_c 应按下式计算为以终点节点为箭头节点的各工作中,最早完成时间的最大值,即

$$T_c=\max\{EF_{i-n}\} \tag{3-5}$$

式中,EF_{i-n} 为以终点节点 $(j=n)$ 为箭头节点的工作 $i—n$ 的最早完成时间。

按式(3-5)计算,则图 3-15 中网络计划的计算工期为

$$T_c=\max\{EF_{4-6},EF_{5-6}\}=\max\{20,16\}=20$$

4)确定网络计划的计划工期 T_p

网络计划的计划工期 T_p 的计算应按下列情况分别确定:

①当已规定了要求工期 T_r 时

$$T_p\leqslant T_r \tag{3-6}$$

②当未规定要求工期时

$$T_p=T_c \tag{3-7}$$

图 3-15 所示网络计划未规定要求工期,则其计划工期 T_p 按公式(3-7)取其计算工期:

$$T_p=T_c=20$$

5)计算工作的最迟完成时间

工作最迟完成时间的计算应符合下列规定：

① 工作 i—j 的最迟完成时间 LF_{i-j} 应从网络计划的终点节点开始，逆着箭线方向依次逐项计算。

② 以终点节点($j=n$)为箭头节点的工作的最迟完成时间 LF_{i-n}，应按网络计划的计划工期 T_p 确定，即

$$LF_{i-n}=T_p \tag{3-8}$$

③ 其他工作

当工作 i—j 只有一项紧后工作 $j-k$ 时，其最迟完成时间 LF_{i-j} 应为

$$LF_{i-j}=LF_{j-k}-D_{j-k} \tag{3-9}$$

当工作 i—j 有多项紧后工作 $j-k$ 时，其最迟完成时间 LF_{i-j} 应为

$$LF_{i-j}=\min\{LF_{j-k}-D_{j-k}\} \tag{3-10}$$

式中，LF_{j-k} 为工作 i—j 的各项紧后工作 $j-k$ 的最迟完成时间；D_{j-k} 为工作 i—j 的各项紧后工作 j—k 的持续时间。

按式(3-8)、式(3-9)和式(3-10)计算图 3-15 中各工作的最迟完成时间，结果如下：

$$LF_{5-6}=T_p=20, \qquad\qquad LF_{4-6}=T_p=20$$
$$LF_{3-5}=LF_{5-6}-D_{5-6}=20-1=19, \quad LF_{3-4}=LF_{4-6}-D_{4-6}=20-9=11$$
$$LF_{2-4}=LF_{4-6}-D_{4-6}=20-9=11,$$
$$LF_{2-3}=\min\{LF_{3-4}-D_{3-4},LF_{3-5}-D_{3-5}\}=\min\{11-0,19-4\}=11$$
$$LF_{1-2}=\min\{LF_{2-3}-D_{2-3},LF_{2-4}-D_{2-4}\}=\min\{11-6,11-2\}=5$$

6)计算工作的最迟开始时间

工作 i—j 的最迟开始时间应按下式计算：

$$LS_{i-j}=LF_{i-j}-D_{i-j} \tag{3-11}$$

按式(3-11)计算图 3-15 中各工作的最迟开始时间，结果如下：

$$LS_{1-2}=LF_{1-2}-D_{1-2}=5-5=0, \qquad LS_{2-3}=LF_{2-3}-D_{2-3}=11-6=5$$
$$LS_{2-4}=LF_{2-4}-D_{2-4}=11-2=9, \qquad LS_{3-4}=LF_{3-4}-D_{3-4}=11-0=11$$
$$LS_{3-5}=LF_{3-5}-D_{3-5}=19-4=15, \qquad LS_{4-6}=LF_{4-6}-D_{4-6}=20-9=11$$
$$LS_{5-6}=LF_{5-6}-D_{5-6}=20-1=19$$

7)计算工作的总时差和自由时差

在计划总工期不变的条件下，有些工作的 ES_{i-j} 与 LS_{i-j}（或 EF_{i-j} 与 LF_{i-j}）之间存在一定差值，把这个不影响总工期(也不影响紧后工作最迟开始时间)情况下具有的机动时间称为总时差(图 3-18)。故工作的总时差可按下式计算：

$$TF_{i-j}=LS_{i-j}-ES_{i-j}=LF_{i-j}-EF_{i-j} \tag{3-12}$$

另外，有些工作的紧后工作 ES_{j-k} 和本工作 EF_{i-j} 之间也存在一定时差，把这个不影响紧后工作最早开始时间 ES_{j-k}(当然更不会影响总工期)并为本工作所专有的机动时间称为自由时差(图 3-18)。

工作 i—j 的自由时差 FF_{i-j} 的计算应符合下列规定：

① 当工作 i—j 有紧后工作 $j-k$ 时，其自由时差应为

$$FF_{i-j}=ES_{j-k}-EF_{i-j} \tag{3-13}$$

② 以终点节点($j=n$)为箭头节点的工作，其自由时差 FF_{i-j} 应按网络计划的计划工期 T_p 确定，即

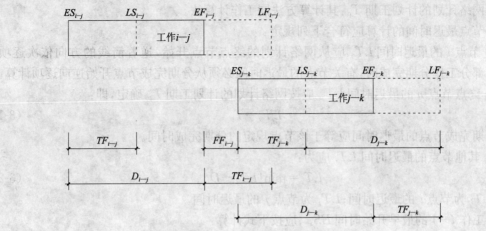

图 3-18　双代号网络图各时间参数示意图

$$FF_{i-n}=T_p-EF_{i-n} \tag{3-14}$$

式中，ES_{j-k} 为工作 $i—j$ 的紧后工作 $j—k$ 的最早开始时间；FF_{i-n} 为以终点节点 n 为箭头节点的工作的自由时差；EF_{i-n} 为以终点节点 n 为箭头节点的工作的最早完成时间。

按式(3-12)、式(3-13)和式(3-14)计算图 3-15 中各工作的总时差和自由时差，结果如下：

$TF_{1-2}=LS_{1-2}-ES_{1-2}=0-0=0$;　　　　$FF_{1-2}=ES_{2-3}-EF_{1-2}=5-5=0$

$TF_{2-3}=LS_{2-3}-ES_{2-3}=5-5=0$;　　　　$FF_{2-3}=ES_{3-5}-EF_{2-3}=11-11=0$

$TF_{2-4}=LS_{2-4}-ES_{2-4}=9-5=4$;　　　　$FF_{2-4}=ES_{4-5}-EF_{2-4}=11-7=4$

$TF_{3-4}=LS_{3-4}-ES_{3-4}=11-11=0$;　　$FF_{3-4}=ES_{4-5}-EF_{3-4}=11-11=0$

$TF_{3-5}=LS_{3-5}-ES_{3-5}=16-11=5$;　　$FF_{3-5}=T_p-EF_{3-5}=20-15=5$

$TF_{4-6}=LS_{4-6}-ES_{4-6}=11-11=0$;　　$FF_{4-6}=T_p-EF_{4-6}=20-20=0$

$TF_{5-6}=LS_{5-6}-ES_{5-6}=19-15=4$;　　$FF_{5-6}=T_p-EF_{5-6}=20-16=4$

（2）按节点计算法计算时间参数

按节点计算法计算时间参数，其计算结果应标注在节点之上（图 3-19）。

1）节点最早时间的计算应符合下列规定：

① 节点 i 的最早时间 ET_i 应从网络计划的起点节点开始，顺着箭线方向依次逐项计算。

② 起点节点 i 如未规定最早时间 ET_i 时，其值应等于零，即

$$ET_i=0(i=1) \tag{3-15}$$

③ 当节点 j 只有一条内向箭线时，最早时间 ET_j 应为

$$ET_j=ET_i+D_{i-j} \tag{3-16}$$

④ 当节点 j 有多条内向箭线时，其最早时间 ET_j 应为

$$ET_j=\max\{ET_i+D_{i-j}\} \tag{3-17}$$

式中，ET_i 为节点 i 的最早时间；ET_j 为节点 j 的最早时间；D_{i-j} 为 $i—j$ 工作的持续时间。

2）网络计划的计算工期 T_c 应按下式计算：

$$T_c=ET_n \tag{3-18}$$

式中，ET_n 为终点节点 n 的最早时间。

图 3-19　按节点计算法的标注内容

3)网络计划的计划工期 T_p；其计算方法同工作计算法。

4)节点最迟时间的计算应符合下列规定：

① 节点 i 的最迟时间 LT_i 应从网络计划的终点节点开始，逆着箭线的方向依次逐项计算。当部分工作分期完成时，有关节点的最迟时间必须从分期完成节点开始逆向逐项计算。

② 终点节点 n 的最迟时间 LT_n 应按网络计划的计划工期 T_p 确定，即：

$$LT_n = T_p \tag{3-19}$$

分期完成节点的最迟时间应等于该节点规定的分期完成时间。

③ 其他节点的最迟时间 LT_i 应为：

$$LT_i = \min\{LT_j - D_{i-j}\} \tag{3-20}$$

式中，LT_i 为节点 i 的最迟时间；LT_j 为节点 j 的最迟时间。

5)工作 $i-j$ 的最早开始时间 ES_{i-j} 应按下式计算：

$$ES_{i-j} = ET_i \tag{3-21}$$

6)工作 $i-j$ 的最早完成时间 EF_{i-j} 应按下式计算：

$$EF_{i-j} = ET_i + D_{i-j} \tag{3-22}$$

7)工作 $i-j$ 的最迟完成时间 LF_{i-j} 应按下式计算：

$$LF_{i-j} = LT_j \tag{3-23}$$

8)工作 $i-j$ 的最迟开始时间 LS_{i-j} 应按下式计算：

$$LS_{i-j} = LT_j - D_{i-j} \tag{3-24}$$

9)工作 $i-j$ 的总时差 TF_{i-j} 应按下式计算：

$$TF_{i-j} = LT_j - ET_i - D_{i-j} \tag{3-25}$$

10)工作 $i-j$ 的自由时差 FF_{i-j} 应按下式计算：

$$FF_{i-j} = ET_j - ET_i - D_{i-j} \tag{3-26}$$

用图上计算法计算图 3-15 中节点及工作的时间参数，结果如图 3-20 所示。

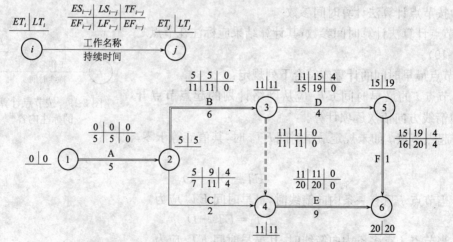

图 3-20 双代号网络计划时间参数计算图(按节点计算法)

(四)关键工作和关键线路的确定

在网络计划中，总时差最小的工作为关键工作。如果计划工期与计算工期相等，则总时差等于零($TF_{i-j}=0$)的工作即为关键工作。

当进行节点时间参数计算时，凡满足公式(3-27)三个条件的工作必为关键工作。

$$\left.\begin{array}{l}LF_i - ET_i = T_p - T_c \\ LT_j - ET_j = T_p - T_c \\ LT_j - ET_i - D_{i-j} = T_p - T_c\end{array}\right\} \qquad (3\text{-}27)$$

自始至终全部由关键工作组成的线路或线路上总的工作持续时间最长的线路为关键线路。关键线路至少有一条,并以粗箭线或双箭线或彩色箭线表示。

图 3-17 中计划工期等于计算工期,故总时差为零的工作为关键工作,则关键工作有 1—2,2—3,3—4,4—6;关键线路为 1—2—3—4—6,在图中用双箭线表示出来。

另外,关键工作 1—2,2—3,3—4,4—6 满足公式(3-27)的三个条件。

(五)双代号网络图的性质

1. 总时差不为本工作所专有而与前后工作都有关,它为一条线路所共有。同一条线路上总时差互相关联,若动用某工作总时差,则将引起通过该工作线路上的时差重新分配。如图 3-17 中线路 1—2—3—5—6,其中 $TF_{1-2} = 0$,$TF_{2-3} = 0$,$TF_{3-5} = 4$,$TF_{5-6} = 4$,若在总时差 $TF_{3-5} = 4$ 范围内动用了 2 天机动时间,即工作 3—5 的持续时间由原来的 4 天变为 6 天,通过重新计算,则得到 $TF_{1-2} = 0$,$TF_{2-3} = 0$,$TF_{3-5} = 2$,$TF_{5-6} = 2$。

2. 自由时差为本工作所专有,即它本身是独立的,它的使用对其紧前、紧后工作无任何影响,紧后工作仍可按其最早开始时间开始。应及时使用自由时差,如果本工作不能及时使用,后面工作不得再考虑。

3. 各项工作的自由时差是其总时差的一部分,所以自由时差小于或等于总时差。

4. 当工期无要求时,即计划工期等于计算工期时:

(1)关键工作的总时差等于自由时差,且都等于零;

(2)非关键工作的总时差不等于零,自由时差不一定等于零;

(3)凡是最早时间等于最迟时间的节点就是关键节点,如图 3-20 中,节点 1、2、3、4、6 为关键节点;关键工作两端的节点必为关键节点,但两关键节点之间的工作不一定是关键工作。如图 3-20 中,节点 2、4 为关键节点,而工作 2—4 为非关键工作;

(4)以关键节点为箭头节点的工作,其总时差等于自由时差,如图 3-20 中工作 1—2,2—3,2—4,3—4,4—6,5—6 的自由时差都等于总时差。

5. 对某工作 $i-j$ 来说,其所有紧后工作的最早开始时间 ES_{j-k} 相同,其所有紧前工作的最迟完成时间 LF_{h-i} 相同。

(六)确定关键线路的简便方法

前面介绍了由关键工作及线路时间确定关键线路的方法,这里再介绍两种更简便的确定关键线路的方法。

1. 破圈法

从网络计划的起点到终点顺着箭线方向,对每个节点进行考察,凡遇到节点有两个以上的内向箭线时,都可以按线路段工作时间长短,采取留长去短而破圈,从而得到关键线路。

【例 3-3】 用破圈法找出图 3-21 所示网络图中的关键线路。

【解】 通过考察节点 3、5、6、7、9、11、12,去掉每个节点内向箭线所在线路段工作时间之和较短的工作,余下的工作即为关键工作,如图 3-21 中关键线路有:

1—2—3—4—5—9—10—11—12;

1—2—3—4—6—7—9—10—11—12;

1—2—3—4—7—9—10—11—12。

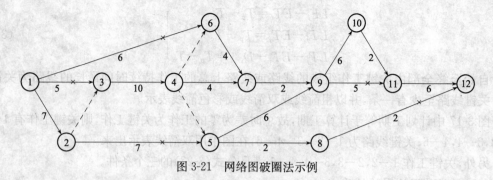

图 3-21　网络图破圈法示例

2. 标号法

标号法是一种快速寻求网络计划计算工期和关键线路的方法。它利用节点计算法的基本原理,对网络计划中的每个节点进行标号,然后利用标号值确定网络计划的计算工期和关键线路。

【例 3-4】　用标号法确定图 3-22 所示网络计划的计算工期和关键线路。

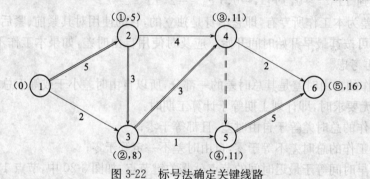

图 3-22　标号法确定关键线路

【解】　(1)确定节点标号值(a, b_j)

网络计划起点节点的标号值为零。图 3-22 中节点 1 的标号值为零,即

$$b_1 = 0$$

其他节点的标号值等于以该节点为完成节点的各项工作的开始节点标号值加其持续时间所得之和的最大值,即

$$b_j = \max\{b_i + D_{i-j}\} \tag{3-28}$$

式中,b_j 为工作 i—j 的完成节点 j 的标号值;b_i 为工作 i—j 的开始节点 i 的标号值。

节点的标号宜用双标号法,即用源节点(得出标号值的节点)号 a 作为第一标号,用标号值作为第二标号 b_j。各节点标号值如图 3-22 所示。

(2)确定计算工期

网络计划的计算工期就是终点节点的标号值。本例中,其计算工期为终点节点 6 的标号值 16。

(3)确定关键线路

自终点节点开始,逆着箭线跟踪源节点即可确定。本例中,从终点节点 6 开始跟踪源节点分别为 5、4、3、2、1,即得关键线路 1—2—3—4—5—6。

第三节　单代号网络计划

单代号网络图[❶]是网络计划的另一种表达方式(图 3-23)。

一、单代号网络图的组成

单代号网络图是由节点、箭线和线路三个基本要素组成。

1. 节点。单代号网络图中每一个节点表示一项工作,宜用圆圈或矩形表示。节点所表示的工作名称、持续时间和工作代号均标注在节点内,如图 3-23(a)所示。

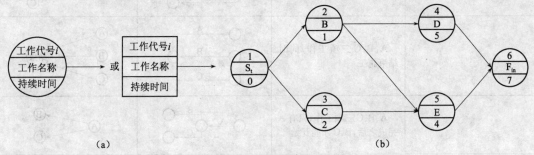

图 3-23　单代号网络图
(a)工作的表示方法;(b)计划(或工程)的表示方法

2. 箭线。单代号网络图中,箭线表示工作之间的逻辑关系,箭线可画成水平直线、折线或斜线。箭线水平投影的方向自左向右,表示工作的进行方向。在单代号网络图中没有虚箭线。

3. 线路。单代号网络图的线路与双代号网络图的线路的含义是相同的。

二、单代号网络图与双代号网络图的区别

1. 单代号网络图作图方便,图面简洁,不必增加虚箭线,因此产生逻辑错误的可能性较小,在此点上,弥补了双代号网络图的不足。

2. 在双代号网络图中节点表示工作的开始或结束,在单代号网络图中节点表示工作。

3. 在双代号网络图中箭线表示工作,在单代号网络图中箭线表示工作之间的逻辑关系。

4. 在双代号网络图中两个节点的编号代表一项工作,在单代号网络图中一个节点的编号代表一项工作。

5. 单代号网络图具有便于说明、容易被非专业人员所理解和易于修改的优点。

三、单代号网络图的绘制

(一)单代号网络图各种逻辑关系的表示方法

单代号网络图各种逻辑关系的表示方法如表 3-3 所示,表中并列出双代号表示方法以示对比。

[❶]　《工程网络计划技术规程》(JGJ/T 121—99)规定:

2.1.3　单代号网络图 activity-on-node network

以节点及其编号表示工作,以箭线表示工作之间逻辑关系的网络图。

表 3-3　双代号与单代号网络图逻辑关系表达式

序　号	工作间的逻辑关系	网络图上的表示方法	
		双　代　号	单　代　号
1	A、B 两项工作,依次进行施工		
2	A、B、C 三项工作,同时开始施工	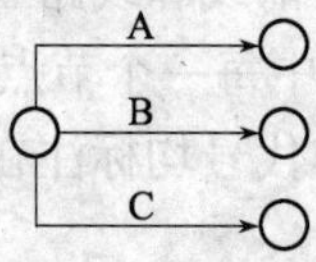	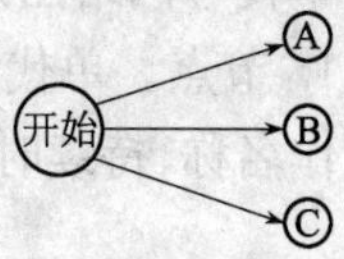
3	A、B、C 三项工作,同时结束施工	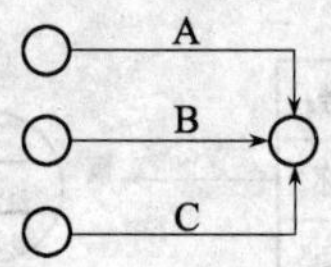	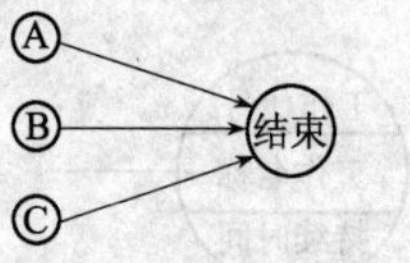
4	A、B、C 三项工作,只有 A 完成之后,B、C 才能开始	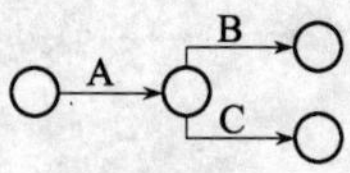	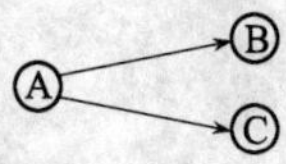
5	A、B、C 三项工作,C 工作只能在 A、B 完成之后开始	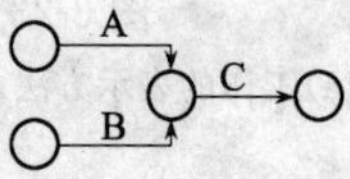	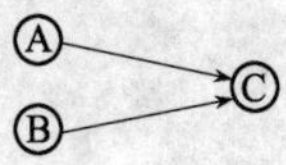
6	A、B、C、D 四项工作,当 A、B 完成之后,C、D 才能开始	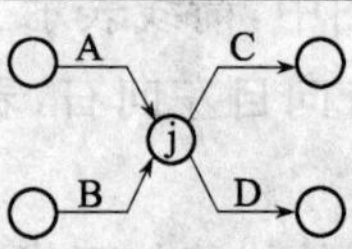	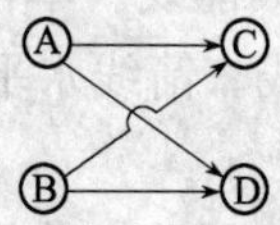
7	A、B、C、D 四项工作,A 完成之后,C 才能开始;A、B 完成之后,D 才能开始	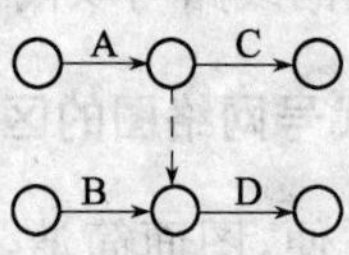	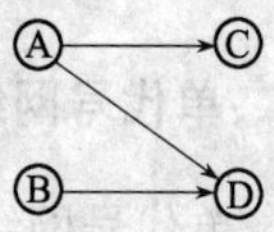
8	A、B、C、D、E 五项工作,A、B 完成之后 D 才能开始;B、C 完成之后,E 才能开始	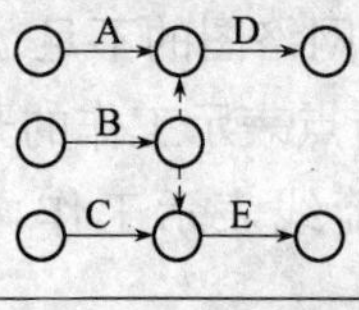	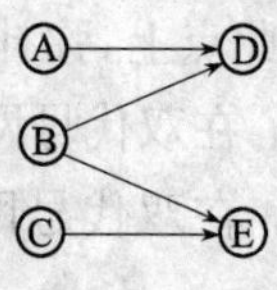
9	A、B、C、D、E 五项工作,A、B、C 完成之后,D 才能开始;B、C 完成之后,E 才能开始	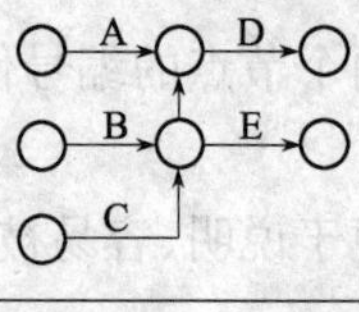	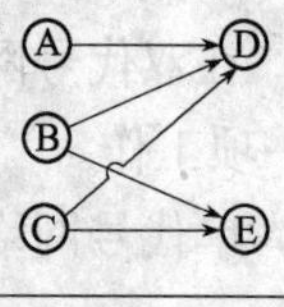
10	A、B 两项工作,按三个施工段进行流水施工	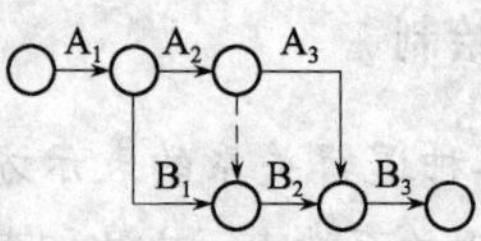	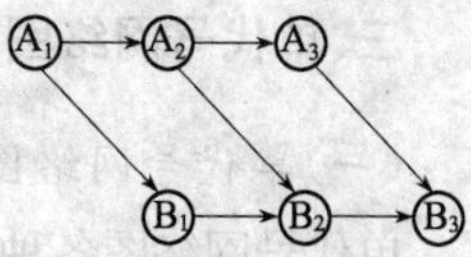

(二)绘图规则及注意事项

单代号网络图的绘图规则及注意事项基本同双代号网络图,所不同的是:

一个单代号网络图也只应有一个起点节点和一个终点节点,否则需增加虚拟的起点节点

70

和终点节点[●]，如图 3-23 中(b)所示。但需要注意的是，若单代号网络图只有一项无内向箭线的工作，就不必增设虚拟的起点节点；若只有一项无外向箭线的工作，就不必增设虚拟的终点节点。

（三）绘图示例

根据表 3-4 中各项工作的逻辑关系，绘制单代号网络图。

此例题的绘制结果如图 3-24 所示。

表 3-4 某工程各项工作逻辑关系表

工作代号	A	B	C	D	E	F	G	H
紧前工作	—	—	A	AB	B	CD	D	DE
紧后工作	CD	DE	F	FGH	H	—	—	—
持续时间	3	2	5	7	4	4	10	6

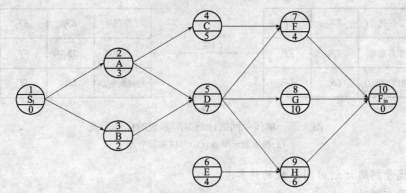

图 3-24 单代号网络图的绘制示例

四、单代号网络计划时间参数计算

（一）单代号网络计划的各项时间参数及其代表符号

单代号网络计划与双代号网络计划相似，主要包括以下内容：

1. 工作持续时间 D_i(duration)；

2. 工作最早开始时间 ES_i(earliest start time)；

3. 工作最早完成时间 EF_i(earliest finish time)；

4. 工作最迟开始时间 LS_i(latest start time)；

5. 工作最迟完成时间 LF_i(latest finish time)；

6. 总时差 TF_i(total float)；

7. 自由时差 FF_i(free float)；

[●] 《工程网络计划技术规程》(JGJ/T 121—99)规定：

2.1.20 虚拟节点 dummy node
在单代号网络图中，当有多个无内向箭线的节点或有多个无外向箭线的节点时，为便于计算，虚设的起点节点或终点节点的统称。该节点的持续时间为零，不占用资源。虚拟起点节点与无内向箭线的节点相连，虚拟终点节点与无外向箭线的节点相连。

4.2.6 单代号网络图只应有一个起点节点和一个终点节点；当网络图中有多项起点节点或多项终点节点时，应在网络图的两端分别设置一项虚工作，作为该网络图的起点节点(S_t)和终点节点(F_{in})。

8. 计算工期 T_c(calculated project duration);

9. 要求工期 T_r(required project duration);

10. 计划工期 T_p(planned project duration);

11. 时间间隔 $LAG_{i,j}$(time lag)。

(二)单代号网络计划时间参数的标注形式

单代号网络计划时间参数的标注形式如图 3-25 所示。

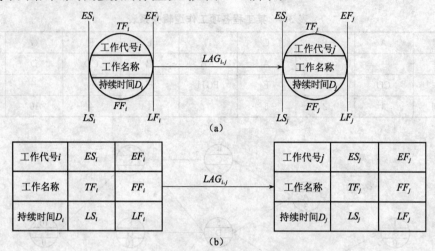

图 3-25　单代号网络计划时间参数的标注形式

(a)圆圈表示节点；(b)方框表示节点

(三)单代号网络计划时间参数的计算

计算步骤有两种：

第一种计算步骤是：计算 ES_i 和 EF_i—确定 T_c—确定 T_p—计算 $LAG_{i,j}$—计算 TF_i—计算 FF_i—计算 LS_i 和 LF_i。

第二种计算步骤是：计算 ES_i 和 EF_i—确定 T_c—确定 T_p—计算 LS_i 和 LF_i—计算 $LAG_{i,j}$—计算 TF_i—计算 FF_i。

1. 第一种计算步骤,具体计算过程如下：

(1)工作最早开始时间的计算应符合下列规定：

1)工作 i 的最早开始时间 ES_i 应从网络计划的起点节点开始,顺着箭线方向依次逐项计算。

2)当起点节点 i 的最早开始时间 ES_i 无规定时,不论起点节点代表的是实工作还是虚工作,其值均应等于零,即

$$ES_i = 0(i=1) \qquad (3-29)$$

3)其他工作的最早开始时间 ES_i 应为

$$ES_i = ES_h + D_h \qquad (3-30)$$

或 $$ES_i = \max\{ES_h + D_h\} \qquad (3-31)$$

式中,ES_h 为工作 i 的各项紧前工作 h 的最早开始时间；D_h 为工作 i 的各项紧前工作 h 的持续时间。

(2)工作 i 的最早完成时间 EF_i 应按下式计算

$$EF_i = ES_i + D_i \tag{3-32}$$

故式(3-28)和式(3-29)可变为如下形式

$$ES_i = EF_h \tag{3-33}$$

$$ES_i = \max\{EF_h\} \tag{3-34}$$

式中，EF_h 为工作 i 的各项紧前工作 h 的最早完成时间。

(3)网络计划计算工期 T_c 应按下式计算：

$$T_c = EF_n \tag{3-35}$$

式中，EF_n 为终点节点 n 的最早完成时间。

(4)网络计划计划工期 T_p 的计算同双代号网络计划，即按公式(3-6)、式(3-7)确定。

(5)相邻两项工作 i 和 j 之间的时间间隔 $LAG_{i,j}$ 的计算应符合下列规定：

1)当终点节点为虚拟节点时，其时间间隔应为

$$LAG_{i,n} = T_P - EF_i \tag{3-36}$$

2)其他节点之间的时间间隔应为：

$$LAG_{i,j} = ES_j - EF_i \tag{3-37}$$

(6)工作总时差的计算应符合下列规定：

1)工作 i 的总时差 TF_i 应从网络计划的终点节点开始，逆着箭线方向依次逐项计算。当部分工作分期完成时，有关工作的总时差必须从分期完成的节点开始逆向逐项计算。

2)终点节点所代表工作 n 的总时差 TF_n 值应为

$$TF_n = T_P - EF_n \tag{3-38}$$

3)其他工作 i 的总时差 TF_i 应为：

$$TF_i = \min\{TF_j + LAG_{i,j}\} \tag{3-39}$$

(7)工作 i 的自由时差 FF_i 的计算应符合下列规定：

1)终点节点所代表工作 n 的自由时差 FF_n 应为：

$$FF_n = T_P - EF_n \tag{3-40}$$

2)其他工作 i 的自由时差 FF_i 应为：

$$FF_i = \min\{LAG_{i,j}\} \tag{3-41}$$

(8)工作 i 的最迟完成时间 LF_i 应按下式计算：

$$LF_i = EF_i + TF_i \tag{3-42}$$

(9)工作 i 的最迟开始时间 LS_i 应按下式计算：

$$LS_i = ES_i + TF_i \tag{3-43}$$

2. 第二种计算步骤,具体计算过程如下:

(1)计算工作的最早开始时间和最早完成时间

与第一种计算步骤相同。

(2)网络计划计算工期的计算

与第一种计算步骤相同。

(3)网络计划计划工期的计算

与第一种计算步骤相同。

(4)计算工作的最迟完成时间和最迟开始时间

1)工作 i 的最迟时间完成时间 LF_i 应从网络计划的终点节点开始,逆着箭线方向依次逐项计算。当部分工作分期完成时,有关工作的最迟完成时间应从分期完成的节点开始逆向逐项计算。

2)终点节点 n 所代表工作的最迟完成时间 LF_n,应按网络计划的计划工期 T_p 确定,即

$$LF_n = T_p \tag{3-44}$$

3)其他工作 i 的最迟完成时间 LF_i 应为:

$$LF_i = LF_j - D_j \tag{3-45}$$

或

$$LF_i = \min\{LF_j - D_j\} \tag{3-46}$$

4)工作 i 的最迟开始时间 LS_i 应按下式计算:

$$LS_i = LF_i - D_i \tag{3-47}$$

故式(3-43)和式(3-44)可变为如下形式:

$$LF_i = LS_j \tag{3-48}$$

$$LF_i = \min\{LS_j\} \tag{3-49}$$

(四)关键工作和关键线路的确定

1. 关键工作的确定

单代号网络计划关键工作的确定方法与双代号网络计划相同,即总时差最小的工作为关键工作。

2. 关键线路的确定 ❶

在单代号网络计划中,从始至终所有工作之间的时间间隔均为零的线路为关键线路。

【例 3-5】 计算图 3-26 所示单代号网络图的时间参数,并找出关键工作和关键线路。

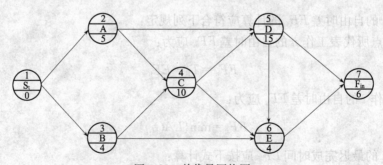

图 3-26 单代号网络图

---

❶ 《工程网络计划技术规程》(JGJ/T 121—99)规定:

4.4.2 从起点节点开始到终点节点均为关键工作,且所有工作的时间间隔均为零的线路应为关键线路。该线路在网络图上应用粗线、双线或彩色线标注。

74

【解】 按照第一种计算步骤（也可按第二种步骤），用图上计算法计算各时间参数，结果如图 3-27 所示，通过判断，图 3-27 中的关键工作为："1"，"2"，"4"，"5"，"6"，"7"共 6 项，关键线路为：1—2—4—5—6—7，并用双箭线标出。

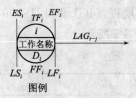
图例

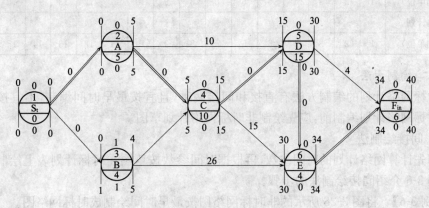
图 3-27 单代号网络图时间参数计算示例

第四节 时标网络计划

一、概念

时标网络计划是指以时间坐标为尺度编制的网络计划。它是综合应用横道图时间坐标和网络计划的原理，吸取了两者的长度，兼有横道计划的直观性和网络计划的逻辑性，故在工程中的应用较非时标网络计划更广泛。

二、时标网络计划的特点

1. 在时标网络计划中，各条工作箭线的水平投影长度即为各项工作的持续时间，能明确地表达各项工作的起止时间和先后施工的逻辑关系，使计划表达形象、直观，一目了然。

2. 能在时标计划表上直接显示各项工作的主要时间参数，并可直接判断出关键线路。

3. 因有时标的限制，在绘制时标网络计划时，不会出现"循环回路"之类的逻辑错误。

4. 可以利用时标网络直接统计资源的需要量，以便进行资源优化和调整，并对进度计划的实施进行控制和监督。

5. 由于箭线受时标的约束，故用手工绘图不易，修改也较难。而使用计算机编制、修改时标网络图较方便。

三、双代号时标网络计划的编制

(一)编制的基本要求

双代号时标网络计划的编制必须遵循《工程网络计划技术规程》(JGJ/T 121—99)中的规定[1]，并应先按已确定的时间单位绘出时标计划表，其格式如表 3-5 所示。

表 3-5　时标计划表

日　历																		
(时间单位)	1	2	3	4	5	6	7	8	9	10	11	12	13	14	15	17	18	19
网络计划																		
(时间单位)	1	2	3	4	5	6	7	8	9	10	11	12	13	14	15	17	18	19

(二)编制方法

时标网络计划的编制方法有直接和间接两种，且宜按最早时间编制，不宜按最迟时间编制。时标网络计划编制前，应先绘制非时标网络计划草图。

1. 间接绘制法

即先计算网络计划的时间参数，再根据时间参数按草图在时标计划表上绘制的方法。现通过例 3-6 介绍间接绘制法的步骤。

【例 3-6】　将图 3-28 所示的非时标网络图按最早时间绘制成时标网络图。

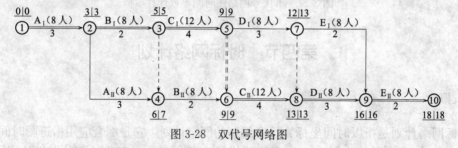

图 3-28　双代号网络图

【解】　用间接绘制法，其绘制步骤如下：

(1)计算各节点的最早时间(或各工作的最早时间)并标注在图上，如图 3-28 所示；

(2)按节点的最早时间将各节点定位在时标计划表上，图形尽量与草图一致，如图 3-29 所示；

(3)按各工作的持续时间绘制相应工作的实线部分，使其在时间坐标上的水平投影长度等于工作的持续时间；若实线长度不足以到达该工作的箭头节点时，用波形线补足，并在末端绘出箭头；

---

❶　《工程网络计划技术规程》(JGJ/T 121—99)规定：

5.1.1　双代号时标网络计划必须以水平时间坐标为尺度表示工作时间。时标的时间单位应根据需要在编制网络计划之前确定，可为时、天、周、月或季。

5.1.2　时标网络计划应以实箭线表示工作，以虚箭线表示虚工作，以波形线表示工作的自由时差。

5.1.3　时标网络计划中所有符号在时间坐标上的水平投影位置，都必须与其时间参数相对应。节点中心必须对准相应的时标位置。虚工作必须以垂直方向的虚箭线表示，有自由时差时加波形线表示。

5.2.1　时标网络计划宜按最早时间编制。

5.2.2　编制时标网络计划之前，应先按已确定的时间单位绘出时标计划表。时标可标注在时标计划表的顶部或底部。时标的长度单位必须注明。必要时，可在顶部时标之上或底部时标之下加注日历的对应时间。

时标计划表中部的刻度线宜为细线。为使图面清楚，此线也可以不画或少画。

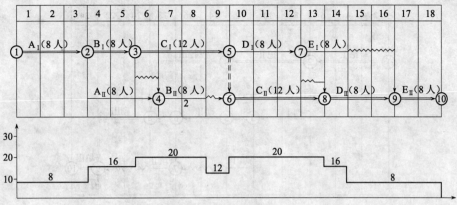

图 3-29　时标网络图

（4）虚工作以垂直方向的虚箭线表示，有自由时差时加波形线表示。

绘制完成的时标网络计划如图 3-29 所示。

2. 直接绘制法

就是不计算网络计划的时间参数，直接按草图在时标计划表上绘制的方法[1]。

【例 3-7】　将图 3-30 所示的非时标网络图，用直接绘制法，并按最早时间绘制成时标网络图。

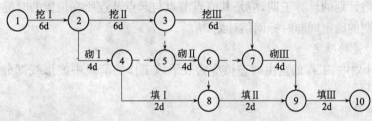

图 3-30　双代号网络图

【解】　用直接绘制法，其绘制步骤如下：

（1）将起点节点 1 定位在图 3-31 所示的时标计划表的起始刻度线上；

（2）绘制 1 节点的外向箭线 1—2；

（3）自左至右依次确定其余各节点的位置，如 2、3、4、6、10 节点之前只有一条内向箭线，则在其内向箭线绘制完成后即可在其末端将上述节点绘出；5、7、8、9 节点则必须待其前面的两条内向箭线都绘制完成后才能定位在这些内向箭线中最晚完成的时刻处；有的箭线未达节点位置，用波形线补足。

绘制完成的时标网络计划如图 3-31 所示。

❶　《工程网络计划技术规程》(JGJ/T 121—99)规定：

5.2.5　不经计算直接按草图绘制时标网络计划，应按下列方法逐步进行：

1. 将起点节点定位在时标计划表的起始刻度线上；

2. 按工作持续时间在时标计划表上绘制起点节点的外向箭线；

3. 除起点节点以外的其他节点必须在其所有内向箭线绘出以后，定位在这些内向箭线中最早完成时间最迟的箭线末端。其他内向箭线长度不足以到达该节点时，用波形线补足；

4. 用上述方法自左至右依次确定其他节点位置，直至终点节点定位绘完。

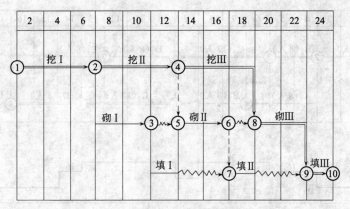

图 3-31　时标网络图

四、双代号时标网络计划时间参数的确定

（一）最早时间的确定

1. 每条箭线箭尾节点中心所对应的时标值，即为工作的最早开始时间。

2. 箭线实线部分右端或箭尾节点中心所对应的时标值，即为工作的最早完成时间。

（二）双代号时标网络计划工期的确定

1. 时标网络计划的计算工期，应是其终点节点与起点节点所在位置的时标值之差。

2. 计划工期的确定同非时标网络计划。

（三）自由时差的确定

时标网络计划中，工作的自由时差值应为表示该工作的箭线中波形线部分在坐标轴上的水平投影长度。

（四）总时差的计算

时标网络计划中，工作的总时差应自右至左逐个进行计算。

以终点节点$(j=n)$为箭头节点的工作的总时差应按网络计划的计划工期 T_p 计算确定，即

$$TF_{i-n}=T_p-EF_{i-n} \tag{3-50}$$

其他工作的总时差应为

$$TF_{i-j}=\min\{TF_{j-k}+FF_{i-j}\} \tag{3-51}$$

（五）工作最迟时间的计算

时标网络计划中工作的最迟开始时间和最迟完成时间应按下式计算

$$LS_{i-j}=ES_{i-j}+TF_{i-j} \tag{3-52}$$

$$LF_{i-j}=EF_{i-j}+TF_{i-j} \tag{3-53}$$

（六）关键线路的确定

时标网络计划中，自始至终不出现波形线的线路为关键线路❶。

---

❶　《工程网络计划技术规程》(JGJ/T 121—99)规定：

　　5.3.1　时标网络计划关键线路的确定，应自终点节点逆箭线方向朝起点节点观察，自始至终不出现波形线的线路为关键线路。

【例 3-8】 确定图 3-29 所示时标网络计划的时间参数,找出关键线路。

【解】 计算过程略,各时间参数的计算结果直接填入表 3-6 中,关键线路为 1—2—3—5—6—8—9—10,并用双箭线标出。

表 3-6 双代号时标网络计划时间参数计算表

工作编号 $i-j$	最早开始时间 ES_{i-j}	最早完成时间 EF_{i-j}	最迟开始时间 LS_{i-j}	最迟完成时间 LF_{i-j}	总时差 TF_{i-j}	自由时差 FF_{i-j}
1—2	0	3	0	3	0	0
2—3	3	5	3	5	0	0
2—4	3	6	4	7	1	0
3—4	5	5	7	7	2	1
3—5	5	9	5	9	0	0
4—6	6	8	7	9	1	1
5—6	9	9	9	9	0	0
5—7	9	12	10	13	1	0
6—8	9	13	9	13	0	0
7—8	12	12	13	13	1	1
7—9	12	14	14	16	2	2
8—9	13	16	13	16	0	0
9—10	16	18	16	18	0	0

第五节 单代号搭接网络计划

一、概念

单代号搭接网络计划是前后工作之间有多种逻辑关系的肯定型网络计划。它是综合单代号网络与搭接施工的原理,使两者有机结合起来应用的一种网络计划表示方法。

在建设工程实践中,搭接关系是大量存在的,要求控制进度的计划图形能够表达和处理好这种关系。但在前几节所介绍的网络计划中,却只能表示两项工作首尾相接的关系,即一项工作只有在其所有紧前工作完成之后才能开始。遇到搭接关系,必须将前一项工作进行分段处理,以符合前面工作不完成,后面工作不能开始的逻辑要求,这就使得网络计划变得较为复杂,使绘制、调整、计算都不方便。针对这一问题,世界各国陆续出现了许多表示搭接关系的网络计划,统称为"搭接网络计划法",其共同的特点是,当前一项工作开始一段时间能为其紧后工作提供一定的开始条件,紧后工作就可以插入进行,将前后工作搭接起来,这就大大简化了网络计划,但也带来了计算工作的复杂化,应借助计算机进行计算。

二、相邻工作的各种搭接关系

相邻两工作之间的搭接关系主要有完成到开始,开始到开始,完成到完成,开始到完成及混合搭接五种搭接关系,分别介绍如下。

（一）完成到开始的关系（FTS）

两项工作间的相互关系是通过前项工作的完成到后项工作的开始之间的时距 FTS 来表达,如图 3-32 所示。

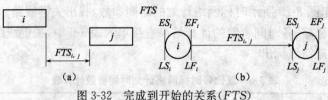

图 3-32 完成到开始的关系（FTS）

(a)横道图；(b)网络图

例如在修堤坝时，一定要等土堤自然沉降后才能修护坡，筑土堤与修护坡之间的等待时间就是 FTS 时距。

（二）开始到开始的关系（STS）

前后两项工作关系用其相继开始的时距 STS 来表达。就是说前项工作开始后，要经过 STS 后，后项工作才能开始，如图 3-33 所示。

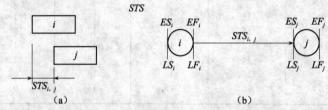

图 3-33　开始到开始的关系（STS）

(a)横道图；(b)网络图

例如在道路工程中，当路基铺设工作开始一段时间为路面浇筑工作创造一定条件之后，路面浇筑工作即可开始，路基铺设工作的开始时间与路面浇筑工作的开始时间之间的差值就是 STS 时距。

（三）完成到完成的关系（FTF）

两项工作之间的关系用前后工作相继完成的时距 FTF 来表达。就是说，前项工作完成后，经过 FTF 时间后，后项工作才能完成，如图 3-34 所示。

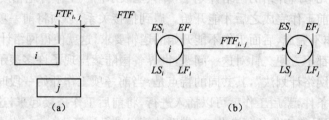

图 3-34　完成到完成的关系（FTF）

(a)横道图；(b)网络图

例如在前述道路工程中，如果路基铺设工作的进展速度小于路面浇筑工作的进展速度时，必须考虑为路面浇筑工作留有充分的工作面；否则，路面浇筑工作就将因没有工作面而无法进行。路基铺设工作的完成时间与路面浇筑工作的完成时间之间的差值就是 FTF 时距。

（四）开始到完成的关系（STF）

两项工作之间的关系用前项工作开始到后项工作完成之间的时距 STF 来表达。就是说，前项工作开始一段时间 STF 后，后项工作才能完成，如图 3-35 所示。

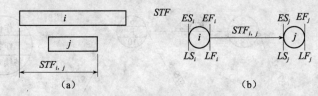

图 3-35 开始到完成的关系（STF）

(a)横道图；(b)搭接图

（五）混合搭接关系

当两项工作之间同时存在上述四种关系中的两种关系时，这种具有双重约束的工作关系，就是混合搭接关系。例如工作 i 和工作 j 之间可能同时存在 STS 时距和 FTF 时距，或同时存在 STF 时距和 FTS 时距等，如图 3-36 所示。

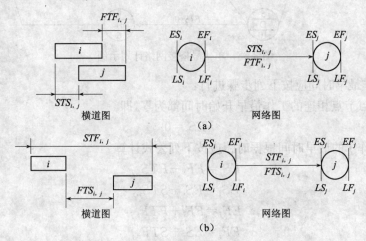

图 3-36 混合搭接关系

(a)既有 STS 又有 FTF；(b)既有 STF 又有 FTS

三、搭接网络计划的时间参数计算

单代号搭接网络计划的时间参数的计算内容主要包括：工作最早时间的计算；网络计划工期的确定；时间间隔的计算；工作时差的计算；工作最迟时间的计算；关键线路的确定。

时间参数的标注形式如图 3-37 所示。

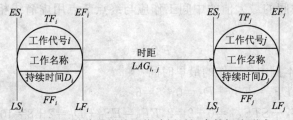

图 3-37 单代号搭接网络计划时间参数标注形式

现通过例 3-9 介绍单代号搭接网络计划时间参数的计算过程。

【例 3-9】 计算图 3-38 所示单代号搭接网络计划的时间参数，并找出关键线路。

【解】 （1）工作最早时间的计算

1)计算最早时间参数必须从起点节点开始依次进行，只有紧前工作计算完毕，才能计算本工作。

81

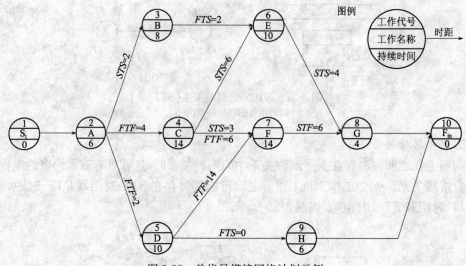

图 3-38 单代号搭接网络计划示例

2)计算工作最早时间应按下列步骤进行：

① 凡与起点节点相连的工作最早开始时间都为零,即

$$ES_i = 0 \tag{3-54}$$

② 其他工作 j 的最早时间根据时距应按下列公式计算

FTS：$\qquad\qquad ES_j = EF_i + FTS_{i,j}$ $\qquad$ (3-55)

STS：$\qquad\qquad ES_j = ES_i + STS_{i,j}$ $\qquad$ (3-56)

FTF：$\qquad\qquad EF_j = EF_i + FTF_{i,j}$ $\qquad$ (3-57)

STF：$\qquad\qquad EF_j = ES_i + STF_{i,j}$ $\qquad$ (3-58)

$$ES_j = EF_j - D_j \tag{3-59}$$

$$EF_j = ES_j + D_j \tag{3-60}$$

③ 计算工作最早时间,当出现最早开始时间为负值时,应将该工作与起点节点用虚箭线相连接,并确定其时距为：

$$STS = 0 \tag{3-61}$$

④ 当有两种以上的时距(或者有两项或两项以上紧前工作)限制工作间的逻辑关系时,应按不同情况分别进行计算其最早时间,取其最大值。

⑤ 有最早完成时间的最大值的中间工作应与终点节点用虚箭线相连接,并确定其时距为

$$FTF = 0 \tag{3-62}$$

按上述公式计算本例中各工作的最早时间：

A 工作：$ES_A = 0, EF_A = ES_A + D_A = 0 + 6 = 6$

B 工作：$ES_B = ES_A + STS_{A,B} = 0 + 2 = 2, EF_B = ES_B + D_B = 2 + 8 = 10$

C 工作：$EF_C = EF_A + FTF_{A,C} = 6 + 4 = 10, ES_C = EF_C - D_C = 10 - 14 = -4$

D 工作：$EF_D = EF_A + FTF_{A,D} = 6 + 2 = 8, ES_D = EF_D - D_D = 8 - 10 = -2$

因按时距计算 ES_C, ES_D 均为负值,故应将 C、D 工作与起点节点相联系,确定时距 $STS = 0$。则 C、D 工作就出现有两项紧前工作,计算 ES 值应取最大值,故

$$ES_C = \max(0, -4) = 0, EF_C = ES_C + D_C = 0 + 14 = 14$$

$$ES_D=\max(0,-2)=0,EF_D=ES_D+D_D=0+10=10$$

E 工作：$ES_E=\max\{EF_B+FTS_{B,E},ES_C+STS_{C,E}\}=\max\{10+2,0+6\}=12$

$$EF_E=ES_E+D_E=12+10=22$$

F 工作：$ES_F=ES_C+STS_{C,F}=0+3=3$

$$EF_F=EF_C+FTF_{C,F}=14+6=20,ES_F=EF_F-D_F=20-14=6$$

$$EF_F=EF_D+FTF_{D,F}=10+14=24,ES_F=EF_F-D_F=24-14=10$$

故 $\quad ES_F=\max\{3,6,10\}=10,EF_F=ES_F+D_F=10+14=24$

G 工作：$ES_G=ES_E+STS_{E,G}=12+4=16$

$$EF_G=ES_F+STF_{F,G}=10+6=16,ES_G=EF_G-D_G=16-4=12$$

故 $\quad ES_G=\max\{16,12\}=16,EF_G=ES_G+D_G=16+4=20$

H 工作：$ES_H=EF_D+FTS_{D,H}=10+0=10,EF_H=ES_H+D_H=10+6=16$

根据图的终点有 G、H 两个工作，$EF_G=20$，$EF_H=16$，中间工作 F 的最早完成时间值最大 $EF_F=24$，但未与终点节点相联系，故必须将 F 节点与终点节点用虚箭线连接，其时距确定为 $FTF=0$，故虚拟终点节点的 $ES_终=EF_终=EF_F=24$。

把以上计算结果标注在图 3-39 所示的网络图中。

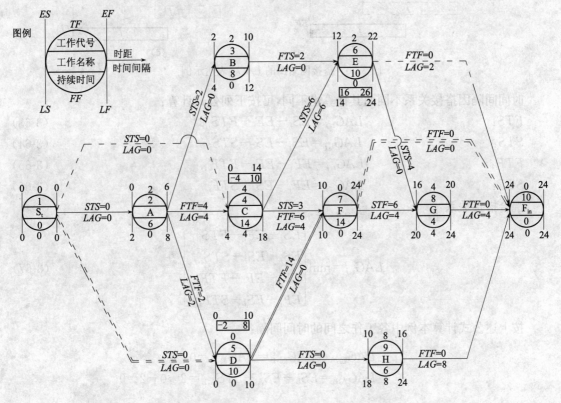

图 3-39　单代号搭接网络计划时间参数计算

(2)计算工期的确定

搭接网络计划的计算工期 T_c 由与终点节点相联系的工作的最早完成时间的最大值决定。

故本例题 $\quad T_c=\max\{EF_F,EF_G,EF_H\}=\max\{24,20,16\}=24$

（3）计划工期的确定

搭接网络计划计划工期 T_p 的确定同双代号网络计划，即按公式(3-6)、式(3-7)确定。

由于本例题未规定要求工期，故 $T_p = T_c = 24$

（4）时间间隔的计算

在搭接网络计划中，相邻两项工作 i 和 j 之间在满足时距之外，还有多余的时间间隔 $LAG_{i,j}$ 存在，如图 3-40 所示。

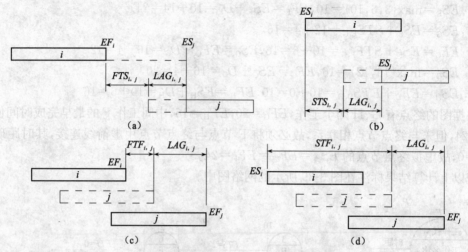

图 3-40 搭接网络图的 $LAG_{i,j}$ 表达示例

时间间隔因搭接关系不同而其计算也不同，可按下列公式计算：

FTS： $$LAG_{i,j} = ES_j - EF_i - FTS_{i,j} \tag{3-63}$$

STS： $$LAG_{i,j} = ES_j - ES_i - STS_{i,j} \tag{3-64}$$

FTF： $$LAG_{i,j} = EF_j - EF_i - FTF_{i,j} \tag{3-65}$$

STF： $$LAG_{i,j} = EF_j - ES_i - STF_{i,j} \tag{3-66}$$

混合搭接关系：

$$LAG_{i,j} = \min \begin{bmatrix} ES_j - EF_i - FTS_{i,j} \\ ES_j - ES_i - STS_{i,j} \\ EF_j - EF_i - FTF_{i,j} \\ EF_j - ES_i - STF_{i,j} \end{bmatrix} \tag{3-67}$$

按上述公式计算本例中各工作之间的时间间隔：

$$LAG_{起,A} = LAG_{起,B} = LAG_{起,C} = 0$$

$$LAG_{A,B} = ES_B - ES_A - STS_{A,B} = 2 - 0 - 2 = 0$$

$$\vdots$$

$$LAG_{C,F} = \min\{ES_F - ES_C - STS_{C,F}, EF_F - EF_C - FTF_{C,F}\}$$
$$= \min\{10 - 0 - 3, 24 - 14 - 6\} = 4$$

$$\vdots$$

$$LAG_{H,终} = EF_终 - EF_H - FTF_{H,终} = 24 - 16 - 0 = 8$$

计算结果标注在图 3-39 所示的网络图中。

(5)工作总时差的计算

搭接网络计划工作 i 的总时差 TF_i 的计算同第三节单代号网络计划,即按公式(3-38)、公式(3-39)计算。

但在计算出总时差后,需要根据公式(3-42)判别工作 i 的最迟完成时间 LF_i 是否超出计划工期 T_p,如若 LF_i 大于 T_p,应将工作 i 与终点节点 n 用虚箭线相连接,并确定其时距为 $FTF=0$,然后重新计算工作 i 的总时差。

例如在本例中,经计算 $TF_E=4$,$LF_E=EF_E+TF_E=22+4=26>T_p=24$,这是不符合逻辑的,所以应把节点 E 与终点节点用虚箭线连接起来,确定时距为 $FTF=0$。则有:

$$LAG_{E,\text{终}}=EF_{\text{终}}-EF_E-FTF_{E,\text{终}}=24-22-0=2$$

$$TF_E=\min\{TF_{\text{终}}+LAG_{E,\text{终}}, TF_G+LAG_{E,G}\}=\min\{0+2, 4+0\}=2$$

计算本例中各工作的总时差,其计算结果如图 3-39 所示。

(6)工作自由时差的计算

搭接网络计划工作 i 的自由时差 FF_i 的计算同第三节单代号网络计划,即按公式(3-40)、公式(3-41)计算。

计算本例中各工作的自由时差,其计算结果如图 3-39 所示。

(7)工作最迟时间的计算

1)搭接网络计划工作 i 的最迟完成时间 LF_i 的计算同第三节单代号网络计划,即按公式(3-42)计算。

2)搭接网络计划工作 i 的最迟开始时间 LS_i 的计算同第三节单代号网络计划,即按公式(3-43)计算。

计算本例中各工作的最迟完成时间和最迟开始时间,其计算结果如图 3-39 所示。

(8)关键工作和关键线路的确定

1)在单代号搭接网络计划中,总时差最小的工作为关键工作。

2)在单代号搭接网络计划中,从起点节点开始到终点节点均为关键工作,且所有工作的时间间隔均为零的线路应为关键线路。

由此判断图 3-39 中的关键线路为:S_t—D—F—F_{in},并用双箭线标出关键线路。关键工作是 D、F,而 S_t 和 F_{in} 是虚拟的工作,它们的总时差均为零。

第六节　网络计划优化

经过调查研究、分析、计算等步骤可以确定网络计划的初始方案,但它只是一种可行方案,不一定是比较合理的或最优的方案。要使计划如期实施,获得更佳的经济效果,就需要对初始网络计划进一步优化。

网络计划的优化,应在满足既定约束条件下,按选定目标❶,通过不断检查,调整初始方案,从而寻求最优网络计划方案的过程。网络计划优化的内容包括工期优化、费用优化和资源优化。

一、工期优化

工期优化是指在给定约束条件下,按合同工期目标,通过延长或缩短计算工期以达到合同

---

❶ 《工程网络计划技术规程》(JGJ/T 121—99)规定:

　7.1.2　网络计划的优化目标,应按计划任务的需要和条件选定。包括工期目标、费用目标、资源目标。

工期的要求。

工期优化的条件是：各种资源(包括劳动力、材料、机械等)充足,只考虑时间问题。

一般情况下,对于计算工期小于要求工期,施工单位有能力完成计划,且对工程无不利影响,一般不需调整。否则应对计划进行优化调整,只需将关键工作持续时间延长(通常采用减少劳动力等资源需用量的方法),重新计算各工作的时间参数,反复进行,直至满足工期目标。

这里主要介绍当计算工期大于要求工期时,如何调整计划,缩短工期,以满足工期目标。

(一)工期优化步骤

1. 计算并找出初始网络计划的关键线路、关键工作及计算工期。

2. 计算按要求工期应缩短的时间 ΔT

$$\Delta T = T_c - T_r \tag{3-68}$$

3. 确定各关键工作能够缩短的持续时间。

4. 在关键线路上,按下列因素选择应优先压缩其持续时间的关键工作:

(1)缩短持续时间后对质量和安全影响不大的工作;

(2)有充足备用资源的工作;

(3)缩短持续时间所需增加费用最少的工作;

(4)选择为多条关键线路共有的关键工作。

5. 缩短应优先压缩的关键工作的持续时间,并重新计算网络计划的计算工期。

6. 当计算工期仍超过要求工期时,则重复以上步骤,直到满足工期要求或工期已不能再缩短为止。

7. 当所有关键工作的持续时间都达到最短持续时间而工期仍不能满足要求时,应对计划的原技术、组织方案进行调整,如通过利用已有作业面或施工段实现工作的合理穿插,平行及立体交叉作业,从而缩短工期。

8. 如果仍不能达到工期要求时,则应对要求工期重新审定,必要时可提出改变要求工期。

(二)压缩网络计划工期时应注意的问题

1. 在压缩网络计划工期的过程中,当出现多条关键线路时,必须将各条关键线路的持续时间同时缩短同一数值,否则不能达到缩短工期的目的。

2. 在压缩关键工作的持续时间时,不能将关键工作缩短成非关键工作。

3. 在压缩关键工作的持续时间时,必须注意由于关键线路长度的缩短,非关键线路有可能成为关键线路,因此有时需同时缩短非关键线路上有关工作的持续时间,才能达到缩短工期的要求。

【例3-10】 已知某网络计划如图3-41所示,图中箭线下方括号外数字为工作的正常持续时间,括号内数字为最短持续时间,合同要求工期为17天。综合考虑质量,资源和费用增加情况,压缩工作 H 对质量无太大影响且资源充足,工作 D 缩短时间费用最省,工作 F 缩短时间的有利因素不如工作 B。

【解】 (1)找出初始网络计划的关键线路,关键工作,确定计算工期。

如图3-42所示,关键线路:1—3—4—5—6, $T_c = 21$ 天。

(2)计算初始网络计划需缩短的时间:

$$\Delta T = T_c - T_r = 21 - 17 = 4(天)$$

(3)确定关键工作可能压缩的时间:

B工作可压缩1天,D工作可压缩2天,F工作可压缩2天,H工作可压缩2天。

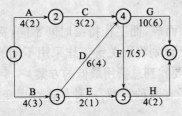

图 3-41 初始网络计划

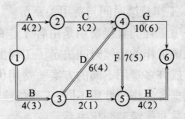

图 3-42 找出关键线路及工期

(4)选择优先压缩的关键工作

综合考虑质量、资源和费用增加情况,优先选择工作 H 进行压缩。H 工作可压缩 2 天,但压缩 2 天后,1—3—4—6 线路成为关键线路,1—3—4—5—6 线路成为非关键线路。为保证压缩有效性,H 工作压缩 1 天,此时关键线路有两条,工期为 20 天,如图 3-43 所示。

(5)按要求工期尚需压缩 3 天,选择 D 工作和 B 工作进行压缩,D 工作可压缩 2 天,B 工作可压缩 1 天,分别压缩至最短时间,关键线路仍为两条,如图 3-44 所示。工期为 17 天,满足要求。

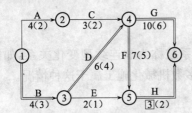

图 3-43 工作 H 压缩 1 天

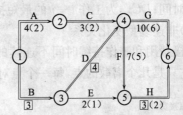

图 3-44 优化后的网络计划

二、费用优化

费用优化❶又称工期成本优化,是指寻求工程总成本最低时的工期安排。

(一)工期与费用关系

1. 工期与费用关系

工程施工的总费用由直接费和间接费组成。直接费包括人工费,材料费,机械使用费及措施费等。施工方案不同,则直接费不同;即使施工方案相同,工期不同,直接费也不同,直接费一般随工期缩短而增加。间接费包括施工企业组织施工生产和经营管理所需的全部费用,一般随工期延长而增加。这两种费用与工期的关系如图 3-45 所示。把两种费用曲线叠加起来就形成总费用曲线,这条曲线呈现两头高中间低的特点,最低点所对应的工期 T_0,即为成本最低的最佳工期,称之为最优工期。

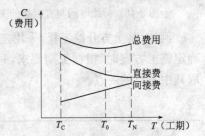

图 3-45 工期—费用曲线

T_C—最短工期;T_0—最优工期;
T_N—正常工期

---

❶ 《工程网络计划技术规程》(JGJ/T 121—99)规定:

7.4.1 进行费用优化,应首先求出不同工期下最低直接费用,然后考虑相应的间接费的影响和工期变化带来的其他损益,包括效益增量和资金的时间价值等,最后再通过迭加求出最低工程总成本。

2. 工作持续时间与费用关系

一项工程的直接费用是由各工作的直接费用累加而成,而工作持续时间不同,费用也不同。关键工作的持续时间决定了工程的工期,因此进度计划将因关键工作采用不同的持续时间而形成许多费用不同的方案。费用优化的任务就是要找到总费用最低的方案。

根据各工作的性质不同,工作持续时间与费用关系有两种类型:一种是连续型变化关系,另一种是非连续型变化关系。

(1) 连续型变化关系

有些工作的直接费用随持续时间的变化而连续变化,这种关系被称为连续型变化关系,如图 3-46 所示。多数人工施工方案属于这种情况,为计算方便,在优化中常用直线来取代曲线。通常把工作持续时间每缩短单位时间而增加的直接费称为直接费用率。按如下公式计算:

$$\Delta C_{i-j} = \frac{CC_{i-j} - CN_{i-j}}{DN_{i-j} - DC_{i-j}} \tag{3-69}$$

式中,ΔC_{i-j} 为工作 $i-j$ 的费用率;CC_{i-j} 为将工作 $i-j$ 缩短为最短持续时间后,完成该工作所需的直接费用;CN_{i-j} 为在正常条件下完成工作 $i-j$ 所需的直接费用;DN_{i-j} 为工作 $i-j$ 的正常持续时间;DC_{i-j} 为工作 $i-j$ 的最短持续时间。

(2) 非连续型变化关系

直接费用和工作持续时间不连续的变化,这种关系被称为非连续型变化关系,如图 3-47 所示,它只是几个离散的点,每一个点对应一个方案,多数机械化施工属于这种情况。

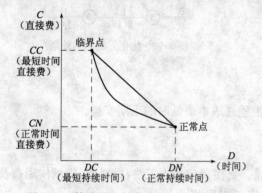

图 3-46　持续时间与直接费的关系示意图　　　　图 3-47　非连续型的时间—直接费关系示意图

例如,某土方开挖工程,采用三种不同的开挖机械,其费用和持续时间见表 3-7。因此,在确定施工方案时,根据工期要求,只能在表 3-7 中的三种不同机械中选择,在图中也就是只能取其中三点的一点。

表 3-7　时间及费用表

机 械 类 型	A	B	C
持续时间(天)	8	12	15
费用(天)	7200	6100	4800

(二) 费用优化的步骤

1. 按工作正常持续时间找出关键工作及关键线路。
2. 计算各项工作的直接费用率。
3. 在网络计划中找出费用率(或组合费用率)最低的一项关键工作或一组关键工作,作为缩短持续时间的对象。

4. 缩短找出的关键工作或一组关键工作的持续时间,其缩短值必须符合不能压缩成非关键工作和缩短后其持续时间不小于最短持续时间的原则。

5. 计算相应增加的直接费用 C_i。

6. 考虑工期变化带来的间接费及其他损益,在此基础上计算总费用。

7. 重复 3~6 款的步骤,一直计算到总费用最低为止。

8. 对于选定的一个工作或一组工作,比较其直接费用率或组合直接费用率与间接费用率的大小。如果小于间接费用率,则继续压缩;如果大于间接费用率,则此前小于间接费用率的方案即为最优方案。

(三)费用优化实例

【例 3-11】 已知某工程网络计划如图 3-48 所示,图中箭线下方括号外数字为正常持续时间,括号内数字为最短持续时间,时间单位为天;箭线上方括号外数字为工作在正常持续时间完成所需的直接费,括号内数字为工作在最短持续时间完成所需的直接费,费用单位为万元。该工程的间接费率为 0.95 万元/天,试对其进行费用优化。

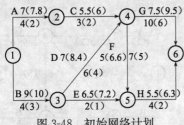

图 3-48 初始网络计划

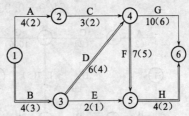

图 3-49 初始网络计划的关键线路

【解】 (1)确定关键线路,计算工期

如图 3-49 所示,关键线路:1—3—4—5—6,T_c=21 天。

(2)计算各项工作的直接费用率

$$\Delta C_{1-2}=\frac{CC_{1-2}-CN_{1-2}}{DN_{1-2}-DC_{1-2}}=\frac{7.8-7}{4-2}=0.4(万元/天)$$

$\Delta C_{1-3}=1$ 万元/天,$\Delta C_{2-4}=0.5$ 万元/天,$\Delta C_{3-4}=0.7$ 万元/天,$\Delta C_{3-5}=0.7$ 万元/天,

$\quad\Delta C_{4-5}=0.8$ 万元/天,$\Delta C_{4-6}=0.5$ 万元/天,$\Delta C_{5-6}=0.4$ 万元/天,

(3)计算工程总费用

1)直接费总和:7+9+5.5+7+6.5+5+7.5+5.5=53(万元)

2)间接费总和:0.95×21=19.95(万元)

3)工程总费用:53+19.95=72.95(万元)

(4)选定压缩对象,对初始网络计划进行优化

1)第一次压缩。各项关键工作的直接费用率为:$\Delta C_B=$ 1 万元/天,$\Delta C_D=0.7$ 万元/天,$\Delta C_F=0.8$ 万元/天,$\Delta C_H=$ 0.4 万元/天,首选工作 H 为压缩对象。

工作 H 可压缩 2 天,为保证关键线路不变,故压缩 1 天。关键线路变为两条,1—3—4—6 和 1—3—4—5—6,如图 3-50 所示,工期为 20 天,总费用为

$\quad$72.95−0.95+0.4×1=72.4(万元)

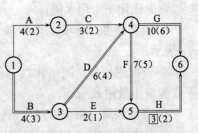

图 3-50 第一次压缩后的网络计划

2)第二次压缩。网络计划中有两条关键线路,其压缩方案有四个:

① 压缩 B 工作,直接费率为 1 万元/天;

② 压缩 D 工作,直接费率为 0.7 万元/天;

③ 同时压缩 F、G 工作,组合直接费率为 1.3 万元/天;

④ 同时压缩 H、G 工作,组合直接费率为 0.9 万元/天。

选择工作 D 作为压缩对象,工作 D 可压缩两天。关键线路不变,如图 3-51 所示,工期为 18 天,工程总成本为

$$72.4-0.95\times2+0.7\times2=71.9(万元)$$

3)第三次压缩。网络计划中有两条关键线路,其压缩方案有三个:

① 压缩 B 工作,直接费率为 1 万元/天;

② 同时压缩 F、G 工作,组合直接费率为 1.3 万元/天;

③ 同时压缩 H、G 工作,组合直接费率为 0.9 万元/天。

选择同时压缩 H、G 工作,可压缩一天。关键线路不变,如图 3-52 所示,工期为 17 天,工程总成本为

$$71.9-0.95+0.9\times1=71.85(万元)$$

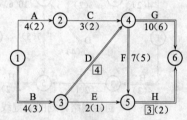
图 3-51 第二次压缩后的网络计划

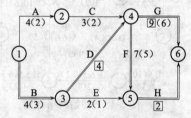
图 3-52 第三次压缩后的网络计划

4)第四次压缩。网络计划中有两条关键线路,其压缩方案有两个:

① 压缩 B 工作,直接费率为 1 万元/天;

② 同时压缩 F、G 工作,组合直接费率为 1.3 万元/天。

上述两种压缩方案的直接费的增加均已大于间接费率,故第三次压缩方案即为最优方案。工程总费用为 71.85 万元,工期 17 天。

三、资源优化

资源是指为完成某项工程任务所需投入的人力、材料、机械设备和资金等的统称。资源优化的目的是通过改变工作的开始时间,使资源按时间的分布符合优化目标。资源优化分为"工期固定-资源均衡"和"资源有限-工期最短"两种。

资源优化中常用术语:

1. 资源强度。一项工作在单位时间内所需的某种资源数量。工作 $i-j$ 的资源强度用 r_{i-j} 表示。

2. 资源需用量。网络计划中各项工作在某一单位时间内所需某种资源数量之和。第 t 天资源需用量用 R_t 表示。

3. 资源限量。单位时间内可供使用的某种资源的最大数量,用 R_a 表示。

(一)资源有限-工期最短的优化

资源有限-工期最短的优化是当日资源需用量超过资源限量时,通过移动工作削去资源需

求高峰,以满足资源限制条件,并使工期拖延最少的过程。

1. 优化的前提条件

(1)优化过程中,不改变工作间的逻辑关系;

(2)优化过程中,不改变各工作的持续时间;

(3)除规定可中断的工作外,一般不允许中断工作,应保持其连续性;

(4)假定网络计划中各项工作的资源强度为常数,即资源均衡,而且是合理的。

2. 优化步骤

方法一:

1)计算网络计划每"时间单位"的资源需用量。

2)从计划开始日期起,逐个检查每个"时间单位"资源需用量 R_t 是否超过资源限量 R_a,如果在整个工期内都是 $R_t \leq R_a$,则可行优化方案就编制完成。若发现 $R_t > R_a$,则必须进行计划调整。

3)分析超过资源限量的时段(每"时间单位"资源需用量相同的时间区段),计算工期增量,确定新的安排顺序。顺序安排的选择标准是工期延长时间最短。

如果在资源超限时段有两项平行作业的工作 $i—j$ 和工作 $m—n$,为降低资源需用量,现将工作 $m—n$ 安排在工作 $i—j$ 之后进行,如图 3-53 所示,则工期延长值为:

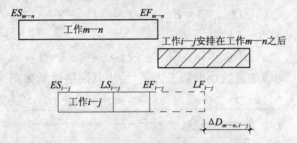

图 3-53 工作 $i—j$ 与工作 $m—n$ 的排序

$$\Delta D_{m-n,i-j} = EF_{m-n} + D_{i-j} - LF_{i-j} = EF_{m-n} - (LF_{i-j} - D_{i-j}) = EF_{m-n} - LS_{i-j}$$

即

$$\Delta D_{m-n,i-j} = EF_{m-n} - LS_{i-j} \tag{3-70}$$

式中,$\Delta D_{m-n,i-j}$ 为在资源冲突的诸工作中,工作 $i—j$ 安排在工作 $m—n$ 之后进行,工期所延长的时间。

如果在该时段内有几项工作平行作业,对平行作业的工作进行两两排序,即可得出若干个 $\Delta D_{m-n,i-j}$,选择其中最小的 $\Delta D_{m-n,i-j}$,将相应的工作 $i—j$ 安排在工作 $m—n$ 之后进行,既可降低该时段的资源需用量,又使网络计划的工期延长最短。

4)绘制调整后的网络计划,重复以上步骤,直到满足要求。

【例 3-12】 已知网络计划如图 3-54 所示。图中箭线上方为工作资源强度,箭线下方为持续时间,若资源限量为 $R_a=12$,试对其进行资源有限-工期最短的优化。

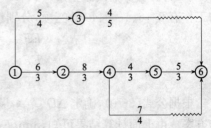

图 3-54 初始网络计划

【解】 （1）计算每日资源需用量，如图 3-55 所示。至第 4 天，$R_4=13>R_a=12$，故需进行调整。

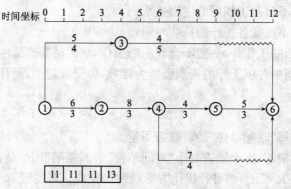

图 3-55　计算 R_t 至 $R_4=13>R_a=12$ 为止

（2）第一次调整。资源超限时段内有工作 1—3、2—4 两项，分别计算 EF、LS 得：

$$EF_{1-3}=4 \qquad LS_{1-3}=3$$
$$EF_{2-4}=6 \qquad LS_{2-4}=3$$

方案一：工作 1—3 移 2—4 后

$$\Delta D_{2-4,1-3}=EF_{2-4}-LS_{1-3}=6-3=3$$

方案二：工作 2—4 移 1—3 后

$$\Delta D_{1-3,2-4}=EF_{1-3}-LS_{2-4}=4-3=1$$

（3）决定先考虑工期增加量较小的第二方案，绘出其网络计划如图 3-56 所示。

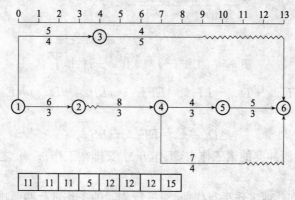

图 3-56　将工作 2—4 移于工作 1—3 之后，并检查 R_t 至
第 8 天 $R_8=15>R_a=12$

（4）计算资源需用量至第 8 天，$R_8=15>R_a=12$，故需进行第二次调整。资源超限时段内的工作有 3—6、4—5、4—6 三项，分别计算 EF、LS 得：

$$EF_{3-6}=9 \qquad LS_{3-6}=8$$
$$EF_{4-5}=10 \qquad LS_{4-5}=7$$
$$EF_{4-6}=11 \qquad LS_{4-6}=9$$

根据公式(3-70)，确定 $\Delta D_{m-n,i-j}$ 最小值，只需要找到 $\min\{EF_{m-n}\}$ 和 $\max\{LS_{i-j}\}$，即为最佳方案。由上面计算结果可知，$\min\{EF_{m-n}\}$ 为工作 3—6，$\max\{LS_{i-j}\}$ 为工作 4—6，则选择工作 4—6 安排在工作 3—6 之后进行，工期增加最小：

$$\Delta D_{3-6,4-6}=EF_{3-6}-LS_{4-6}=9-9=0$$

此时工期没有增加,仍为13天,再计算每天资源需用量,均能满足要求,图3-57所示的网络计划即为优化后网络计划。

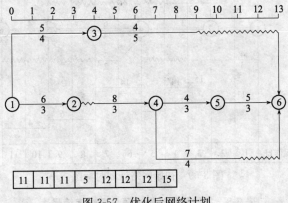

图3-57 优化后网络计划

方法二:

1)按最早时间绘制时标网络计划,标明关键线路,判别非关键工作的时差。

2)绘制资源动态曲线,计算每"时间单位"的资源需用量。

3)从计划开始日起,逐个时段进行检查。找出第一个超出资源限量的时段,按以下分配原则,对该时段的工作分配顺序进行编号。

① 优先满足关键工作,然后按日资源需用量由大到小的顺序,且叠加量不超过供应限值的顺序进行供应。

② 在满足关键工作供应后,非关键工作依次考虑自由时差、总时差,按时差由小到大的顺序供应资源。

③ 优化过程中,已被供应资源的工作不允许中断。

4)按编号顺序,将本时段内工作的资源需用量进行累加并与限值进行比较。当累加到第 n 号工作出现超过供应限值时,将第 n 号工作及以后的工作推出本时段。

5)绘出调整后的时标网络图及资源动态曲线图,从已优化的时段向后重复第三步及第四步,直至所有时段的资源需用量均在限值范围内。

【例3-13】 已知某网络计划如图3-58所示,箭线上方数字为每日资源需用量。若资源限值为11个单位,试对该网络计划进行资源有限-工期最短优化。

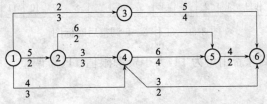

图3-58 初始网络计划

【解】 (1)绘制时标网络图,计算日资源需用量,绘制资源需用量动态曲线,如图3-59所示。

(2)优化调整:

1)在[2,3]时段内,资源需用量为15,大于资源限值11,需调整。该时段内资源分配顺序编号如表3-8所示。

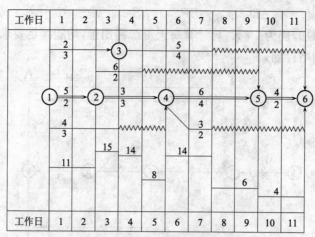

图 3-59　初始网络计划时标图

表 3-8　初始网络计划资源分配顺序编号表

工 作 名 称	每日资源需用量	编 号	编 号 依 据
2—4	3	1	关键工作
1—3	2	2	自由时差＝0
1—4	4	3	自由时差＝2
2—5	6	4	自由时差＝5

按编号顺序工作 2—4、1—3、1—4 三项日资源需用量之和为 11，因此 2—5 工作推迟到下一时段，调整后时标图如图 3-60 所示。

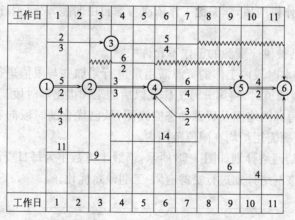

图 3-60　工作 2—5 调整后时标图

2)在[3,5]时段内，资源需用量为 14，大于资源限值 11，需调整。该时段内资源分配顺序编号如表 3-9 所示。

表 3-9　工作 2—5 调整后资源分配顺序编号表

工 作 名 称	每日资源需用量	编 号	编 号 依 据
2—4	3	1	关键工作
2—5	6	2	自由时差＝4
3—6	5	3	自由时差＝4

按编号顺序工作 2—4、2—5 两项日资源需用量之和为 9,因此 3—6 工作推迟到下一时段,调整后时标图如图 3-61 所示。

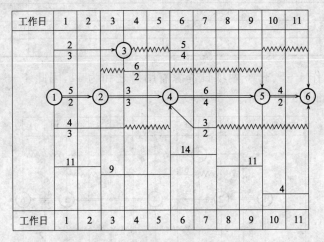

图 3-61　工作 3—6 调整后时标图

3)在[5,7]时段内,资源需用量为 14,大于资源限值 11,需调整。该时段内资源分配顺序编号如表 3-10 所示。

表 3-10　工作 3—6 调整后资源分配顺序编号表

工 作 名 称	每日资源需用量	编 号	编 号 依 据
4—5	6	1	关键工作
3—6	5	2	自由时差＝2
4—6	3	3	自由时差＝4

按编号顺序工作 4—5、3—6 两项日资源需用量之和为 11,因此 4—6 工作推迟到下一时段,调整后时标图如图 3-62 所示。

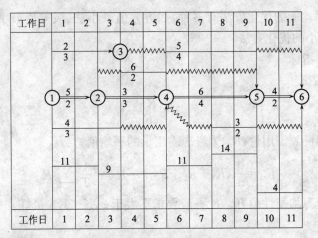

图 3-62　工作 4—6 调整后时标图

4)在[7,9]时段内,资源需要量为 14 大于资源限值 11,需调整。该时段内资源分配顺序编号如表 3-11 所示。

表 3-11　工作 4—6 调整后资源分配顺序编号表

工　作　名　称	每日资源需用量	编　　　号	编　号　依　据
4—5	6	1	关键工作
3—6	5	2	已分配资源
4—6	3	3	自由时差＝2

按编号顺序工作 4—5、3—6 两项日资源需用量之和为 11，因此 4—6 工作推迟到下一时段，调整后时标图如图 3-63 所示。

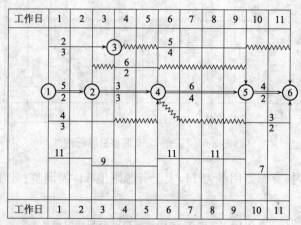

图 3-63　优化后时标网络图

经过调整，各时段的资源用量均在资源限值范围内，工期 11 天，图 3-63 所示的网络计划即为优化后的网络计划。

（二）工期固定-资源均衡的优化

工期固定-资源均衡的优化是在保持工期不变的条件下，调整计划安排，使资源需用量尽可能均衡的过程。尽量避免出现资源需求的高峰和低谷，从而有利于工地建设的组织与管理。

工期固定-资源均衡的优化方法有多种，如方差值最小法、极差值最小法、削高峰法等，这里仅介绍方差值最小的优化方法。

1. 资源均衡的指标

（1）不均衡系数 K

$$K = \frac{R_{\max}}{R_{\mathrm{m}}} \tag{3-71}$$

式中，$R_{\max}$ 为最大的资源需用量；R_{m} 为资源需用量的平均值。

$$R_{\mathrm{m}} = \frac{1}{T}(R_1 + R_2 + R_3 + \cdots R_t) = \frac{1}{T}\sum_{t=1}^{T} R_t \tag{3-72}$$

K 值愈接近于 1，资源均衡性愈好。K 一般要求不大于 2，$K < 1.5$ 最好。

（2）方差值 σ^2

每天计划需用量与每天平均需用量之差的平方和的平均值。即

$$\sigma^2 = \frac{1}{T}\sum_{t=1}^{T}(R_t - R_{\mathrm{m}})^2 \tag{3-73}$$

σ^2 值愈小，资源均衡性愈好。

2. 方差值最小法优化的基本原理

利用网络计划初始方案,计算网络计划的自由时差,通过调整非关键工作的开始时间,从而改变日资源需用量,达到削峰填谷降低方差的目的,从而达到资源均衡目的。

将式(3-73)展开:

$$\sigma^2 = \frac{1}{T} \sum_{t=1}^{T} (R_t - R_m)^2$$
$$= \frac{1}{T} \sum_{t=1}^{T} (R_t^2 - 2R_t R_m + R_m^2)$$
$$= \frac{1}{T} \sum_{t=1}^{T} R_t^2 - 2 \frac{1}{T} \sum_{t=1}^{T} R_t R_m + \frac{1}{T} \sum_{t=1}^{T} R_m^2$$
$$= \frac{1}{T} \sum_{t=1}^{T} R_t^2 - 2R_m \cdot R_m + \frac{1}{T} \cdot T \cdot R_m^2$$
$$= \frac{1}{T} \sum_{t=1}^{T} R_t^2 - R_m^2$$

则

$$\sigma^2 = \frac{1}{T} \sum_{t=1}^{T} R_t^2 - R_m^2 \tag{3-74}$$

由式(3-74)可以看出,T 及 R_m 皆为常数,欲使 σ^2 为最小,只需 $\sum_{t=1}^{T} R_t^2$ 为最小值。即

$$W = \sum_{t=1}^{T} R_t^2 = R_1^2 + R_2^2 + \cdots + R_T^2 = \min$$

假设工作 i, j 第 m 天开始,第 n 天结束,日资源需用量为 $r_{i,j}$。将工作 i, j 右移一天,则该计划第 m 天的资源需用量 R_m 将减少 $r_{i,j}$,第 $n+1$ 天资源需用量 R_{n+1} 将增加 $r_{i,j}$。这时,W 值的变化量(与移动前的差值)为

$$\Delta W = [(R_m - R_{i,j})^2 + (R_{n+1} + r_{i,j})^2] - [R_m^2 + R_{n+1}^2]$$
$$= 2r_{i,j}(R_{n+1} - R_m + r_{i,j})$$

显然,$\Delta W < 0$ 时,表示 σ^2 减小,即

$$R_{n+1} + r_{i,j} \leqslant R_m \tag{3-75}$$

则调整有效,工作 i, j 可向右移动一天。

若 $\Delta W > 0$ 时,表示 σ^2 增加,不能向右移一天,此时,还要考虑右移多天(在总时差允许的范围内),计算各天的 ΔW 的累计值 $\sum \Delta W$,如果 $\sum \Delta W \leqslant 0$,即

$$[(R_{n+1} + r_{i,j}) + (R_{n+2} + r_{i,j}) + \cdots] \leqslant [R_m + R_{m+1} + \cdots] \tag{3-76}$$

则将工作右移至该天。

(3)优化步骤

1)按最早时间绘制时标网络计划,标明关键线路,判别非关键工作的时差。

2)计算日资源需用量,绘制资源动态曲线。

3)调整顺序。调整宜自网络计划终点节点开始,按工作的完成节点的编号值从大到小的顺序进行调整。对有同一个完成节点的多项工作,则先调整开始时间较迟的工作。每次右移一天,判定其有效性,直至不能右移为止。如此进行直到起点节点,第一次调整结束。

4)按上述方法进行第二次、第三次调整,直至所有工作的位置都不能再右移为止。

【例 3-14】 已知某网络计划如图 3-64 所示,箭线上方数字为资源强度,箭线下方数字为持续时间。试对该网络计划进行工期固定-资源均衡的优化。

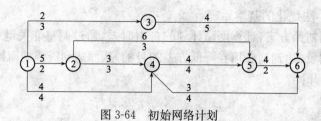

图 3-64　初始网络计划

【解】　(1)绘制时标网络图,计算日资源需用量。绘制资源需用量动态曲线,如图 3-65 所示。

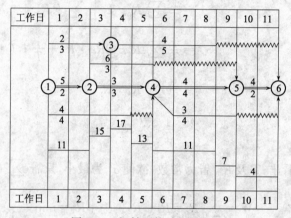

图 3-65　初始网络计划时标图

(2)对初始网络计划调整如下:

1)从终点节点开始,逆着箭线进行。以终点节点 6 为完成节点的工作有 3—6、4—6、5—6,而工作 5—6 为关键工作,因而调整工作 3—6、4—6,又因工作 4—6 的开始时间较工作 3—6 为迟,先调整工作 4—6。

将工作 4—6 右移 1 天,则 $R_{10}+r_{4,6}=4+3=7 < R_6=11$　　可右移;

将工作 4—6 再右移 1 天,则 $R_{11}+r_{4,6}=4+3=7 < R_7=11$　　可右移;

故工作 4—6 可右移 2 天,工作 4—6 调整后的时标图如图 3-66 所示。

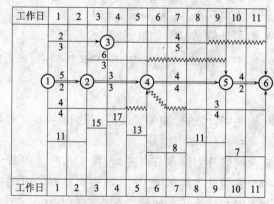

图 3-66　工作 4—6 调整后的时标图

2)调整工作 3—6

将工作 3—6 右移 1 天,则 $R_9+r_{3,6}=11+4=15 < R_4=17$　　可右移;

将工作 3—6 再右移 1 天,则 $R_{10}+r_{3,6}=7+4=11<R_5=13$ 　　可右移;

将工作 3—6 再右移 1 天,则 $R_{11}+r_{3,6}=7+4=11>R_6=8$ 　　不可右移;

故工作 3—6 可右移 2 天,工作 3—6 调整后的时标图如图 3-67 所示。

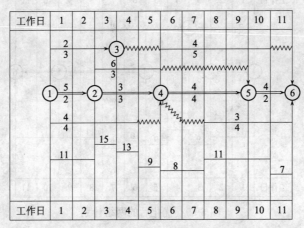

图 3-67　工作 3—6 调整后的时标图

3)以节点 5 为完成节点的工作有 2—5、4—5,而工作 4—5 为关键工作,只能调整工作 2—5。

将工作 2—5 右移 1 天,则 $R_6+r_{2,5}=8+6=14<R_3=15$ 　　可右移;

将工作 2—5 再右移 1 天,则 $R_7+r_{2,5}=8+6=14>R_4=13$ 　　不可右移;

将工作 2—5 再右移 1 天,则 $R_8+r_{2,5}=11+6=17>R_5=9$ 　　不可右移;

将工作 2—5 再右移 1 天,则 $R_9+r_{2,5}=11+6=17>R_6=8+6=14$ 　　不可右移;

故工作 2—5 可右移 1 天,工作 2—5 调整后的时标图如图 3-68 所示。

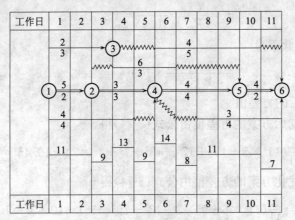

图 3-68　工作 2—5 调整后的时标图

4)以节点 4 为完成节点的工作有 1—4、2—4,而工作 2—4 为关键工作,只能调整工作 1—4。

将工作 1—4 右移 1 天,则 $R_5+r_{1,4}=9+4=13>R_1=11$ 　　不可右移;

故工作 1—4 不可右移。

5)分别对以节点 3、2 为完成节点的工作进行调整,可以看出,都不能右移,则第一遍调整完毕。

6)同理进行第二遍调整。

工作 3—6 可右移 1 天,其他工作均不可再移动。故优化完毕,如图 3-69 所示。

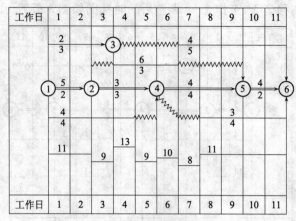

图 3-69　优化后的网络计划

（3）比较优化前后网络计划的不均衡系数：

1）计算初始网络计划的不均衡系数

$$R_m = \frac{11 \times 5 + 15 + 17 + 13 + 7 + 4 \times 2}{11} = 10.45$$

$$K = \frac{R_{max}}{R_m} = \frac{17}{10.45} = 1.63 > 1.5$$

2）计算优化后网络计划的不均衡系数

$$R_m = \frac{11 \times 6 + 9 \times 2 + 13 + 10 + 8}{11} = 10.45$$

$$K = \frac{R_{max}}{R_m} = \frac{13}{10.45} = 1.24 > 1.5$$

3）不均衡系数降低率为

$$\frac{1.63 - 1.24}{1.63} \times 100\% = 23.93\%$$

（4）比较优化前后的方差值

1）根据图 3-69,初始方案的方差值由公式(3-74)得

$$\sigma^2 = \frac{1}{11}(11^2 \times 5 + 15^2 + 17^2 + 13^2 + 7^2 + 4^2 \times 2) - 10.45^2 = 15.25$$

2）根据图 3-69,优化方案的方差值由公式(3-74)得

$$\sigma^2 = \frac{1}{11}(11^2 \times 6 + 9^2 \times 2 + 13^2 + 10^2 + 8^2) - 10.45^2 = 1.80$$

3）方差降低率为

$$\frac{15.25 - 1.80}{15.25} \times 100\% = 88.20\%$$

第七节　网络计划控制

网络计划的控制是根据工程项目的控制目标,编制经济、合理的初始网络计划,并检查项目的执行情况,若发现实际执行情况与计划不一致,应及时分析原因,并采取必要的措施对初

100

始网络计划进行调整或修正的过程。

网络计划的控制主要包括网络计划的检查和网络计划的调整两个方面。

一、网络计划的检查[1]

（一）一般规定

对网络计划进行检查与调整应依据进度计划的实施记录。进度计划的实施记录包括实际进度图、表，情况说明，统计数据。网络计划的检查应按统计周期的规定进行定期检查，还应根据需要进行不定期检查。定期检查周期的长短应视计划工期的长短和管理的需要确定，一般可按天、周、旬、月、季、年等为周期。不定期检查指根据需要由检查人（或组织）确定的专项检查。在计划执行过程中，若突然出现意外情况时，也可进行"应急检查"，以便采取应急调整措施。上级认为有必要时，还可进行"特别检查"。

（二）网络计划的检查方法

网络计划的检查通常采用比较法，即将实际进度与计划进度进行比较。常用的比较方法包括横道图、S曲线、香蕉曲线、前锋线和列表比较法，这里主要介绍前锋线比较法。

所谓前锋线，是指在原时标网络计划上，从检查时刻的时标点出发，用点划线依次连接各项工作实际进展位置点，最后到计划检查时的坐标点为止而成的折线。前锋线比较法是通过绘制某检查时刻工程项目实际进度前锋线，用前锋线与工作箭线交点位置来判定工程项目实际进度与计划进度的偏差，进而判定该偏差对后续工作及总工期影响程度的一种方法。它主要适用于时标网络计划及横道图进度计划。前锋线可用彩色笔标画，相邻的前锋线可采用不同的颜色。

采用前锋线比较法进行实际进度与计划进度的比较，其步骤如下：

1. 绘制时标网络计划图

工程项目实际进度前锋线是在时标网络计划图上标示，为清楚起见，可在时标网络计划图

---

[1] 《建设工程项目管理规范》(GB/T 50326—2006)规定：

9.3.3 在实施进度计划的过程中应进行下列工作：

1. 跟踪检查，收集实际进度数据。

2. 将实际数据与进度计划进行对比。

3. 分析计划执行的情况。

4. 对产生的进度变化，采取措施予以纠正或调整计划。

5. 检查措施的落实情况。

6. 进度计划的变更必须与有关单位和部门及时沟通。

9.4.1 对进度计划进行的检查与调整应依据其实施结果。

9.4.2 进度计划检查应按统计周期的规定进行定期检查，并应根据需要进行不定期检查。

9.4.3 进度计划的检查应包括下列内容：

1. 工作量的完成情况。

2. 工作时间的执行情况。

3. 资源使用及与进度的匹配情况。

4. 上次检查提出问题的处理情况。

9.4.4 进度计划检查后应按下列内容编制进度报告：

1. 进度执行情况的综合描述。

2. 实际进度与计划进度的对比资料。

3. 进度计划的实施问题及原因分析。

4. 进度执行情况对质量、安全和成本等的影响情况。

5. 采取的措施和对未来计划进度的预测。

的上方和下方各设一时间坐标。

2. 绘制实际进度前锋线

从时标网络计划图上方时间坐标的检查日期开始绘制，依次连接相邻工作的实际进展位置点，最后与时标网络计划图下方坐标的检查日期相连接。

一般假设工程项目中各项工作均为匀速进展，根据实际进度检查时刻该工作已完成任务量占其计划完成总任务量的比例，在工作箭线上从左至右按相同的比例标定其实际进展位置点。

3. 进行实际进度与计划进度的比较

对某项工作来说，其实际进度与计划进度之间的关系可能存在以下三种情况：

(1)工作实际进展位置点落在检查日期的左侧，表明该工作实际进度拖后，拖后的时间为两者之差；

(2)工作实际进展位置点与检查日期重合，表明该工作实际进度与计划进度一致；

(3)工作实际进展位置点落在检查日期的右侧，表明该工作实际进度超前，超前的时间为两者之差。

值得注意的是，以上比较是针对匀速进展的工作。对于非匀速进展的工作，比较方法较复杂，不再赘述。

二、网络计划的调整

在工程项目施工过程中，实际进度与计划进度之间往往会出现偏差。有了偏差，就必须认真分析偏差产生的原因及其对后续工作和总工期的影响，必要时要采取合理、有效的进度计划调整措施，以确保进度总目标的实现。网络计划的调整程序如图 3-70 所示。

图 3-70　网络计划调整程序

(一)分析进度偏差产生的原因

通过比较，发现进度偏差时，必须深入现场进行调查，分析产生进度偏差的原因。影响工程项目进度的因素主要包括：

1. 工程决策阶段可研报告不可靠；

2. 工程建设相关单位之间缺少协调和信息沟通；

3. 物资、设备供应出现问题；

4. 资金不能及时到位；

5. 设计变更；

6. 施工阶段现场条件、周围环境的变化；

7. 对各种风险因素估计不足；

8. 施工单位自身管理水平低等。

(二)分析进度偏差对后续工作及总工期的影响

通过实际进度与计划进度的比较确定进度偏差后，还可根据工作的自由时差和总时差预测该进度偏差对后续工作及项目总工期的影响，进一步分析和预测工程项目整体进度状况。分析步骤如下：

1. 分析出现进度偏差的工作是否为关键工作

如果出现进度偏差的工作为关键工作,则无论其偏差有多大,都将对后续工作和总工期产生影响,必须采取相应的调整措施;如果出现偏差的工作是非关键工作,则需要根据进度偏差值与总时差和自由时差的关系作进一步分析。

2. 分析进度偏差是否超过总时差

如果工作的进度偏差大于该工作的总时差,则此进度偏差必将影响其后续工作和总工期,必须采取相应的调整措施;如果工作的进度偏差未超过该工作的总时差,则此进度偏差不影响总工期。至于对后续工作的影响程度,还需要根据偏差值与其自由时差的关系作进一步分析。

3. 分析进度偏差是否超过自由时差

如果工作的进度偏差大于该工作的自由时差,则此进度偏差将对其后续工作产生影响,此时应根据后续工作的限制条件确定调整方法;如果工作的进度偏差未超过该工作的自由时差,则此进度偏差不影响后续工作,原进度计划可以不作调整。

通过进度偏差的分析,进度控制人员可以根据进度偏差的影响程度,制定相应的纠偏措施进行调整,以获得符合实际进度情况和计划目标的新进度计划。

(三)确定后续工作和总工期的限制条件

当出现的进度偏差影响后续工作或总工期而需要采取进度调整措施时,应当首先确定可调整进度的范围,主要指关键节点、后续工作的限制条件以及总工期允许变化的范围。这些限制条件往往与合同条件及相关政策有关,例如合同规定的工期条件,材料供应方式,工程结算方式及相关政策、法律、规范改变等,需要认真分析后确定。

(四)调整施工进度计划

施工进度计划的调整方法包括:

1. 缩短某些工作的持续时间;

2. 改变某些工作间的逻辑关系;

3. 资源供应的调整;

4. 将部分任务转移等。

(五)施工进度控制的措施

施工进度控制采取的主要措施有组织措施、技术措施、合同措施、经济措施和信息管理措施等。

1. 组织措施

(1)增加工作面,组织更多的施工队伍。

(2)增加每天的施工时间(如采用三班制等)。

(3)增加劳动力和施工机械的数量。

2. 技术措施

(1)改进施工工艺和施工技术,缩短工艺技术间歇时间。

(2)采用更先进的施工方法,以减少施工过程的数量(如将现浇框架方案改为预制装配方案)。

(3)采用更先进的施工机械。

3. 合同措施

是指与各分包单位所签订施工合同的分包合同工期必须与施工计划进度中相应的工期目标协调一致。

4. 经济措施

(1)实行包干奖励。

(2)提高奖金数额。

(3)对所采取的技术措施给予相应的经济补偿。

5. 信息管理措施

是指不断地收集工程实际进度的有关资料和信息,进行整理统计,与计划进度比较,定期向建设单位提供比较报告。

6. 其他配套措施

(1)改善外部配合条件。

(2)改善劳动条件。

(3)实施强有力的调度等。

一般来说,不管采取哪种措施,都会增加费用。因此,在调整施工进度计划时,应利用费用优化的原理选择费用增加量最小的关键工作作为压缩对象。

(六)工程项目进度控制的总结

项目经理部应在进度计划完成后,及时进行工程进度控制总结,为进度控制提供反馈信息。主要包括:

1. 合同工期目标和计划工期目标完成情况;

2. 工程项目进度控制中存在的问题及原因分析;

3. 科学的工程进度计划方法的应用情况;

4. 工程项目进度控制经验;

5. 工程项目进度控制的改进意见。

【例 3-15】 某工程项目的施工进度计划如图 3-71 所示,图中箭线上方括号内数字为各工作的直接费用率(万元/周),箭线下方为工作的正常持续时间和最短的持续时间(以周为单位)。该计划执行到第 6 周末时进行检查,A、B、C、D 工作均已完成,E 工作完成了 1 周,F 工作完成了 3 周。

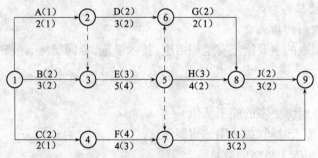

图 3-71 某工程项目网络计划

(1)试绘制实际进度前锋线;

(2)如果后续工作按计划进行,试分析 D、E、F 三项工作对后续工作和总工期的影响;

(3)如果工期允许拖延,试绘制检查之后的时标网络计划;

(4)如果工期不允许拖延,应如何选择赶工对象?该网络计划应如何赶工?并计算由于赶工所需增加的费用;

(5)试绘制调整之后的时标网络计划。

【解】 (1)实际进度前锋线如图 3-72 所示。

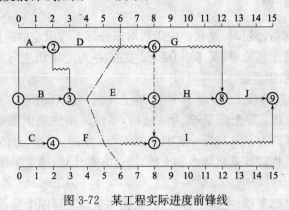

图 3-72 某工程实际进度前锋线

(2)从图 3-71 中可以看出,工作 D 实际进度正常,既不影响后续工作,也不影响总工期;工作 E 实际进度拖后 2 周,由于是关键工作,故将使总工期延长 2 周,并使后续工作 G、H、I、J 的开始时间推迟 2 周;工作 F 实际进度拖后 1 周,由于其总时差为 6 周,自由时差为 2 周,故工作 F 既不影响后续工作,也不影响总工期。

(3)如果工期允许拖延,检查之后的时标网络计划如图 3-73 所示。

(4)如果工期不允许拖延,选择赶工对象的原则:选择有压缩潜力的、增加赶工费用最少的关键工作。

该网络计划只能压缩关键工作 H、J,工作 J 直接费用率较小,但由于其只能压缩 1 周,故工作 H 也需压缩一周,才能使工期保持 15 周不变。

赶工增加费用 3+2=5 万元。

(5)调整之后的时标网络计划如图 3-74 所示。

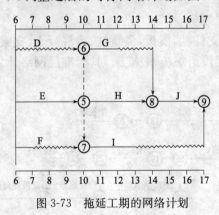

图 3-73 拖延工期的网络计划

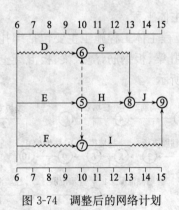

图 3-74 调整后的网络计划

第八节　网络计划应用实例

实际工程中,网络计划的编制体系应视工程大小、繁简程度而有所不同。对于小型或简单的建设工程来说,可以只编制一个控制型的单位工程施工进度网络计划,无需分若干等级。而对于大中型建设工程来说,为了有效控制工程进度,有必要编制多级网络计划系统,即:建设项目施工总进度网络计划、单项工程施工进度网络计划、单位工程施工进度网络计划、分部工程施工进度网络计划等,从而做到系统控制,既能考虑局部,又能保证整体。

一、分部工程网络计划

在编制分部工程网络计划时,要在单位工程对该分部工程限定的进度目标时间范围内,既考虑各施工过程之间的工艺关系,又考虑其组织关系,尽可能组织主导施工过程流水施工,并且还应注意网络图的构图。

【案例 1】 某医院门诊楼工程,地下 1 层,地上 5 层,建筑面积 6300m²,建筑物总高度为 21.3m。主体为现浇钢筋混凝土框架-剪力墙结构,基础采用现浇钢筋混凝土筏板基础,筏板基础厚 500mm,基底标高为−5.100m,基础下做 1.0m 厚的三七灰土垫层处理地基。根据水文、地质勘察报告,该工程需要基坑降水和支护,通过方案比较,确定采用深井井点降水和土钉墙支护。

全工程主要分为基础工程、主体工程、屋面工程和装饰工程四个分部工程。

1. 基础工程

本工程基础工程施工主要包括深井井点降水、机械挖土、土钉墙支护、三七灰土地基处理、筏板基础垫层、筏板基础绑筋、筏板基础支模、浇筑筏板基础混凝土、地下工程防水、回填土等。分三个施工段组织流水施工,其中井点降水不分段。基础工程网络计划如图 3-75 所示。

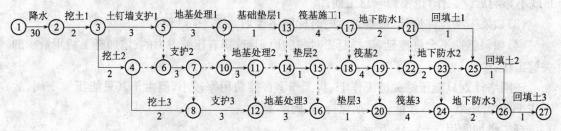

图 3-75 某工程基础工程施工网络计划图

2. 主体工程

本工程主体工程施工主要包括绑扎柱、墙钢筋,支柱、墙模板,浇筑柱、墙混凝土,支梁、板模板,绑扎梁、板钢筋,浇筑梁、板混凝土,分三个施工段组织流水施工。其标准层网络计划如图 3-76 所示。

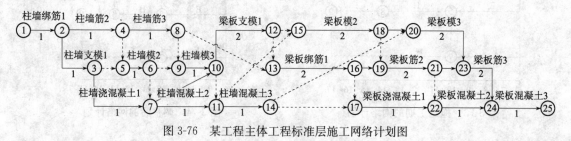

图 3-76 某工程主体工程标准层施工网络计划图

3. 屋面工程

本工程屋面工程施工主要包括保温层、找平层、防水层、保护层,不划分流水段,组织依次施工。屋面工程网络计划如图 3-77 所示。

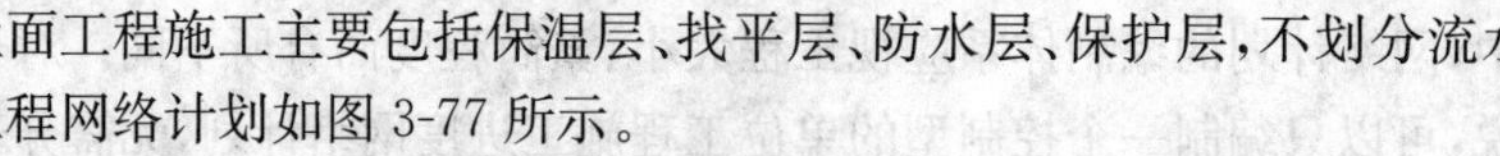

$$①\xrightarrow[3]{保温层}②\xrightarrow[3]{找平层}③\xrightarrow[15]{找平层干燥}④\xrightarrow[4]{防水层}⑤\xrightarrow[2]{保护层}⑥$$

图 3-77 某工程层面工程施工网络计划图

4. 装饰工程

本工程装饰工程施工主要包括室外和室内装饰,室内装饰又包括楼地面工程、内墙抹灰、吊顶、门窗工程、涂料工程,每层为一个施工段(包括地下室)。为便于绘图,把二次结构的砌筑工程安排在内装饰工程中。装饰工程网络计划如图 3-78 所示。

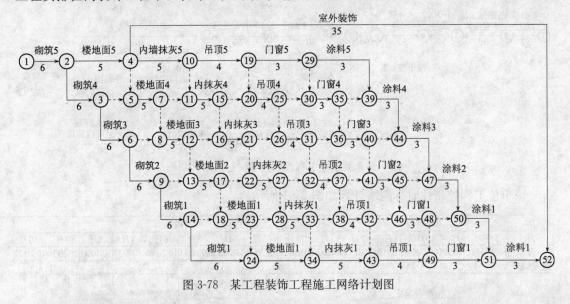

图 3-78　某工程装饰工程施工网络计划图

【案例 2】　某办公楼工程,地下 1 层,地上 12 层,建筑面积 16300m²,建筑物总高度为 41.3m。主体为现浇钢筋混凝土框架结构,基础采用人工挖孔灌注桩基础。地下室及一层分三个施工段组织流水施工,二至五层由于面积缩小分两个施工段组织流水施工。其主体工程施工网络计划如图 3-79 所示。

二、单位工程网络计划

在编制单位工程网络计划时,要按照施工程序,将各分部工程的网络计划最大限度地合理搭接起来,一般需考虑相邻分部工程的前者最后一个分项工程与后者的第一个分项工程的施工顺序关系,最后汇总为单位工程初始网络计划。再根据上级要求、合同规定、施工条件及经济效益等,进行工期、费用、资源优化,最后绘制正式网络计划,上报审批后执行。

【案例 3】　某办公楼工程,地下 1 层,地上 12 层,建筑面积 13400m²,建筑物总高度为 50.3m。主体为现浇钢筋混凝土框架-剪力墙结构,填充墙为加气混凝土砌块。基础采用筏板基础,基底标高为 -5.600m,地下水位 -15m,故施工期间不需要降水。根据地质勘察报告及周围场地情况,该工程不能放坡开挖,需要进行基坑支护,通过方案比较,确定采用钢筋混凝土悬臂桩支护。该工程装饰内容:地下室地面为地砖地面。楼面为大理石楼面;内墙基层抹灰,涂料面层,局部贴面砖;顶棚为披腻子,刷涂料面层,少部分房间为轻钢龙骨吊顶;外墙为贴面砖,南立面中部为玻璃幕墙。底层外墙干挂大理石;屋面防水为三元乙丙橡胶卷材＋SBS 改性沥青卷材防水(两道设防)。

该工程计划从 2009 年 8 月 15 日开工,至 2010 年 10 月 5 日完工,计划工期 419 天。为加快施工进度,缩短工期,在主体结构施工至第 4 层时,在地下室开始插入填充墙砌筑,2～12 层均砌完后再进行底层的填充墙砌筑;在填充墙砌筑至第 4 层时,在第 2 层开始室内装修,依次做完 3～12 层的室内装修后再做底层及地下室室内装修。填充墙砌筑工程均完成后再进行外装修(从上向下进行),安装工程配合土建施工。

该单位工程控制性非时标网络计划如图 3-80 所示。

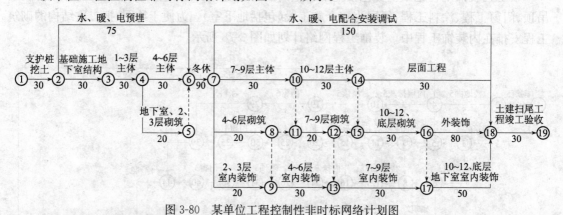

图 3-80　某单位工程控制性非时标网络计划图

该单位工程控制性时标网络计划如图 3-81 所示。

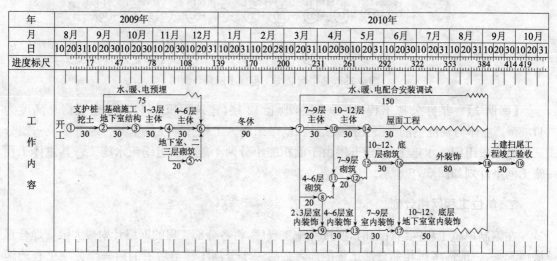

图 3-81　某单位工程控制性时标网络计划图

复习思考题

1. 什么是网络图? 什么是网络计划技术?

2. 网络图与横道图比较有哪些优缺点?

3. 在双代号网络计划中,虚工作如何表示? 有什么作用?

4. 简述绘制双代号网络图的基本规则。

5. 组成双代号网络图的基本要素是什么? 试述各要素的含义。

6. 施工网络计划有哪几种排列方法?

7. 双代号网络计划时间参数有哪些? 应如何计算?

8. 什么是关键工作和关键线路? 如何确定?

9. 单代号网络计划如何表示? 单代号网络计划时间参数如何计算?

10. 单代号网络图与双代号网络图的区别是什么?

11. 与普通网络计划比较,双代号时间坐标网络计划有什么优点? 如何绘制?

12. 什么是单代号搭接网络计划？有哪些搭接关系？单代号搭接网络计划时间参数如何计算？

13. 什么是网络计划优化？优化内容包括哪些？如何进行优化？

习　题

1. 试指出如图 1 所示网络图的错误，指明错误原因。

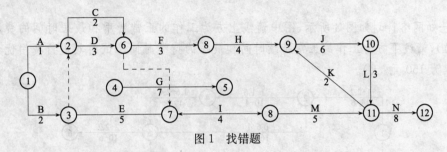

图 1　找错题

2. 根据表 1 中各工作之间的逻辑关系，绘制双代号网络图，并进行时间参数的计算，标出关键线路。

表 1

工作名称	A	B	C	D	E	F	G	H	I	J	K	L	M
紧前工作	—	A	A	A	B	C	B,C,D	F,G	E	E,G	I,J	H,I,J	K,L
持续时间	3	5	3	5	4	5	4	3	4	3	2	3	2

3. 根据表 2 中各工作之间的逻辑关系，绘制单代号网络图，并进行时间参数的计算，标出关键线路。

表 2

工作名称	A	B	C	D	E	F	G	H	I	J	K
紧前工作	—	A	A	B	B	E	A	D,C	E	F,G,H	I,J
紧后工作	B,C,G	D,E	H	H	F,I	J	J	J	K	K	—
持续时间	2	3	5	2	4	3	2	5	2	3	1

4. 根据表 3 中各工作之间的逻辑关系，按最早时间绘制双代号时间坐标网络图，并进行时间参数的计算，标出关键线路。

表 3

工作名称	A	B	C	D	E	F	G	H	I
紧前工作	—	—	A	B	B	A,D	E	C,E,F	G
持续时间	2	5	3	5	2	5	4	5	2

5. 已知双代号网络计划如图 2 所示，图中箭线下方括号外数字为正常持续时间，括号内数字为最短持续时间，箭线上方括号内数字为考虑各种因素后的优先选择系数。假定要求工期为 12 天，试对其进行工期优化。（工作 2—3 和 4—5 持续时间皆为 1 天，不能再压缩。）

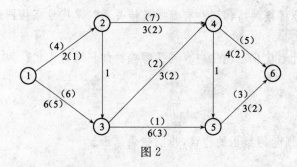

图 2

6. 已知网络计划如图 3 所示,图中箭线上方为工作的正常费用和最短时间的费用(以千元为单位),箭线下方为工作的正常持续时间和最短的持续时间。试对其进行费用优化(已知间接费率为 150 元/天)。

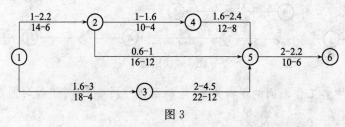

图 3

7. 如图 4 所示,图中箭线上方数据为资源强度,箭线下方数据为工作持续时间,若资源限量为 $R_a=14$,试对其进行资源有限-工期最短的优化。

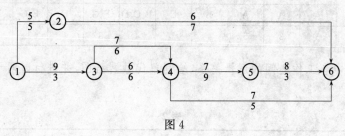

图 4

第四章　施工组织总设计

第一节　概　述

施工组织总设计是以整个建设项目或群体工程为对象,根据初步设计图纸和有关资料及现场施工条件编制,用以指导全工地各项施工准备和组织施工的技术经济的综合性文件。它一般由建设总承包公司或大型工程项目经理部的总工程师主持,组织有关人员编制。

一、施工组织总设计的作用

1. 为建设项目或建筑群体工程施工阶段作出全面的战略部署。
2. 为做好施工准备工作提供依据。
3. 为组织施工力量、技术条件和物资资源的供应提供依据。
4. 为组织工地施工业务提供科学方案和实施步骤。
5. 为施工企业编制项目管理规划或单位工程施工组织设计提供依据。
6. 为业主编制工程建设计划提供依据。
7. 为确定设计方案的施工可行性和经济合理性提供依据。

二、施工组织总设计的编制依据

编制施工组织总设计一般以下列资料为依据。

1. 计划文件及有关合同。主要包括:国家批准的基本建设计划、地区主管部门的批件;概预算指标和投资计划;可行性研究报告、工程项目一览表、分期分批施工项目和投资计划;招标、投标文件及签订的工程承包合同;施工单位上级主管下达的施工任务计划;工程材料和设备的订货指标、引进材料和设备供货合同等。

2. 设计文件及有关资料。包括已批准的建设项目初步设计、扩大初步设计或技术设计的有关图纸、设计说明书、建设地区区域平面图、建筑总平面图、建筑竖向设计、总概算或修正概算等。

3. 工程勘察和技术经济调查资料。工程勘察资料包括:建设地区的地形、地貌、工程地质及水文地质、气象等自然条件。技术经济调查资料包括:可能为建设项目服务的建筑安装企业、预制加工企业的人力、设备、技术和管理水平;建筑材料、构配件的来源和供应情况;交通运输情况,能源、水、电供应情况;当地政治、经济、商业和文化教育水平以及设施情况等。

4. 现行规范、规程和有关技术规定。包括现行国家规定实施的施工及验收规范、规程、定额、技术规定和技术经济指标。

5. 类似工程的施工组织总设计和参考资料。

三、施工组织总设计的编制程序

施工组织总设计的编制程序如图 4-1 所示。

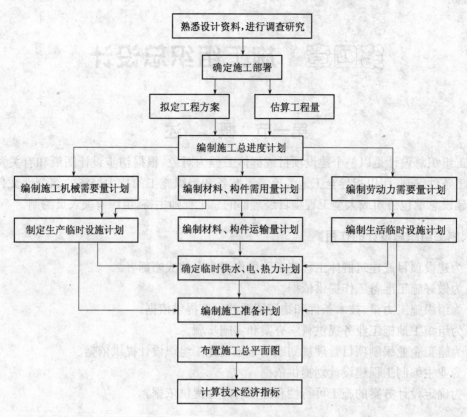

图 4-1　施工组织总设计编制程序

四、施工组织总设计的内容

施工组织总设计的内容视工程性质、规模、建筑结构的特点、施工的复杂程度、工期要求及施工条件的不同而有所不同,通常包括下列内容:工程概况、施工部署和施工方案、施工总进度计划、全场性施工准备工作计划及各项资源需要量计划、施工总平面图和主要技术经济指标等部分。

五、工程概况

工程概况是对整个建设项目的总说明和总分析,是对拟建建设项目或建筑群所做的一个简单扼要、突出重点的文字介绍,一般包括下列内容。

1. 建设项目的特点。建设项目的特点是对拟建工程项目的主要特征的描述。主要内容为:建设地点、工程性质、建设总规模、总工期、分期分批投入使用的项目和期限;占地总面积、总建筑面积、总投资额;建安工作量、厂区和生活区的工作量;生产流程及工艺特点;建筑结构类型,新技术、新材料的应用情况,建筑总平面图和各项单位工程设计交图日期,以及已定的设计方案等。

2. 建设地区的自然、技术经济特点。如地形、地质、水文和气象情况;建设地区的施工能力、劳动力、生活设施和机械设备情况;交通运输及当地能提供给工程施工用的水、电和其他条件。

3. 施工条件及其他内容。包括施工企业的生产能力、技术装备、管理水平、主要设备、材料和特殊物资供应情况；有关建设项目的决议、合同和协议；土地征用范围、数量和居民搬迁、场地清理情况。

第二节 施 工 部 署

施工部署是在充分了解工程情况、施工条件和建设要求的基础上,对整个建设工程进行全面安排和解决工程施工中的重大问题的方案,是编制施工总进度计划的前提。施工部署重点要解决下述问题:

1. 确定主要单位工程的施工开展顺序和开、竣工日期。它一方面要满足上级规定的投产或投入使用的要求,另外也要遵循一般的施工程序,如先地下后地上、先深后浅等。

2. 建立工程的指挥系统,划分各施工单位的工程任务和施工区段,明确主攻项目和辅助项目的相互关系,明确土建施工、结构安装、设备安装等各项工作的相互配合等。

3. 明确施工准备工作的规划。如土地征用、居民迁移、障碍物清除、"三通一平"的分期施工任务及期限、测量控制网的建立、新材料和新技术的试制和试验、重要建筑机械和机具的申请和订货生产等。

一、工程开展顺序

根据建设项目总目标的要求,确定工程分期分批施工的合理开展程序。

一些大型工业企业项目都是由许多工厂或车间组成的,在确定施工开展程序时,应主要考虑以下几点:

1. 在保证工期的前提下,实行分期分批建设,既可使各具体项目迅速建成,尽早投入使用,又可在全局上实现施工的连续性和均衡性,减少暂设工程数量,降低工程成本。至于分几期施工,各期工程包含哪些项目,应当根据业主要求、生产工艺的特点、工程规模大小和施工难易程度、资金、技术资源情况,由施工单位与业主共同研究确定。按照各工程项目的重要程度,应优先安排的工程项目是:

(1)按生产工艺要求,须先期投入生产或起主导作用的工程项目。

(2)工程量大、施工难度大、工期长的项目。

(3)运输系统、动力系统。如厂区内外道路、铁路和变电站等。

(4)生产上需先期使用的机修、车床、办公楼及部分家属宿舍等。

(5)供施工使用的工程项目。如采砂(石)场、木材加工厂、各种构件加工厂、混凝土搅拌站等施工辅助企业及其他为施工服务的临时设施。

对于建设项目中工程量小、施工难度不大、周期较短而又不急于使用的辅助项目,可以考虑与主体工程相配合,作为平衡项目穿插在主体工程的施工中进行。

对小型企业或大型企业的某一系统,由于工期较短或生产工艺要求,可不必分期分批建设;亦可先建生产厂房,然后边生产边施工。

2. 所有工程项目均应按照先地下后地上、先深后浅、先干线后支线的原则进行安排。如地下管线和修筑道路的程序,应该先铺设管线,后在管线上修筑道路。

3. 要考虑季节对施工的影响。例如大规模土方工程和深基础施工最好避开雨季;寒冷地区入冬以后,最好封闭房屋并转入室内作业和设备安装。

二、主要项目的施工方案

施工组织总设计中要拟定一些主要工程项目的施工方案,这些项目通常是建设项目中工程量大、施工难度大、工期长,对整个建设项目的完成起关键性作用的建筑物(或构筑物),以及全场范围内工程量大、影响全局的特殊分项工程。拟定主要工程项目的施工方案,目的是为了进行技术和资源的准备工作,同时也为了施工进程的顺利开展和现场的合理布置。其内容包括确定施工方法、施工工艺流程、施工机械设备等。对施工方法的确定要兼顾技术工艺的先进性和经济上的合理性;对施工机械的选择,应使主导机械的性能既能满足工程的需要,又能发挥其效能,在各个工程上能够实现综合流水作业,减少其拆、运的次数;对于辅助配套机械,其性能应与主导施工机械相适应,以充分发挥主导施工机械的工作效率。

主要工种工程是指工程量大,占用工期长,对工程质量、进度起关键作用的工程。在确定主要工种工程的施工方法时,应结合建设项目的特点和当地施工习惯,尽可能采用先进合理、切实可行的专业化、机械化施工方法。

施工组织总设计中所指的拟定主要项目施工方案与单位工程施工组织设计中要求的内容和深度是不同的,它只需原则性地提出施工方案,如:采用何种施工方法;哪些构件采用现浇;哪些构件采用预制;是现场就地预制,还是在构件预制厂加工生产;构件吊装时采用什么机械;准备采用什么新工艺、新技术等,即对涉及全局性的一些问题拟定出施工方案。

三、施工任务划分与组织安排

由于建设项目是一个庞大的体系,由不同功能的部分所组成,每部分又在构造、性质上存在差异;同时,项目不同,组成内容又各不相同。因此,在实施过程中不可能简单化、统一化,必须有针对性地分别对待每一项具体内容,由部分至整体地实现生产,这就产生了如何对建设项目进行具体划分的问题。

(一)工程项目结构分析

工程项目结构分析(PBS,即 Project Breakdown Strcture),即按照系统分析方法把由总目标和总任务所定义的项目分解开来,得到不同层次的项目单元(工程活动)。

不同项目(规模、性质、工程范围不同)的分解结果的差异很大,没有统一的分解方法,但有一些基本原则。

1. 按交付工程系统分解

(1)按照工程的系统功能分解。按照工程部分运行中所提供的产品或服务,把工程分解为独立的单项工程(如分厂、车间);按照平面位置分解为楼或区段。

(2)按照专业要素分解为建筑、结构、水电、设备安装等。结构又可分为基础、主体框架、墙体、楼地面等;水电又可分为水、电、卫生设施;设备又可分为电梯、控制系统、通信系统、生产设备等。

2. 按施工项目过程分解

一般可将建设工程项目分解为实施准备(现场准备、技术准备、采购订货、制造、资源供应等),施工,试生产,交工验收等。

在上述分解的基础上进行专业工程活动的进一步分解,如基础、主体、屋面、设备安装、装饰工程等。

(二)工程项目管理组织安排

在明确施工项目目标的条件下,合理安排工程项目管理组织,其目的是安排划分各参与施工单位的工作任务,明确总包与分包的关系,建立施工现场统一的组织领导机构及职能部门,明确各单位之间分工与协作的关系,按任务或职位制定好一套合适的职位结构,以使项目人员能为实现项目目标而有效地工作。作为组织,要建立起适当的职位体系,就应订出切实的目标,明确权责范围,对各职位的主要任务、职责应有清楚的规定,而且还应明确与其他部门、人员的工作关系,以便于相互协调。

在明确项目施工组织及各参与施工单位的工作任务后,划分施工阶段,确定各单位分期分批的主导项目和穿插项目。

四、施工准备工作规划

施工准备工作的顺利完成是建筑施工任务的保证和前提,应根据施工开展程序和主要工程项目施工方案,从思想上、组织上、技术上、物资上、现场上全面规划施工项目全场性的施工准备工作。主要内容包括:

1. 安排好场内外运输,施工用主干道,水、电、气来源及其引入方案;
2. 安排场地平整方案和全场性排水、防洪;
3. 安排好生产和生活基地建设。包括商品混凝土搅拌站,钢筋、木材加工厂,金属结构制作加工厂、机修厂等;
4. 安排建筑材料、成品、半成品的货源和运输、储存方式;
5. 安排现场区域内的测量工作,设置永久性测量标志,为定位放线做好准备;
6. 编制新技术、新材料、新工艺、新结构的试制试验计划和职工技术培训计划;
7. 冬、雨期施工所需的特殊准备工作。

第三节 施工总进度计划

施工总进度计划是以建设项目或群体工程为对象,对全工地的所有工程施工活动提出的时间安排表。即根据施工部署的要求,合理确定工程项目施工的先后顺序、开工和竣工日期、施工期限和它们之间的搭接关系。其作用在于确定各个施工对象及其主要工种工程、准备工作和全工地性工程的施工期限、开工和竣工的日期,确定人力资源、材料、成品、半成品、施工机械的需要量和调配方案,为确定现场临时设施、水、电、交通的需要数量和需要时间提供依据。因此,正确地编制施工总进度计划是保证各项目以及整个建设工程按期交付使用、充分发挥投资效益、降低建筑工程成本的重要条件。

一、施工总进度计划的编制原则

1. 合理安排各单位工程的施工顺序,保证在劳动力、物资以及资源消耗量最少的情况下,按规定工期完成施工任务。
2. 把配套建设作为安排总进度的指导思想,充分发挥投资效益。在工业建设项目的内部,要处理好生产车间和辅助车间之间、原料与成品之间、动力设施和加工部门之间、生产性建筑和非生产性建筑之间的先后顺序,有意识地做好协调配套,形成完整的生产系统;在外部则有水源、电源、市政、交通、原料供应、三废处理等项目需要统筹安排。民用建筑也要解决好供水、供电、供暖、通信、市政、交通等工程,才能交付使用。
3. 区分各项工程的轻重缓急,分批开工,分批竣工,把工艺调试在前的、占用工期较长的、工程难度较大的项目排在前面,反之排在后面。所有单位工程,都要考虑土建、安装的交叉作业,组织流水施工,以加快进度、缩短工期。

4. 采取合理的施工组织方法,如可确定一些调剂项目,如办公楼、宿舍、附属或辅助车间等穿插其中,以达到既能保证重点,又能实现连续、均衡施工的目的。

5. 节约施工费用,在年度投资额分配上应尽可能将投资额少的工程项目安排在最初年度内施工;投资额大的工程项目安排在最后年度内施工,以减少投资贷款的利息。

6. 充分考虑当地气候条件,尽可能减少冬雨季施工的附加费用。如大规模土方和深基础施工应避开雨季,现浇混凝土结构应避开冬季,高空作业应避开风季等。

7. 总进度计划的安排还应遵守技术法规、标准,符合安全、文明施工的要求,并应尽可能做到各种资源的平衡。

二、施工总进度计划的编制步骤

(一)列出工程项目一览表,计算工程量

施工总进度计划主要起控制总工期的作用,因此项目划分不宜过细,可按照确定的主要工程项目的开展顺序排列,一些附属项目、辅助工程及临时设施可以合并列出。

在工程项目一览表的基础上,计算各主要项目的实物工程量。计算工程量可按照初步(或扩大初步)设计图纸并根据各种定额手册进行计算。常用的定额资料有万元、10 万元投资工程量的劳动力及材料消耗扩大指标、概算指标或扩大结构定额等;在缺少上述几种定额手册的情况下,可采用标准设计或类似工程的资料,按比例估算工程量。

除房屋外,还必须计算主要的、全工地性工程的工程量,如场地平整、铁路、道路和地下管线的长度等,这些都可以根据建筑总平面图来计算。

将按照上述方法计算的工程量填入统一的工程量汇总表中,如表 4-1 所示。

表 4-1 工程项目工程量汇总表

工程项目分类	工程项目名称	结构类型	建筑面积	幢数	概算投资	主要实物工程量								
						场地平整	土方工程	桩基工程	…	砖石工程	钢筋混凝土工程	…	装饰工程	…
			1000m²	个	万元	1000m²	1000m³	1000m³		1000m³	1000m³		1000m³	
全工地性工程														
主体项目														
辅助项目														
永久住宅														
临时建筑														
	合计													

(二)确定各单位工程的施工期限

单位工程的施工期限应根据建筑类型、结构特征、体积大小和现场地形、地质、环境条件以

116

及施工单位的具体条件(施工技术与施工管理水平、机械化程度、劳动力水平和材料供应等)等因素加以确定。此外,也可参考有关的工期定额来确定各单位工程的施工期限。

(三)确定各单位工程的开工、竣工时间和相互搭接关系

根据施工部署及单位工程施工期限,就可以安排各单位工程的开工、竣工时间和相互搭接关系。

(四)编制施工总进度计划

施工总进度计划可以用横道图和网络图表达。由于施工总进度计划只是起控制性作用,而且由于施工条件复杂,因此项目划分不必过细。当用横道图表达施工总进度计划时,项目的排列可按施工总体方案所确定的工程展开程序排列横道图,还应表达出各施工项目开工、竣工时间及其施工持续时间,如表 4-2 所示。

表 4-2　施工总进度计划

序号	工程项目名称	结构类型	工程量	建筑面积	总工日	施工进度计划						
						××年		××年		××年		

近年来,随着网络计划技术的推广,采用网络图表达施工总进度计划,已经在实践中得到广泛应用。采用时间坐标网络图表达施工总进度计划,不仅比横道图更加直观明了,而且还可以表达出各施工项目之间的逻辑关系。同时,由于网络图可以应用电子计算机计算和输出,更便于对进度计划进行调整、优化,统计资源数量,输出图表等。

(五)施工总进度计划的调整和修正

施工总进度计划编制完后,尚需检查各单位工程的施工时间和施工顺序是否合理,总工期是否满足规定的要求,劳动力、材料及设备需要量是否出现较大的不均衡现象等。

利用资源需要量动态曲线分析项目资源需求量是否均衡,若曲线上存在较大的高峰或低谷,则表明在该时间里各种资源的需求量变化较大,需要调整和修正一些单位工程的施工速度或开工、竣工时间,增加或缩短某些分项工程(或施工项目)的施工持续时间,在施工允许的情况下,还可以改变施工方法和施工组织,以便消除高峰或低谷,使各个时期的资源需求量尽量达到均衡。

第四节　暂设工程

为满足工程项目施工需要,在工程正式开工之前,应按照工程项目施工准备工作计划,本着有利施工、方便生活、勤俭节约和安全使用的原则,统筹规划,合理布局,及时完成施工现场的暂设工程,为工程项目的顺利实施创造良好的施工环境。暂设工程一般包括:

1. 工地加工厂组织。混凝土搅拌站、混凝土预制厂、材料加工厂、钢筋加工厂等。

2. 工地仓库组织。水泥库、设备库、材料库、施工机械库等。

3. 工地运输组织。厂内外道路、铁路、运输工具等。

4. 办公及福利设施组织。生活福利建筑、办公用房、宿舍、食堂、医务所等。

5. 工地临时供水组织。临时性水泵房、水井、水池、供水管道、消防设施等。

6. 工地临时供电组织。临时性用电、变电所等。

一、工地加工厂组织

(一)加工厂的类型和结构

工地加工厂类型主要有：钢筋混凝土构件加工厂、木材加工厂、模板加工车间、粗(细)木加工车间、钢筋加工厂、金属结构构件加工厂和机械修理厂等，对于公路、桥梁路面工程还需有沥青混凝土加工厂。

工地加工厂的结构形式，应根据使用情况和当地条件而定，一般使用期限较短者，可采用简易结构；使用期限长的，宜采用砖石结构、砖木结构等坚固耐久性结构形式或采用拆装式活动房屋。

(二)加工厂面积的确定

1. 加工厂建筑面积的确定

加工厂的建筑面积，主要取决于设备尺寸、工艺过程及设计、加工量、安全防火等因素，对于钢筋混凝土构件预制厂、锯木车间、模板加工车间、粗(细)木加工车间、钢筋加工车间等建筑面积，可按式(4-1)计算：

$$F = \frac{QK}{TS\alpha} \qquad (4-1)$$

式中，F 为加工厂所需的建筑面积(m^2)；Q 为加工总量(t、m^3、kg 等)，可根据材料加工品需要量计划确定；K 为不均衡系数，一般取 1.3～1.5；T 为加工总工期(月)；S 为每平方米场地月平均产量定额；α 为场地或建筑面积利用系数，取 0.6～0.7。

2. 混凝土搅拌站面积

可按式(4-2)计算：

$$F = NA \qquad (4-2)$$

式中，F 为混凝土搅拌站所需建筑面积(m^2)；N 为搅拌机台数；A 为每台搅拌机所需面积(m^2)。其中，搅拌机台数由式(4-3)计算：

$$N = \frac{QK}{TR} \qquad (4-3)$$

式中，Q 为混凝土需要总量(m^3)；K 为不均衡系数，取 1.5；T 为混凝土工程施工总工期(工日)；R 为混凝土搅拌机台班产量。

表 4-3 和表 4-4 列出了部分生产性临时设施所需面积的参考指标。

表 4-3　临时加工厂所需面积参考指标

序号	加工厂名称	年产量		单位产量所需建筑面积	占地总面积(m^2)	备　注
		单位	数量			
1	混凝土搅拌站	m^3	3200	0.020	按砂石堆场考虑	400L 搅拌机 2 台
			4800	0.021(m^2/m^3)		400L 搅拌机 3 台
			6400	0.022		400L 搅拌机 4 台

118

序号	加工厂名称	年产量		单位产量所需 建筑面积	占地总面积(m²)	备 注
		单位	数量			
2	临时性混凝土 预制场	m³	1000	0.25	2000	生产屋面板和中小型 梁柱板等,配有蒸养设 施
			2000	0.20(m²/m³)	3000	
			3000	0.15	4000	
			5000	0.125	<6000	
3	钢筋加工厂	t	200	0.35	280～560	加工、成型、焊接
			500	0.25(m²/t)	380～750	
			1000	0.20	400～800	
			2000	0.15	450～900	
4	金属结构加工(包括一般铁件)	所需场地(m²/台)				按一批加工数量计算
		10		年产 500t		
		8		年产 1000t		
		6		年产 2000t		
		5		年产 3000t		
5	石灰消化 { 储灰池 淋灰池 淋灰槽	5×3=15(m²) 4×3=12(m²) 3×2=6(m²)				每 600kg 石灰可消化 1m³ 石灰膏,每 2 个储 灰池配 1 套淋灰池和淋 灰槽

表 4-4　现场作业棚所需面积参考指标

序 号	名 称	单 位	面积(m²)
1	木工作业棚	m²/人	2
2	钢筋作业棚	m²/人	3
3	搅拌棚	m²/台	10～18
4	卷扬机棚	m²/台	6～12
5	电工房	m²	15
6	铁件工房	m²	20
7	油漆工房	m²	20
8	机、钳工修理房	m²	20

二、工地仓库组织

(一)仓库的类型和结构

1. 仓库的类型

建筑工程所用仓库按其用途分为以下几种:

(1)转运仓库。设在火车站、码头附近用来转运货物。

(2)中心仓库。用于储存整个工程项目工地、地域性施工企业所需的材料。

(3)现场仓库(包括堆场)。专为某项工程服务的仓库,一般建在现场。

(4)加工厂仓库。用于加工厂储存原材料、已加工的半成品、构件等。

2. 仓库的结构形式

(1)露天仓库。用于堆放不因自然条件而受影响的材料,如砂、石、混凝土构件等。

(2)库房。用于堆放易受自然条件影响而发生性能、质量变化的材料,如金属材料,水泥,贵重的建筑材料、五金材料,易燃、易碎品等。

(二)工地物资储备量的确定

工地材料储备既要保证施工的连续性,又要避免材料的大量积压,造成仓库面积过大而增加投资。储备量的大小要根据工程的具体情况而定,场地小、运输方便的可少储存,对于运输不便的、受季节影响的材料可多储存。

对经常或连续使用的材料,如砖、瓦、砂、石、水泥、钢材等可按储备期计算,一般可采用式(4-4)计算材料的储备量:

$$P = T_c \frac{Q k_j}{T} \tag{4-4}$$

式中,P 为某种材料的储备量(t 或 m^3 等);T_c 为该材料的储备天数,根据材料的供应情况及运输情况确定,可参考表 4-5 取用;Q 为该材料的总需要量(t 或 m^3 等);T 为有关项目的施工总工作日;k_j 为该材料使用不均衡系数,可参考表 4-5 取用。

(三)各种仓库面积的确定

确定某一种建筑材料的仓库面积,与该建筑材料需要储备的天数、材料的需要量以及仓库的存储定额有关。在得到材料的储备量后,便可根据该材料的存储定额采用式(4-5)计算该材料所需用的仓库面积:

$$F = \frac{P}{qK} \tag{4-5}$$

式中,F 为该材料所需仓库总面积(m^2);q 为该材料的每平方米的储存定额;K 为仓库面积有效利用系数(考虑人行道和车道所占面积),可参考表 4-5 取用。

表 4-5　计算仓库面积的有关系数

序号	材料及半成品	单位	储备天数 T_c	不均衡系数 k_j	每平方米储存定额 q	有效利用系数 K	仓库类别	备　注
1	水泥	t	30～60	1.3～1.5	1.5～1.9	0.65	封闭式	堆高 10～12 袋
2	生石灰	t	30	1.4	1.7	0.7	棚	堆高 2m
3	砂子(人工堆放)	m^3	15～30	1.4	1.5	0.7	露天	堆高 1～1.5m
4	砂子(机械堆放)	m^3	15～30	1.4	2.5～3	0.8	露天	堆高 2.5～3m
5	石子(人工堆放)	m^3	15～30	1.5	1.5	0.7	露天	堆高 1～1.5m
6	石子(机械堆放)	m^3	15～30	1.5	2.5～3	0.8	露天	堆高 2.5～3m
7	块石	m^3	15～30	1.5	10	0.7	露天	堆高 1.0m
8	预制钢筋混凝土槽型板	m^3	30～60	1.3	0.26～0.30	0.6	露天	堆高 4 块
9	梁	m^3	30～60	1.3	0.8	0.6	露天	堆高 1.0～1.5m
10	柱	m^3	30～60	1.3	1.2	0.6	露天	堆高 1.2～1.5m
11	钢筋(直筋)	t	30～60	1.4	2.5	0.6	露天	占全部钢筋的 80%, 堆高 0.5m
12	钢筋(盘筋)	t	30～60	1.4	0.9	0.6	封闭库或棚	占全部钢筋的 20%, 堆高 1m

序号	材料及半成品	单位	储备天数 T_c	不均衡系数 k_j	每平方米储存定额 q	有效利用系数 K	仓库类别	备注
13	钢筋成品	t	10~20	1.5	0.07~0.1	0.6	露天	
14	型钢	t	45	1.4	1.5	0.6	露天	堆高0.5m
15	金属结构	t	30	1.4	0.2~0.3	0.6	露天	
16	原木	m³	30~60	1.4	1.3~1.5	0.6	露天	堆高2m
17	成材	m³	30~45	1.4	0.7~0.8	0.5	露天	堆高1m
18	废木料	m³	15~20	1.2	0.3~0.4	0.5	露天	废木料约占锯木量的10%~15%
19	门窗扇	m³	30	1.2	45	0.6	露天	堆高2m
20	门窗框	m³	30	1.2	20	0.6	露天	堆高2m
21	木屋架	m³	30	1.2	0.6	0.6	露天	
22	木模板	m³	10~15	1.4	4~6	0.7	露天	
23	模板整理	m³	10~15	1.2	1.5	0.65	露天	
24	砖	千块	15~30	1.2	0.7~0.8	0.6	露天	堆高1.5~1.6m
25	泡沫混凝土制作	m³	30	1.2	1	0.7	露天	堆高1m

注:储备天数根据材料来源、供应季节、运输条件等确定。一般就地供应的材料取表中之低值,外地供应采用铁路运输或水运者取高值。现场加工企业供应的成品、半成品的储备天数取低值,工程处的独立核算加工企业供应者取高值。

在设计仓库时,还应确定仓库的长度和宽度。仓库的长度应满足货物装卸的要求,需要有一定的装卸前线,装卸前线可用式(4-6)计算:

$$L=nl+d(n+1) \tag{4-6}$$

式中,L 为装卸前线长度(m);l 为运输工具长度(m);d 为相邻两个运输工具的间距(火车运输时,取 $d=1$m;汽车运输时,端卸时取 $d=1.5$m,侧卸时取 $d=2.5$m);n 为同时卸货的运输工具数量。

三、工地运输组织

(一)确定运输方式

工地的运输方式有铁路运输、公路运输、水路运输等。在选择运输方式时,应考虑各种影响因素,如运量的大小、运距的长短、货物的性质、路况及运输条件、自然条件等。另外,还应考虑经济条件,如装卸、运输费用。

一般情况下,尽量利用已有的永久性道路。当货运量大,且距铁路较近时,宜采用铁路运输;当地势复杂,且附近又没有铁路时,可考虑汽车运输;货运量不大、运距较近时,宜采用汽车运输或特种运输;有水运条件的,可采用水运。

(二)确定运输量

工程项目所需的所有材料、设备及其他物资,均需要从工地以外的地方运来,其运输总量应按工程的实际需要量来确定,同时还应考虑每日工程项目对物资的需求,确定单日的最大运量。日货运量按式(4-7)计算:

$$q=\frac{\sum (Q_i L_i)}{T}K \tag{4-7}$$

式中,q 为日货运量(t·km);Q_i 为某种货物的需要总量;L_i 为某种货物从发货地点至储存地点的距离(km);T 为工程项目施工总工日;K 为运输工作不均衡系数,铁路运输取 1.5,汽车运输取 1.2。

(三)确定运输工具数量

运输方式确定后,就可以计算运输工具的数量。每一个工作班所需的运输工具数量按式(4-8)计算:

$$n = \frac{q}{cb} K_1 \tag{4-8}$$

式中,n 为每一个工作班所需运输工具数量;c 为运输台班的生产率;b 为每日的工作班次;K_1 为运输工具使用不均衡系数,火车可取 1.0,汽车取 1.2~1.6,马车取 2.0,拖拉机取 1.55。

四、办公、生活福利设施组织

(一)办公、生活福利设施包括内容

1. 行政管理和辅助生产用房。包括办公室、休息室、警卫室、消防站、汽车库及修理车间等。

2. 居住用房。包括职工宿舍、招待所等。

3. 生活福利用房。包括俱乐部、学校、托儿所、图书馆、浴室、理发室、开水房、商店、食堂、邮亭、医务所等。

(二)确定建筑工地人数

1. 建筑工地人员组成

(1)直接参加建筑施工生产的工人。包括:机械维修工人、运输及仓库管理人员、动力设施管理工人、冬期施工的附加工人等。

(2)行政及技术管理人员。

(3)为建筑工地上居民生活服务的人员。

(4)以上各项人员的家属。

2. 确定人员数量

(1)直接参加建筑施工生产的工人数量可按式(4-9)计算:

$$n = \frac{T}{t} K_2 \tag{4-9}$$

式中,n 为直接生产的基本工人数量;T 为工程项目年(季)度所需总工作日;t 为年(季)度有效工作日;K_2 为年(季)度施工不均衡系数,取 1.1~1.2。

(2)非生产人员的数量可按国家有关规定比例(表 4-6)计算,也可按工程实际情况计算。

表 4-6 非生产人员比例表

序号	企业类别	非生产人员比例(%)	其中		折算为占生产人员比例(%)
			管理人员	服务人员	
1	中央、省、市、自治区属	16~18	9~11	6~8	19~22
2	省辖市、地区属	14~16	8~10	5~7	16.3~19
3	县(市)属	12~14	7~9	4~6	13.6~16.3

注:1. 工程分散,职工数较大者取上限。
2. 新辟地区。当地网点尚未建立时,应增加服务人员 5%~10%。
3. 大城市、大工业区服务人员应减少 2%~4%。

（3）家属人数可按职工人数的一定比例计算，通常占职工人数的 10%～30%，视工地情况而定。工期短、距离近，家属人数可少安排些；工期长、距离远，家属人数可多安排些。

（三）确定办公、生活福利设施的建筑面积

建筑施工工地人数确定后，即可由式（4-10）确定建筑面积：

$$S=NP \tag{4-10}$$

式中，S 为所需确定的建筑面积（m^2）；N 为使用人数；P 为建筑面积参考指标（m^2/人），可参照表 4-7 计算。

表 4-7　行政、生活福利临时建筑面积参考指标　　　　　　　　　　　　（m^2/人）

序号	临时房屋名称	指标使用方法	参考指标	序号	临时房屋名称	指标使用方法	参考指标
1	办公室	按使用人数	3～4	（3）	理发室	按高峰年平均人数	0.01～0.03
2	宿舍			（4）	俱乐部	按高峰年平均人数	0.1
（1）	单层通铺	按高峰年（季）平均人数	2.5～3.0	（5）	小卖部	按高峰年平均人数	0.03
（2）	双层床	扣除不在工地住人数	2.0～2.5	（6）	招待所	按高峰年平均人数	0.06
（3）	单层床	扣除不在工地住人数	3.5～4.0	（7）	托儿所	按高峰年平均人数	0.03～0.06
3	家属宿舍		16～25m^2/户	（8）	子弟学校	按高峰年平均人数	0.06～0.08
4	食堂	按高峰年平均人数	0.5～0.8	（9）	其他公用	按高峰年平均人数	0.05～0.10
	食堂兼礼堂	按高峰年平均人数	0.6～0.9	6	小型房屋		
5	其他合计	按高峰年平均人数	0.5～0.6	（1）	开水房	按高峰年平均人数	10～40
（1）	医务所	按高峰年平均人数	0.05～0.07	（2）	厕所	按工地平均人数	0.02～0.07
（2）	浴室	按高峰年平均人数	0.07～0.1	（3）	工人休息室	按工地平均人数	0.15

五、工地临时供水组织

建筑工地临时用水主要包括三种类型：生产用水、生活用水和消防用水。

工地临时供水设计内容主要包括：计算用水量、选择水源、设计配水管网。

（一）确定用水量

1. 生产用水

生产用水包括工程施工用水和施工机械用水。

（1）工程施工用水量。可按照式（4-11）确定：

$$q_1=K_1\sum\frac{Q_1 N_1}{T_1 b}\times\frac{K_2}{8\times3600} \tag{4-11}$$

式中，q_1 为施工工程用水量（L/s）；K_1 为未预见的施工用水系数，取 1.05～1.15；Q_1 为年（季）度工程量；N_1 为施工用水定额，见表 4-8；T_1 为年（季）度有效工作日（d）；b 为每天工作班次；K_2 为施工用水不均衡系数，见表 4-9。

（2）施工机械用水量。可按照式（4-12）确定：

$$q_2=K_1\sum Q_2 N_2\times\frac{K_3}{8\times3600} \tag{4-12}$$

式中，q_2 为施工机械用水量（L/s）；K_1 为未预见的施工用水系数，取 1.05～1.15；Q_2 为同种机械数量；N_2 为施工机械用水定额，见表 4-10；K_3 为施工机械用水不均衡系数，见表 4-9。

表 4-8　施工用水（N_1）参考定额

序 号	用 水 对 象	单位	耗水量 N_1	备 注
1	浇筑混凝土全部用水	L/m³	1700～2400	
2	搅拌普通混凝土	L/m³	250	实测数据
3	搅拌轻质混凝土	L/m³	300～350	
4	搅拌泡沫混凝土	L/m³	300～400	
5	搅拌热混凝土	L/m³	300～350	
6	混凝土养护(自然养护)	L/m³	200～400	
7	混凝土养护(蒸汽养护)	L/m³	500～700	
8	冲洗模板	L/m³	5	
9	搅拌机清洗	L/台班	600	实测数据
10	人工冲洗石子	L/m³	1000	
11	机械冲洗石子	L/m³	600	
12	洗砂	L/m³	1000	
13	砌砖工程全部用水	L/m³	150～250	
14	砌石工程全部用水	L/m³	50～80	
15	粉刷工程全部用水	L/m²	30	
16	砌耐火砖砌体	L/m³	100～150	包括砂浆搅拌
17	洗砖	L/千块	200～250	
18	洗硅酸盐砌块	L/m³	300～350	
19	抹面	L/m²	4～6	不包括调制用水找平层
20	楼地面	L/m²	190	
21	搅拌砂浆	L/m³	300	
22	石灰消化	L/t	3000	

表 4-9　施工用水不均衡系数

项 目	用 水 名 称	系 数
K_2	施工工程用水	1.5
	生产企业用水	1.25
K_3	施工机械、运输机械	2.00
	动力设备	1.05～1.10
K_4	施工现场生活用水	1.30～1.50
K_5	生活区生活用水	2.00～2.50

表 4-10　施工机械用水（N_2）参考定额

序号	用 水 对 象	单 位	耗水量 N_2	备 注
1	内燃挖土机	L/(台班·m³)	200～300	以斗容量立方米计
2	内燃起重机	L/(台班·t)	15～18	以起重吨数计
3	蒸汽起重机	L/(台班·t)	300～400	以起重吨数计
4	蒸汽打桩机	L/(台班·t)	1000～1200	以锤重吨数计
5	蒸汽压路机	L/(台班·t)	100～150	以压路机吨数计

序号	用水对象	单位	耗水量 N_2	备注
6	内燃压路机	L/(台班·t)	12～15	以压路机吨数计
7	拖拉机	L/(昼夜·台)	200～300	
8	汽车	L/(昼夜·台)	400～700	
9	标准轨蒸汽机车	L/(昼夜·台)	10000～20000	
10	窄轨蒸汽机车	L/(昼夜·台)	4000～7000	
11	空气压缩机	L/[台班·(m³/min)]	40～80	以压缩空气机排气量米³/分计
12	内燃机动力装置(直流水)	L/(台班·W)	120～300	
13	内燃机动力装置(循环水)	L/(台班·W)	25～40	
14	锅驼机	L/(台班·W)	80～160	不利用凝结水
15	锅炉	L/(h·t)	1000	以小时蒸发量计
16	锅炉	L/(h·m²)	15～30	以受热面积计
17	点焊机 25 型	L/h	100	实测数据
	点焊机 50 型	L/h	150～200	实测数据
	点焊机 75 型	L/h	250～350	实测数据
	点焊机 100 型	L/h	—	
18	冷拔机	L/h	300	
19	对焊机	L/h	300	
20	凿岩机 01—30(CM—56)	L/min	3	
	凿岩机 01—45(TN—4)	L/min	5	
	凿岩机 01—38(KⅡM—4)	L/min	8	
	凿岩机 YQ—100	L/min	8～12	

2. 生活用水

生活用水包括施工现场生活用水和生活区生活用水。

(1)施工现场生活用水量。可按照式(4-13)确定：

$$q_3 = \frac{P_1 N_3 K_4}{b \times 8 \times 3600} \tag{4-13}$$

式中，q_3 为施工现场生活用水量(L/s)；P_1 为施工现场高峰期生活人数；N_3 为施工现场生活用水定额，视当地气候、工种而定，也可参照表4-11；K_4 为施工现场生活用水不均衡系数，见表4-9；b 为每天工作班次。

(2)生活区生活用水量。可按照式(4-14)确定：

$$q_4 = \frac{P_2 N_4 K_5}{24 \times 3600} \tag{4-14}$$

式中，q_4 为生活区生活用水量(L/s)；P_2 为生活区居民人数；N_4 为生活区(昼夜)用水定额，见表4-11；K_5 为生活区用水不均衡系数，见表4-9。

表 4-11　生活用水量（N_3、N_4）参考定额

序号	用水对象	单位	耗水量 N_4	备　注
1	工地全部生活用水	L/(人·日)	100～120	
2	生活用水(盥洗生活饮用)	L/(人·日)	25～30	
3	食堂	L/(人·日)	15～20	
4	浴室(淋浴)	L/(人·次)	50	
5	淋浴带大池	L/(人·次)	30～50	
6	洗衣	L/人	30～35	
7	理发室	L/(人·次)	15	
8	小学校	L/(人·日)	12～15	
9	幼儿园、托儿所	L/(人·日)	75～90	
10	医院病房	L/(病床·日)	100～150	

3. 消防用水量

消防用水量 q_5 分为居民生活区消防用水和施工现场消防用水，应根据工程项目大小和居住人数的多少来确定，可参考表 4-12。

表 4-12　消防用水量

序号	用水名称		火灾同时发生次数	用水量(L/s)
1	居民区消防用水	5000 人以内	一次	10
		10000 人以内	二次	10～15
		25000 人以内	二次	15～20
2	施工现场消防用水	施工现场在 25 公顷以内	一次	10～15
		每增加 25 公顷递增		5

4. 确定总用水量

由于生产用水、生活用水和消防用水不同时使用，故在确定总用水量 Q 时，不能简单地相加，一般可分为以下三种方式进行组合：

(1)当 $q_1+q_2+q_3+q_4 \leqslant q_5$ 时

$$Q=0.5(q_1+q_2+q_3+q_4)+q_5 \tag{4-15}$$

(2)当 $q_1+q_2+q_3+q_4 > q_5$ 时

$$Q=q_1+q_2+q_3+q_4 \tag{4-16}$$

但 Q 应该大于 $0.5(q_1+q_2+q_3+q_4)+q_5$。

(3)当工地面积小于 $50000 \mathrm{m}^2$(即 5 公顷)，且 $q_1+q_2+q_3+q_4 < q_5$ 时

$$Q=q_5 \tag{4-17}$$

最后计算出的总用水量，还应增加 10%，以补偿管网的漏水损失。

(二)选择水源

建筑工地临时供水水源有供水管道和天然水源供水两种方式。工地用水应尽可能利用现场附近居民区现有的供水管道供水，只有当工地附近没有现成的供水管道或现有给水管道无法使用或给水管道供水量难以满足使用要求时，才使用天然水源(如江河、水库、泉水、井水等)供水。

选择水源时应考虑以下因素：

1. 水量充沛可靠；

2. 能满足生活饮用水、生产用水的水质要求；

3. 与农业、水利综合利用；

4. 取水、输水、净水设施要安全、可靠、经济；

5. 施工、运转、管理和维护方便。

(三)设计配水管网

配水管网布置的原则，是在保证连续供水和满足施工使用要求的情况下，管道铺设尽可能的短。

1. 确定供水系统

临时供水系统由取水设施、净水设施、贮水构筑物、输水管道和配水管线等组成。一般工程项目的首建工程应是永久性供水系统，只有在工期紧迫时，才修建临时供水系统，如果已有供水系统，可以直接从供水源接输水管道。

取水设施一般由进水装置(取水口)、进水管和水泵组成。给水工程一般所用水泵有离心泵、隔膜泵和活塞泵三种，所选用的水泵应具有足够的抽水能力和扬程。在临时供水时，如水泵不能连续抽水，则需设置贮水构筑物(如蓄水池、水塔或水箱)。其容量以每小时消防用水决定，但不得少于 $10\sim20m^2$。

2. 确定供水管径

根据工地总用水量，按式(4-18)计算干管管径：

$$D=\sqrt{\frac{4Q\times1000}{\pi v}} \tag{4-18}$$

式中，D 为配水管内径(mm)；Q 为计算总用水量(L/s)；v 为管网中的水流速度(m/s)，可参考表 4-13。

表 4-13　临时水管经济流速表

管　　径	流速(m/s)	
	正常时间	消防时间
支管 $D<0.10m$	2	
生产消防管道 $D=0.1\sim0.3m$	1.3	>3.0
生产消防管道 $D>0.3m$	$1.5\sim1.7$	2.5
生产用水管道 $D>0.3m$	$1.5\sim2.5$	3.0

3. 选择管材

根据计算得到的管径，可选择临时给水管道材料。一般，干管为钢管或铸铁管，支管为钢管。常用对缝焊接钢管的规格、尺寸如表 4-14 所示，可在选用时参考。

表 4-14　对缝焊接钢管规格、尺寸表

公称直径 DN(mm)	外径 D(mm)	普通节 (mm)				加厚节 (mm)			
		壁厚	内径 d	计算内径 d_0	质量 (kg/m)	壁厚	内径 d	计算内径 d_0	质量 (kg/m)
15	21.25	2.75	15.75	14.75	1.25	3.25	14.75	13.75	1.44
20	26.75	2.75	21.25	20.25	1.63	3.50	19.75	18.75	2.01

公称直径 DN(mm)	外径 D(mm)	普通节 (mm)				加厚节 (mm)			
		壁厚	内径 d	计算内径 d₀	质量 (kg/m)	壁厚	内径 d	计算内径 d₀	质量 (kg/m)
25	33.50	3.25	27.00	26.00	2.42	4.00	25.50	24.50	2.91
32	42.25	3.25	35.75	34.75	3.13	4.00	34.25	33.25	3.77
40	48.00	3.50	41.00	40.00	3.84	4.25	39.50	38.50	4.58
50	60.00	3.50	53.00	52.00	4.88	4.50	51.00	50.00	6.16
70	75.50	3.75	68.00	67.00	6.64	4.50	66.50	65.50	7.88
80	88.50	4.00	80.50	79.50	8.34	4.75	79.00	78.00	9.81
100	114.00	4.00	106.00	105.00	10.85	5.00	104.00	103.00	13.44
125	140.00	4.50	131.00	130.00	15.04	5.50	129.00	128.00	18.24
150	165.00	4.50	156.00	155.00	17.81	5.50	154.00	153.00	21.63

（四）工地临时用水计算实例

【例 4-1】 某多层混合结构住宅小区，要求完成年度主要实物工程量为混凝土 4500m³，砌砖 16000m³，粉刷 200000m²。施工现场高峰人数 1300 人，生活区居住人数 1365 人。施工现场面积为 15 万 m²。试计算现场总用水量和管径。

【解】 （1）施工工程用水量计算

查表 4-8，N_1 浇筑混凝土取 2000L/m³，砌砖取 200L/m³，粉刷取 30L/m²；取 $K_1=1.1$。查表 4-9，取 $K_2=1.5$；年度有效工作日取 $T_1=200$d；每天工作班数平均取 $b=1.5$。将上述数值代入公式(4-11)，得

$$q_1 = K_1 \sum \frac{Q_1 N_1}{T_1 b} \times \frac{K_2}{8 \times 3600}$$

$$= 1.1 \times \frac{(4500 \times 2000 + 16000 \times 200 + 200000 \times 30)}{200 \times 1.5} \times \frac{1.5}{8 \times 3600}$$

$$= 3.48 (\text{L/s})$$

（2）施工机械用水量计算

本例不考虑施工机械用水，故 $q_2 = 0$L/s。

（3）施工现场生活用水量计算

取 $N_3 = 40$L/人；查表 4-9，取 $K_4 = 1.4$；取 $b = 1.5$。代入公式(4-13)，得

$$q_3 = \frac{P_1 N_3 K_4}{b \times 8 \times 3600} = \frac{1300 \times 40 \times 1.4}{1.5 \times 8 \times 3600} = 1.69 (\text{L/s})$$

（4）生活区生活用水量计算

查表 4-11，取 $N_4 = 100$L/人；查表 4-9，取 $K_5 = 2.0$。代入公式(4-14)，得

$$q_4 = \frac{P_2 N_4 K_5}{24 \times 3600} = \frac{1365 \times 100 \times 2}{24 \times 3600} = 3.16 (\text{L/s})$$

（5）消防用水量计算

本工程施工场地为 15 万 m²，合 15 公顷，小于 25 公顷，故取 $q_5 = 10$L/s。

（6）总用水量计算

因为 $q_1+q_2+q_3+q_4=3.48+0+1.69+3.16=8.33L/s<q_5=10(L/s)$

所以 $Q=0.5\times(q_1+q_2+q_3+q_4)+q_5=0.5\times8.33+10=14.17(L/s)$

考虑漏水损失,则 $Q=1.1\times14.17=15.59(L/s)$

(7)管径计算

取 $v=1.5m/s$,代入公式(4-18),得

$$D=\sqrt{\frac{4Q\times1000}{\pi v}}=\sqrt{\frac{4\times15.59\times1000}{3.14\times1.5}}\approx115(mm)$$

查表 4-14,取 $d=125mm$ 对缝焊接钢管。

六、工地临时供电组织

建筑工地临时供电组织包括:计算用电总量、选择电源、确定变压器、确定导线截面面积并布置配电线路。

(一)工地总用电量计算

建筑工地用电量包括动力用电和照明用电两种,可按式(4-19)计算总用电量。

$$P=\phi\left(K_1\frac{\sum P_1}{\cos\varphi}+K_2\sum P_2+K_3\sum P_3+K_4\sum P_4\right) \tag{4-19}$$

式中,P 为计算总用电量(kW);ϕ 为未预计施工用电系数,一般取 $1.05\sim1.1$;P_1 为电动机额定功率(kW);P_2 为电焊机额定容量(kV·A);P_3 为室内照明容量(kW);P_4 为室外照明容量(kW);$\cos\varphi$ 为电动机的平均功率因数,施工现场最高为 $0.75\sim0.78$,一般为 $0.65\sim0.75$;K_1,K_2,K_3,K_4 为需要系数,参见表 4-15。

表 4-15 需要系数(K)值

用 电 名 称	数 量	K	数 值	备 注
电动机	3~10 台	K_1	0.7	如施工中需用电热时,应将其用电量计算进去。为使计算接近实际,式中各项用电根据不同性质分别计算
	11~30 台		0.6	
	30 台以上		0.5	
加工厂动力设备			0.5	
电焊机	3~10 台	K_2	0.6	
	10 台以上		0.5	
室内照明		K_3	0.8	
室外照明		K_4	1.0	

一般建筑工地现场多采用一班制,少数采用两班制,因此综合考虑动力用电约占总用电量的 90%,室内外照明用电约占 10%,则式(4-19)可简化为

$$P=1.1\left(K_1\frac{\sum P_1}{\cos\varphi}+K_2\sum P_2+0.1P\right)=1.24\left(K_1\frac{\sum P_1}{\cos\varphi}+K_2\sum P_2\right) \tag{4-20}$$

各种机械设备以及室外照明用电可参考有关定额。

(二)选择电源

选择临时供电电源,通常有如下几种方案:

1. 完全由工地附近的电力系统供电,包括在全面开工之前把永久性供电外线工程做好,

设置变电站；

2. 工地附近的电力系统能供应一部分，工地尚需增设临时电站以补充不足；

3. 利用附近的高压电网，申请临时加设配电变压器；

4. 工地处于新开发地区，没有电力系统时，完全由自备临时发电站供给。

采取何种方案，应根据工程实际，经过分析比较后确定。

最经济的方案是将附近的高压电经设在工地的变压器降压后，引入工地，但事先必须将施工中需要的用电量向供电部门申请批准。

（三）确定变压器

变压器的功率可由式（4-21）计算：

$$P_变 = K\left(\frac{\sum P_{max}}{\cos\varphi}\right) \tag{4-21}$$

式中，$P_变$ 为变压器的功率（kV·A）；$\sum P_{max}$ 为施工区的最大计算负荷（kW）；K 为功率损失系数，取 1.05；$\cos\varphi$ 为功率因数。

根据计算所得容量，即可查有关资料选择变压器的型号和额定容量。

（四）确定配电导线截面面积

配电导线要正常工作，必须具有足够的力学强度（防止受拉或机械性损伤而折断），还必须耐受因电流通过所产生的温升，并且使得电压损失在允许范围内。因此，选择配电导线的截面积必须满足机械强度、允许电流和允许电压降三方面的要求。通常先根据负荷电流的大小选择导线截面，然后再以机械强度和允许电压降进行复核。这里不再赘述，可参考《建筑施工手册》等有关资料。

（五）布置配电线路

配电线路的布置方案有枝状、环状和混合式三种，主要根据用户的位置和要求、永久性供电线路的形状而定。一般 3～10kV 的高压线路宜采用环状，380/220V 的低压线路可用枝状。

（六）工地临时用电计算实例

【例 4-2】 某高层建筑施工工地，在结构施工阶段主要施工机械配备为：QT100 附着式塔式起重机 1 台，电动机总功率为 63kW；SCD100/100A 建筑施工外用电梯 1 台，电动机功率为 11kW；HB—15 型混凝土输送泵 1 台，电动机功率为 32.2kW；ZX50 型插入式振动器 4 台，电动机功率为 1.1×4kW；GT3/9 钢筋调直机、QJ40 钢筋切断机、GW40 钢筋弯曲机各 1 台，电动机功率分别为 7.5kW、5.5kW 和 3kW；UN—100 钢筋对焊机 1 台，额定容量为 100kV·A；BX3—300 电焊机 3 台，额定持续功率为 23.4×3kV·A；高压水泵 1 台，电动机功率为 55kW。试估算该工地用电总量，并选择配电变压器。

【解】 施工现场所用全部电动机总功率为

$$\sum P_1 = 63+11+32.2+1.1\times4+7.5+5.5+3+55 = 181.6(kW)$$

电焊机和对焊机的额定容量为

$$\sum P_2 = 23.4\times3+100 = 170.2(kV·A)$$

查表 4-15，取 $K_1 = 0.6$，$K_2 = 0.6$，并取 $\cos\varphi = 0.75$

考虑室内、外照明用电后，按公式（4-20）得

$$P = 1.24\left(K_1\frac{\sum P_1}{\cos\varphi}+K_2\sum P_2\right)$$

$$=1.24\left(0.6\times\frac{181.6}{0.75}+0.6\times170.2\right)=1.24\times247.4=306.8(\text{kW})$$

所以,该工地总用电量为 306.8kW。

变压器功率按公式(4-21)得

$$P_变=K\left(\frac{\sum P_{max}}{\cos\varphi}\right)=1.05\times\frac{306.8}{0.75}=429.52(\text{kV}\cdot\text{A})$$

当地高压供电 10kV,施工动力用电需三相 380V 电源,照明需单相 220V 电源,按上述要求查《建筑施工计算手册》,选择 SL_7—500/10 型三相降压变压器,其主要技术数据为:额定容量 500kV·A,高压额定线电压 10kV,低压额定线电压 0.4kV,作 Y 接使用。

第五节　施工总平面图

施工总平面图是拟建项目在施工现场的总布置图。它是按照施工部署、施工方案和施工总进度计划的要求,将施工现场的交通道路,材料仓库,附属生产或加工企业,临时建筑和临时水、电管线等进行合理的规划和布置,并以图纸的形式表达出来,从而正确处理全工地施工期间所需各项设施与永久建筑以及拟建工程之间的空间关系,对指导现场进行有组织、有计划的文明施工具有重大意义。施工总平面图的比例一般为 1∶1000～1∶2000。

一、施工总平面图的设计依据

施工总平面图的设计,应力求真实、详细地反映施工现场情况,以期能达到便于对施工现场控制和经济上合理的目的,为此,掌握以下资料是十分必要的。

1. 各种设计资料,包括建筑总平面图、地形地貌图、区域规划图及建筑项目范围内有关的一切已有和拟建的各种设施位置;

2. 建设地区的自然条件和技术经济条件;

3. 建设项目的建筑概况、施工部署、施工总进度计划;

4. 各种建筑材料、构件、半成品、施工机械及运输工具需要量一览表,以便规划工地内部的储放场地和运输线路。

5. 各构件加工厂、仓库及其他临时设施的数量和外廓尺寸。

6. 其他施工组织设计参考资料。

二、施工总平面图的设计原则

1. 在保证顺利施工的前提下,尽量使平面布置紧凑、合理,不占或少占农田,不挤占道路。

2. 合理布置各种仓库、机械、加工厂位置,减少场内运输距离,尽可能避免二次搬运,减少运输费用,保证运输方便、通畅。

3. 施工区域的划分和场地确定,要符合施工流程要求,尽量减少各专业工种和各分包单位之间的干扰。

4. 充分利用各种永久性建筑物、构筑物和原有设施为施工服务,降低临时设施的费用。临时建筑尽量采用可拆移式结构。

5. 各种临时设施的布置应有利于生产和方便生活。

6. 应满足劳动保护、安全防火、防洪及环境保护的要求,符合国家有关的规程和规范。

7. 总平面图规划时应标清楚新开工和二次开工的建筑物,以便于按程序进行施工。

三、施工总平面图设计的内容

1. 整个建设项目施工用地范围内一切地上和地下已有和拟建的建筑物、构筑物、道路、管线以及其他设施的位置和尺寸。

2. 一切为全工地施工服务的临时设施的布置，包括施工用各种道路、加工厂、制备站及有关机械的位置；各种建筑材料、半成品、构件的仓库和主要堆场；取土及弃土位置；行政管理用房、宿舍、文化生活和福利建筑等；水源、电源、临时给排水管线和供电、动力线路及设施；机械站、车库位置；一切安全防火设施等。

3. 永久性测量及半永久性测量放线桩标桩位置。

4. 特殊图例、方向标志和比例尺等。

由于大型工程的建设工期较长，随着工程的不断进展，施工现场布置也将不断发生变化。因此，需要按照不同阶段分别绘制若干张施工总平面图，以满足不同时期施工需要。

四、施工总平面图的设计步骤

施工总平面图的设计步骤为：引入场外交通道路→布置仓库与材料堆场→布置加工厂和混凝土搅拌站→布置工地内部运输道路→布置临时设施→布置临时水、电管网和其他动力设施→布置消防、保安及文明施工设施→绘制正式施工总平面图。

（一）引入场外交通道路

设计全工地性施工总平面图时，首先应从考虑大宗材料、成品、半成品、设备等进入工地的运输方式入手。当大批材料由铁路运来时，要解决铁路的引入问题；当大批材料是由水路运来时，应考虑原有码头的运用和是否增设专用码头问题；当大批材料是由公路运入时，由于汽车线路可以灵活布置，因此，一般先布置场内仓库和加工厂，然后再引入场外交通道路。

当场外运输主要采用铁路运输方式时，要考虑铁路的转弯半径和坡度的限制，确定起点和进场位置。对拟建永久性铁路的大型工业企业工地，一般可提前修建永久性铁路专用线。铁路专用线宜由工地的一侧或两侧引入，以便更好地为施工服务。如将铁路铺入工地中部，将严重影响工地的内部运输，对施工不利。只有在大型工地划分成若干个施工区域时，才宜考虑将铁路引入工地中部的方案。

当场外运输主要采用水路运输方式时，应充分运用原有码头的吞吐能力。如需增设码头，卸货码头不应少于两个，码头宽度应大于 2.5m。如工地靠近水路，可将场内主要仓库和加工厂布置在码头附近。

当场外运输主要采用公路运输方式时，由于公路布置较灵活，一般先将仓库、加工厂等生产性临时设施布置在最经济合理的地方，再布置通向场外的公路。

（二）仓库与材料堆场的布置

通常考虑将仓库与材料堆场设置在运输方便、位置适中、运距较短并且安全防火的地方，并应根据不同材料、设备和运输方式来设置。

当采用铁路运输时，仓库通常沿铁路线布置，并且要留有足够的装卸前线。如果没有足够的装卸前线，必须在附近设置转运仓库。布置铁路沿线仓库时，应将仓库设置在靠近工地一侧，以免内部运输跨越铁路。同时仓库不宜设置在弯道处或坡道上。

当采用水路运输时，一般应在码头附近设置转运仓库，以缩短船只在码头上的停留时间。

当采用公路运输时,仓库的布置较灵活。一般中心仓库布置在工地中央或靠近使用的地方,也可以布置在靠近外部交通连接处,同时也要考虑给单个建筑物施工时留有余地。砂、石、水泥、石灰、木材等仓库或堆场,应考虑取用的方便,宜布置在搅拌站、预制构件场和木材加工厂附近。对于砖、瓦和预制构件等直接使用的材料,应该直接布置在施工对象附近,以免二次搬运。工具库应布置在加工区与施工区之间交通方便处,零星、小件、专用工具库可分设于各施工区段。车库、机械站应布置在现场的入口处。油料、氧气、电石、炸药库应布置在边远、人少的安全地点,易燃、有毒材料库要设于拟建工程的下风方向。

对工业建筑工地,尚需考虑主要设备的仓库或堆场,一般笨重设备应尽可能放在车间附近,其他设备仓库可布置在外围或其他空地上。

(三)加工厂和搅拌站的布置

各种加工厂布置,应以方便使用、安全防火、运输费用少、不影响建筑安装工程施工的正常进行为原则。此外,尚需照顾到生产企业有最好的工作条件,使其生产与建筑安装工程的施工不致于互相干扰,并要考虑其将来的扩建和发展。

预制构件加工厂尽量利用建设地区永久性加工厂。只有其生产能力不能满足工程需要或运输困难时,才考虑在建设场地中的空闲地带上设置临时预制构件加工厂。

钢筋加工厂可集中或分散布置,视工地具体情况而定。对于需冷加工、对焊、点焊的钢筋骨架和大片钢筋网,宜集中布置在中心加工厂;对于小型加工、小批量生产和利用简单机具就能成型的钢筋加工,采用就近的钢筋加工棚进行。钢筋宜布置在地势较高处或架空布置,避免雨季积水污染、锈蚀钢筋。

木材加工厂设置与否,是集中还是分散设置以及设置规模,应视建设地区内有无可供利用的木材加工厂而定。如建设地区无可利用的木材加工厂,而锯材、标准门窗、标准模板等加工量又很大时,则集中布置木材联合加工厂为好。对于非标准件的加工与模板修理工作等,可分散在工地附近设置临时工棚进行加工。木工加工厂的原木、锯材堆场应靠近铁路、公路或水路沿线。锯木、成材、粗木加工车间、细木加工车间和成品堆场要按工艺流程布置,且宜设置在土建施工区边缘的下风向位置。

产生有害气体和污染空气的临时加工厂,如沥青熬制、生石灰熟化、石棉加工厂等应位于下风处。

一般的工程项目,大多使用商品混凝土,现场不设搅拌站,只要考虑城市商品混凝土搅拌站的供应能力和输送设备能否满足,及时做好订货联系即可。对大型工程项目,或零星混凝土工程,或因为某种原因(如交通不便)不能使用商品混凝土的项目,工地有时也设置混凝土搅拌站(最好用电子计算机控制配料),其布置有集中、分散、集中与分散布置相结合三种方式。当运输条件较好时,以采用集中布置较好;当运输条件较差时,则以分散布置在使用地点或塔吊等附近为宜。一般当砂、石等材料由铁路或水路运入,而且现场又有足够的混凝土输送设备时,宜采用集中布置。除此之外,还可采用集中与分散相结合的方式。砂浆搅拌站多采用分散就近布置。

另外,最好将加工厂与相应的仓库或材料堆场布置在同一地区,且多处于工地边缘,这样既便于管理和简化供应工作,又能降低铺设道路、动力管网及给水管道等费用。例如将混凝土搅拌站、预制构件加工厂、钢筋加工厂等布置在一个地区;将机械加工场、电气工场、锻工工场、电焊工场以及金属结构加工厂等布置在一个地区。在生产区域内布置各加工厂位置时,要注意各加工厂之间的生产流程,并根据将来的扩充计划,预留一定的空地。

（四）场内运输道路的布置

工地内部运输道路，应根据各加工厂、仓库及各施工对象的相对位置来布置，并研究货物周转运行图，以明确各段道路上的运输负担，从而区分主要道路和次要道路。规划道路时要特别注意满足运输车辆的安全行驶，在任何情况下，不致形成交通断绝或阻塞。在规划时，还应考虑充分利用拟建的永久性道路系统，提前修整路基及简易路面，作为施工所需的临时道路。

道路应有足够的宽度和转弯半径，现场内道路干线应采用环形布置，主要道路宜采用双车道，次要道路可为单车道（其末端要设置回车场地）。临时道路的路面结构，也应根据运输情况、运输工具和使用条件的不同，采用不同的结构。一般场外与省、市公路相连的干线，宜建成混凝土路面；场区内的干线，宜采用级配碎石路面；场内支线一般为土路或砂石路。当结构不同时，最好也能在施工总平面图中用不同的符号表明。对有轨道路来讲，运输量大、车辆往来频繁之处应考虑设置避车线。

此外，在规划道路时，还应尽量考虑避免穿越池塘河滨，减少土方工程量。

（五）临时设施的布置

对于各种生活与行政管理用房应尽量利用建设单位的生活基地或现场附近的其他永久性建筑，不足部分另行修建临时建筑物。临时建筑物的设计，应遵循经济、适用、装拆方便的原则，并根据当地的气候条件、工期长短确定其建筑与结构形式。

一般全工地性行政管理用房宜设在全工地入口处，以便对外联系，也可设在工地中部，便于全工地管理。工人用的福利设施应设置在工人较集中的地方或工人必经之路。生活基地应设在场外，距工地 $500\sim1000m$ 为宜，并避免设在低凹潮湿、有烟尘和有害健康的地方。食堂宜设在生活区，也可布置在工地与生活区之间。

（六）临时水、电管网及其他动力设施的布置

应尽量利用已有的和提前修建的永久线路，若必须设置临时线路时，应取最短线路，同时注意以下几点：

1. 临时总变电站应设在高压线进入工地处，避免高压线穿过工地。

2. 临时自备发电设备应在现场中心，或靠近主要用电区域。

3. 临时水池、水塔应设在用水中心和地势较高处。

4. 管网一般沿道路布置，供电线路应避免与其他管道设在同一侧，主要供水、供电管线采用环状，孤立点可用枝状。

5. 管线穿过道路处均要套钢管，例如一般电线套用直径 $50\sim80mm$ 钢管，电缆套用直径 $100mm$ 钢管，并埋入地下 $0.6m$ 处。

6. 过冬的临时水管必须埋在冰冻线以下，或采取保温措施。

7. 消防站、消火栓的布置要满足消防规定。

8. 施工场地必须有畅通的排水系统，场地排水坡度应不小于 $3‰$，并沿道路边设立排水管（沟）等，其纵坡不小于 $2‰$，过路处须设涵管。在山地建设时还须考虑防洪设施；在市区施工，应该设置污水沉淀池，以保证排水达到城市污水排放标准。

9. 场外管线的布置应尽可能避免穿过农田。

（七）布置消防、保安及文明施工设施

按照防火要求，工地应该在易燃建（构）筑物附近设立消防站，并必须有畅通的出入口和消防通道（应在布置运输道路时同时考虑），其宽度不得小于 $6m$。同时沿着道路应设置消火栓，一般要求消火栓距建筑物不应小于 $5m$，也不应大于 $25m$，距离邻近道路边缘不应大于 $2m$，消火栓

间距不大于 120m。在工地出入口处设立保安门岗,必要时可以在工地四周设立若干瞭望台。

应当指出,上述各设计步骤不是截然分开、各自孤立进行的,而是需要全面分析,综合考虑,正确处理各项设计内容间的相互联系和相互制约关系,进行多方案比较,反复修正,最后才能得出合理可行的方案。

五、施工总平面图的绘制

施工总平面图是施工组织总设计的重要内容,是要归入档案的技术文件之一。因此,要求精心设计,认真绘制。绘制步骤为:

1. 确定图幅大小和绘图比例。图幅大小和绘图比例应根据工地大小及布置内容多少来确定。图幅一般可选用 1 号图纸(840mm×594mm)或 2 号图纸(594mm×420mm),比例一般采用 1∶1000 或 1∶2000。

2. 合理规划和设计图面。施工总平面图,除了要反映现场的布置内容外,还要反映周围环境和面貌(如已有建筑物、场外道路等)。故绘图时,应合理规划和设计图面,并应留出一定的空余图面绘制指北针、图例及文字说明等。

3. 绘制建筑总平面图的有关内容。将现场测量的方格网、现场内外已建的房屋、构筑物、道路和拟建工程等,按正确的图例绘制在图面上,绘图图例见表 4-16。

4. 绘制工地需要的临时设施。根据布置要求及面积计算,将道路、仓库、加工厂和水、电管网等临时设施绘制到图面上去。对复杂的工程必要时可采用模型布置。

5. 形成施工总平面图。在进行各项布置后,经分析比较、调整修改,形成施工总平面图,并作必要的文字说明,标上图例、比例、指北针。

完成的施工总平面图其比例要准确,图例要规范,线条粗细分明,字迹端正,图面整洁、美观。

六、施工总平面图的科学管理

施工总平面图设计完成后,应认真贯彻其设计意图,发挥其应有作用。因此,现场对总平面图的科学管理是非常重要的。主要包括:

1. 建立统一的施工总平面图管理制度。划分总平面图的使用管理范围,做到责任到人,严格控制各种材料、构件、机具等物资占用的位置、时间和面积,禁止乱堆乱放。

2. 对施工总平面布置实行动态管理,定期对现场平面进行实录、复核,修正其不合理的地方,定期召开总平面执行检查会议,奖优罚劣,协调各单位关系。

3. 对水源、电源、交通等公共项目实行统一管理。不得随意挖路断道,不得擅自拆迁建筑物和水电线路,当工程需要断水、断电、断路时要申请,经批准后方可着手进行。

4. 做好现场的清理和维护工作,经常性检修各种临时设施,明确负责部门和人员。

表 4-16 施工平面图图例

序号	名 称	图 例	序号	名 称	图 例
一、地形及控制点			3	原有房屋	
1	三角点	点名 高程			
2	水准点	点号 高程	4	窑洞:地上 地下	

135

序号	名　称	图　例	序号	名　称	图　例
5	蒙古包		6	临时围墙	—·—×—·—×—·—
6	坟地 有树坟地		7	建筑工地界线	
7	石油、盐、天然气井		8	工地内的分区线	
8	竖井:矩形 圆形		9	烟囱	
9	钻孔	钻	10	水塔	
10	浅探井、试坑		11	房角坐标	$x=1530$ $y=2156$
11	等高线:基本的 辅助的		12	室内地面水平标高	105.10
12	土堤 土堆			三、交通运输	
13	坑穴		1	现有永久公路	
14	断崖(2.2为断崖高度)	2.2	2	拟建永久道路	
15	滑坡		3	施工用临时道路	
16	树林		4	现有大车道	
17	竹林		5	现有标准轨铁路	
18	耕地:稻田 旱地		6	拟建标准轨铁路	
			7	施工期间利用的 拟建标准轨铁路	
	二、建构筑物		8	现有的窄轨铁路	
1	拟建正式房屋		9	施工用临时窄轨铁路	
2	施工期间利用的 拟建正式房屋		10	转车盘	
3	将来拟建正式房屋		11	道口	
4	临时房屋:密闭式 敞棚式		12	涵洞	
			13	桥梁	
5	拟建的各种材料围墙		14	铁路车站	
			15	索道(走线滑子)	

136

序号	名 称	图 例	序号	名 称	图 例
16	水系流向		15	墙板存放场	
17	人行桥		16	一般构件存放场	
18	车行桥	（10吨）	17	原木堆场	
19	渡口		18	锯材堆场	
20	船只停泊场		19	细木成品场	
			20	粗木成品场	
21	临时岸边码头		21	矿渣、灰渣堆	
22	桩式码头		22	废料堆场	
23	趸船船头		23	脚手、模板堆场	
四、材料、构件堆场			五、动力设施		
1	临时露天堆场		1	临时水塔	
2	施工期间利用的永久堆场		2	临时水池	
3	土堆		3	贮水池	
4	砂堆		4	永久井	
5	砾石、碎石堆		5	临时井	
6	块石堆		6	加压站	
7	砖堆		7	原有的上水管线	
8	钢筋堆场		8	临时给水管线	—s—s—
9	型钢堆场		9	给水阀门（水嘴）	
10	铁管堆场		10	支管接管位置	—s—
11	钢筋成品场		11	消火栓（原有）	
12	钢结构场		12	消火栓（临时）	
13	屋面板存放场		13	消火栓	
14	砌块存放场		14	原有上下水井	
			15	拟建上下水井	

137

序号	名　称	图　例	序号	名　称	图　例
16	临时上下水井		2	塔吊	
17	原有的排水管线		3	井架	
18	临时排水管线		4	门架	
19	临时排水沟		5	卷扬机	
20	原有化粪池		6	履带式起重机	
21	拟建化粪池		7	汽车式起重机	
22	水源		8	缆式起重机	
23	电源		9	铁路式起重机	
24	总降压变电站		10	皮带运输机	
25	发电站		11	外用电梯	
26	变电站		12	少先吊	
27	变压器		13	挖土机：正铲 反铲 抓铲 拉铲	
28	投光灯				
29	电杆				
30	现有高压 6kV 线路		14	多斗挖土机	
31	施工期间利用的永久高压 6kV 线路		15	推土机	
32	临时高压 3~5kV 线路		16	铲运机	
33	现有低压线路		17	混凝土搅拌机	
34	施工期间利用的永久低压线路		18	灰浆搅拌机	
35	临时低压线路		19	洗石机	
36	电话线		20	打桩机	
37	现有暖气管道		21	水泵	
38	临时暖气管道		22	圆锯	
39	空压机站				
40	临时压缩空气管道				
六、施工机械			七、其他		
1	塔轨		1	脚手架	

序号	名　称	图　例	序号	名　称	图　例
2	壁板插放架	┽┼┼┼┼┼┼┼┼┼┼┼┼	4	沥青锅	◯
3	淋灰池	灰	5	避雷针	Ｙ

第六节　施工组织总设计实例

一、工程概况

（一）建筑设计概况

本工程为一住宅小区,由六栋高层住宅和一栋商业办公楼组成,建筑面积 147600m²。占地 85000m²,工程总造价 1.7 亿元。高层住宅与商业办公楼围绕中心花园广场布置,广场下面设有一座 500 车位的地下汽车停车库,东、西两面各设一个坡道入口。同时,在 3 号、4 号楼与 5 号、6 号楼之间的空地下面设有两个地下自行车停车库。建筑平面布置图如图 4-2 所示。

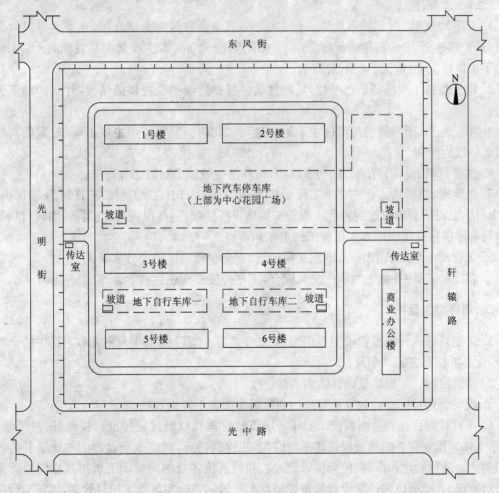

图 4-2　某工程建筑平面布置图

六栋高层住宅均坐北朝南布置,其建筑形式和构造都大致相同,均为四个单元八户,户型为四室两厅两卫。每栋楼长80m,宽15m;地上均为十六层,地下一层,顶部为阁楼层,标准层层高2.9m,总高为48.8m。屋顶采用挤塑聚苯板保温材料,SBS防水屋面。外墙均为挤塑聚苯板保温(钢筋混凝土外墙与保温板整体浇筑),贴棕色面砖;外墙门窗均为塑钢保温门窗。室内墙面、顶棚披腻子不刷涂料,楼地面为细石混凝土垫层,预留面层。

商业办公楼为坐西朝东布置,地上二十层,地下一层。地下一层为超市,地上一、二层为商场。楼长80m,宽15m,建筑物总高为66m。屋顶采用挤塑聚苯板保温材料,SBS防水屋面。外墙装修一至三层干挂灰色大理石,三层以上贴棕色面砖。外墙门窗均为塑钢保温门窗,内墙门窗均为木门窗;室内墙面为水泥砂浆打底,纸筋灰罩面,刷大白浆两道;室内顶棚大部分为轻钢龙骨胶合板吊顶;室内地面铺大理石。

本工程设备部分包括厨房卫生间供水系统采用变频增压设施,供电系统采用双回路供电,并有供热供气系统、防雷接地系统。电梯采用德国帝森电梯。

(二)结构设计概况

本工程所有楼基础均采用钢筋混凝土筏板基础,住宅楼地上部分均为全现浇剪力墙结构,商业办公楼及地下车库为钢筋混凝土框架结构,填充墙为M5水泥砂浆砌筑加气混凝土砌块。

(三)施工条件

1. 年平均气温16.8℃,年均降水量109.3mm,年主导风向为西北风,夏季主导风向为东南风,最大风速15.7m/s,年均湿度78%。地下水位−20m,本工程最深基底标高−5.4m,处于地下水位以上,故施工期间不需降水。

2. 本工程施工现场场地已平整,场地宽敞。根据建设单位提供的情况,红线内地下无障碍物。

3. 本工程东、南两侧均与市区主干道相连,西、北两侧紧邻市内主要街道(较宽阔),施工交通运输较为便利。

4. 主要材料、设备、劳动力已初步落实,构件及一般加工制品已有安排。

5. 工期短、质量高。业主要求工程于2009年3月1日开工,工程竣工日期为2010年10月31日。工程质量确保达到省优。合理安排施工搭接顺序,确保钢材、混凝土、周转材料等的供应与有序搭接是组织好本工程施工的重点和难点之一。

6. 工程现场地处城市中心,因此文明施工、安全和环境保护十分重要。

7. 各工种、工序在施工过程中交叉配合,工序搭接必须注意科学管理,统一协调。

二、项目实施目标

1. 工期目标。计划工程竣工日期为2010年7月31日,用490天完成本工程中的全部工程量,比要求提前完工3个月。

2. 质量目标。工程质量确保达到省优。

3. 现场管理目标。确保现场管理达到市级文明施工样板现场。

4. 项目管理目标。全面贯彻ISO 9001《质量管理和质量保证标准》,根据《质量手册》和《程序文件》,建立完善的质量保证体系,针对本工程的特点,对施工全过程中与质量有关的全部职能活动进行管理和控制,使全体管理人员和员工按各自的质量职责承担其相应的质量责任。对特殊、关键部位和过程设置质量控制点。按国际惯例实施施工项目管理,组建工程项目经理部,下属技术、质量、安全、成本、材料、劳动力、设备调配等管理部门。按工程施工区域的划分分别组建工程施工区域项目经理分部,形成"总部管理分部、分部管理区域项目"的强有力的指挥系统,充分发挥集团公司统一指挥、协调、调整集团内人、财、物的整体优势。

5.施工环境目标。在确保质量和工期的前提下,树立现场全员环保意识,最大限度地减少对环境的污染。

6.安全文明施工目标。市级安全文明样板工地;无因公伤亡事故;杜绝死亡和重伤事故发生,工伤频率控制在1.5‰以下,重伤事故控制在0.2‰以下。

三、施工部署

(一)施工顺序

按照先地下,后地上;先主体,后装修;先土建,后设备安装的总施工顺序原则进行部署。

(二)施工区域的划分

根据拟建物规划位置划分为10个施工区域,分区域同时作业施工。根据10个施工区域的具体工程特点以及工程量情况配备相应的施工要素,达到相互协调,并肩推进,并保持一定流水节拍的效果。每个施工区域又具体划分为若干个施工段进行流水作业。

第一至第六施工区域分别为1号至6号楼,均分为4个施工段,每段一个单元,进行交叉流水施工。劳动力实行专业化组织,按不同工种、不同施工部位划分作业班组,使各专业化作业班组从事性质相同的工作,提高操作的熟练程度和劳动生产率。如木工按支模部位分为梁板、墙柱两个作业班组。

第七施工区域为商业办公楼,划分为4个施工段,进行交叉流水施工。

第八施工区域为地下汽车停车库,划分为4个施工段,进行流水施工。

第九、第十施工区域为两个地下自行车停车库,分别划分为两个施工段,进行流水施工。

(三)施工任务的划分

本工程由××市××集团总承包,并组织集团所属土建8个工程处和安装等专业工程处承担相应的土建安装施工任务。8个工程处分别负责8个施工区域的土建施工任务,第五、第六工程处除承担5号、6号楼外,还分别承担两个地下自行车停车库的土建施工任务;安装工程处与各土建工程处配合,负责整个工程的安装工程施工;材料供应部门、设备动力部门和人力资源部门协同配合施工。各分包单位相应加强现有的现场管理班子,并配备既懂技术又有丰富实践经验的基层干部和技术骨干,同时按施工作业计划,精选熟练的劳动力,在总承包项目经理部的统一管理调配下确保本工程项目管理目标的实现。

四、施工准备工作规划

(一)技术准备

1.熟悉图纸,了解设计意图,做好图纸会审和设计交底工作。

2.编制施工组织总设计和各分项施工方案。

3.编制加工订货和大型机具计划。

4.做好模板及脚手架设计。

(二)施工现场准备

做好"三通一平"工作,搭设临时设施,布置好临时供电、供水管网和排水、排污管线。现场西北角有高压电源,现场建变配电室(1000kV·A的三相电源),可引入施工用电。现场东北角有上水干管并已留截门,可接施工用水。现场用水需满足施工、生活及消防所需,给水主系统采用 DN150 的供水管与水源(DN300 水管)连接,每一施工区域给水分系统采用 DN100 的供水管与给水主系统连接,并设置钢制施工水箱,用离心泵配 DN50 的供水管送至各拟建物边,各设置 3 个接驳点,用软管接至使用部位,其他用水地点及临时消防栓的布置均采用镀锌钢管连接。施工现场的生产排水必须经过沉积后才能排入城市排水管网,厕所的排污必须经过地区级化粪池处理方可进入城市管网。

做好现场施工道路,其布置见施工总平面布置图(图 4-3),主干道宽度不小于 6m,路面碾平压实,上铺 10cm 厚 C20 素混凝土,道路两侧设排水沟,并沿纵向设 2‰ 的泄水坡度。

(三)物资准备

本工程的主材由乙方材料采购部门统一采购。开工前半个月内向业主提供总量材料入场计划,在每道工序前 15 天向业主提出分批量入场计划,以便业主及监理有充足的时间进行材料的入场检验工作。混凝土由集团公司混凝土搅拌站统一供应。

(四)测设控制轴线网

根据工程一级测量控制网及单位工程轴线坐标,一次性建立单位工程二级平面测量施工控制网。根据一级测量控制网导线点在场区内引测 3~4 个控制点,定好轴线桩,要求埋深 0.5m,用混凝土浇筑并以钢柱标记。测定高程,将水准点引入现场适当的位置,做好标记,作为工程定位放线的依据。

(五)做好周围居民的安抚工作

因现场周围有居民住宅,施工作业不可避免会给居民带来干扰,建设单位要配合做好工作,并按有关规定支付所需费用。

五、主要分部分项工程施工方法

(一)土方工程

1. 土方开挖

本工程基坑采用大开挖,挖出的土方全部外运。基坑开挖面积较大,土方量较大,采用机械挖土。土方施工阶段,投入 12 台 WY40 型履带式液压反铲挖掘机(第八施工区域 3 台,其余每区 1 台),并配 60 辆载重量为 10t 的东风 EQ1310WJ 型自卸汽车外运土方。

基坑开挖深度为 5.25m,沿竖向分两层开挖,在基坑内设 1:6 的坡道,便于土方机械出入基坑。具体开挖时,将场地分为 10 个区,各工程处互相配合,做好区与区交接处的处理。在土方开挖过程中要严格控制,不超深、不欠挖,接近基底时,底部留 300mm 用于人工开挖,以避免超挖扰动地下土层。

2. 土方回填

地下结构完工并做好地下外墙防水后,应尽早安排肥槽回填土,以利于边坡稳定,并应注意:

(1)回填土前应将基础两边基槽内和房心的垃圾、杂物清净,同时清出松散物,回填由基础底面开始;

(2)回填土的质量必须符合图纸要求和规范规定,含水量适中;

(3)土方回填时,两边同时分层回填,用蛙式打夯机分层压实,每层都按规定取样做干密度试验;

(4)在回填土过程中,应尽可能将回填范围内的外管线一并完成;

(5)在基坑上方开挖的同时,距坑边 0.5m 处设砖砌截水堤,宽 115mm,高出室外地坪

30cm,以防地表水流入基坑。同时还要设置1.2m高的两道护身栏(每隔0.6m设一道),栏杆外围护安全网,并刷红白油漆标志,挂标志牌。

(二)护坡工程

本工程东、南两侧紧邻市区主干道,北面和西面有小区街道,四面均不能放坡,故需直壁开挖。由于基坑较深,土质不很稳定,为防止坑壁坍塌而发生伤亡事故,基坑四面均采用土钉墙护坡。土钉墙按1∶0.3放坡,土孔直径110mm;土钉钢筋用直径为25mm的HRB335级钢筋,倾角10°,纵横向间距均为1.5m;面层为100mm厚C20混凝土。

土钉墙的施工工艺为:开挖土方→喷射第一层混凝土→安设土钉→绑扎钢筋网→喷射第二层混凝土→养护。

1. 土方开挖

土方必须分层开挖,要紧密配合土钉墙施工,严格做到开挖一层、支护一层。每层开挖2m深,每层开挖长度15m,并及时对坡面进行人工修整,马上做土钉墙。

2. 喷射第一层混凝土

第一层混凝土的厚度应控制在40~50mm。喷射前应先对机械设备和水、电线路进行全面检查及试运行,埋设好喷射混凝土厚度的标志。喷射作业应分段分片依次进行。同一区段喷射顺序应自下而上。喷射混凝土终凝后及时喷水养护3天左右。

3. 安设土钉

包括钻孔、安装钢筋、注浆等几道工序。

(1)钻孔。钻孔前采用经纬仪、水准仪、钢卷尺等进行土钉放线,确定钻孔位置。成孔采用冲击钻,成孔中严格按操作规程钻进。终孔后,应及时安设土钉,以防止塌孔。

(2)安装钢筋。土钉安放时,应避免杆体扭曲,注浆管与土钉杆一起放入孔内,注浆管应插至距孔底250~500mm,为保证注浆饱满,在孔口部位设置浆塞及排气管。用定位器将土钉固定,以保证土钉钢筋保护层厚度。

(3)注浆。采用水灰比为0.45的1∶2水泥砂浆,压力应达到0.5MPa以上。注浆前,将孔内残留及松动的废土清理干净,注浆开始或中途停止不能超过30min,应先用水或稀水泥浆润滑注浆泵及管路。

4. 绑扎钢筋网

钢筋网为$\phi6@200×200$的双向钢筋,并沿纵横向绑扎直径为16mm的HRB335级主筋(即加强筋,间距同土钉),然后将土钉钢筋焊接在主筋上或安垫板用螺母固定,保证在喷射混凝土时土钉钢筋不晃动。钢筋网安装完毕,及时进行隐蔽验收。

5. 喷射第二层混凝土

先检查第一层混凝土,除去松散、松动部分,并湿润。操作基本上与喷射第一层混凝土一致,控制混凝土总厚100mm,同时,又应将所在钢筋网盖住,并保证面层25mm厚钢筋保护层。

6. 养护

第二层混凝土喷射完毕终凝后,应及时喷水养护,日喷水不少于3次,养护时间不少于3天。

(三)筏板基础施工

本工程住宅楼基础筏板厚800mm,商业办公楼筏板厚1000mm,混凝土采用C30/S8级配防水混凝土,混凝土配制时内掺TMS膨胀剂。底板混凝土垫层施工完后,即进行水平防水工程施工,接着施工水泥砂浆保护层,然后进行底板钢筋的绑扎。绑扎过程中要特别重视底板钢筋的绑扎质量,柱插筋定位的准确、牢固,采用先在垫层上弹墨线方式,保证底板钢筋的间距。底板上、下钢筋绑扎时,按施工图的要求设置撑脚。底板混凝土采用斜面分层浇筑,应顺序平行推进,连续浇捣不得留置施工缝。

(四)地下防水工程

地下车库外墙为防水混凝土,须做好下列处理:

1. 外墙过墙管应加法兰套管。

2. 变形缝止水带采用焊接,固定止水带不得用钉结合,应用铅丝将止水带固定在钢筋或模板上,下灰或振捣时不要碰止水带。

3. 补浇后浇带应在混凝土龄期不少于40天后进行,并认真清理缝内杂物,将接搓两边松散部分剔除,安装附加钢筋,支模后浇水湿润1昼夜后再灌混凝土。后浇带用微膨胀剂配制混凝土,其强度等级提高一级,坍落度40~60mm,配合比由试配确定。浇筑时用铁锹喂灰,每层厚度不超过50cm,应认真振捣密实,湿养护6周。

4. 防水混凝土墙的螺栓孔用微膨胀剂配制的砂浆堵孔,另编操作工艺。

5. 防水卷材铺贴。先做水平防水,后做竖向防水。基础垫层施工完,先在垫层上铺贴SBS防水卷材,做水泥砂浆保护层,然后施工底板。考虑基坑壁的安全,先砌保护墙(稍高于底板厚度),卷材贴于保护墙内侧,利用保护墙做胎模,浇筑底板混凝土。接着施工外墙体,将卷材铺贴于外墙外侧,再砌筑保护墙,注意做好接搓。

六、施工总进度计划

(一)主要工程量

项目主要工程量略。

(二)总体施工工期控制

整个工程于2009年3月1日开工,工程竣工日期为2010年7月31日,2010年2月冬休一个月,整个工程总工期为490天。

根据总控制进度计划的安排,施工准备工作应当在开工后20天(2009年3月20日以前)内完成。由于中心有地下车库,基坑采用大开挖,土方量较大,还需进行土钉墙支护,故整个工程挖土方进行16天(2009年3月16日—2009年3月31日),土钉墙支护滞后挖土1天,穿插于挖土方之间进行(2009年3月17日—2009年3月26日)。筏板基础施工在土方完成并由设计单位进行验槽后开始(2009年4月1日—2009年4月20日)。住宅楼主体结构(含地下室)均在2009年4月21日开始,在2009年9月10日完成;商业办公楼主体结构在2009年4月21日开始,封顶于2009年11月10日。主体结构施工完成地上五层后,即插入装饰工程施工,高层住宅装饰工程于2010年1月31日完成,商业办公楼装饰工程于2010年6月10日完成。

中心地下汽车库于2009年4月21日开始,于2009年8月10日完成。自行车库于2009年4月21日开始,于2009年6月20日完成。

高层住宅装饰工程结束后开始中心花园广场、室外道路工程、水电管线工程和绿化工程的施工,工期为132天(2010年3月1日—2010年7月20日)。

整个工程于2010年7月31日完成,准备单位工程和工程项目的竣工验收。施工总进度计划如图4-3所示。

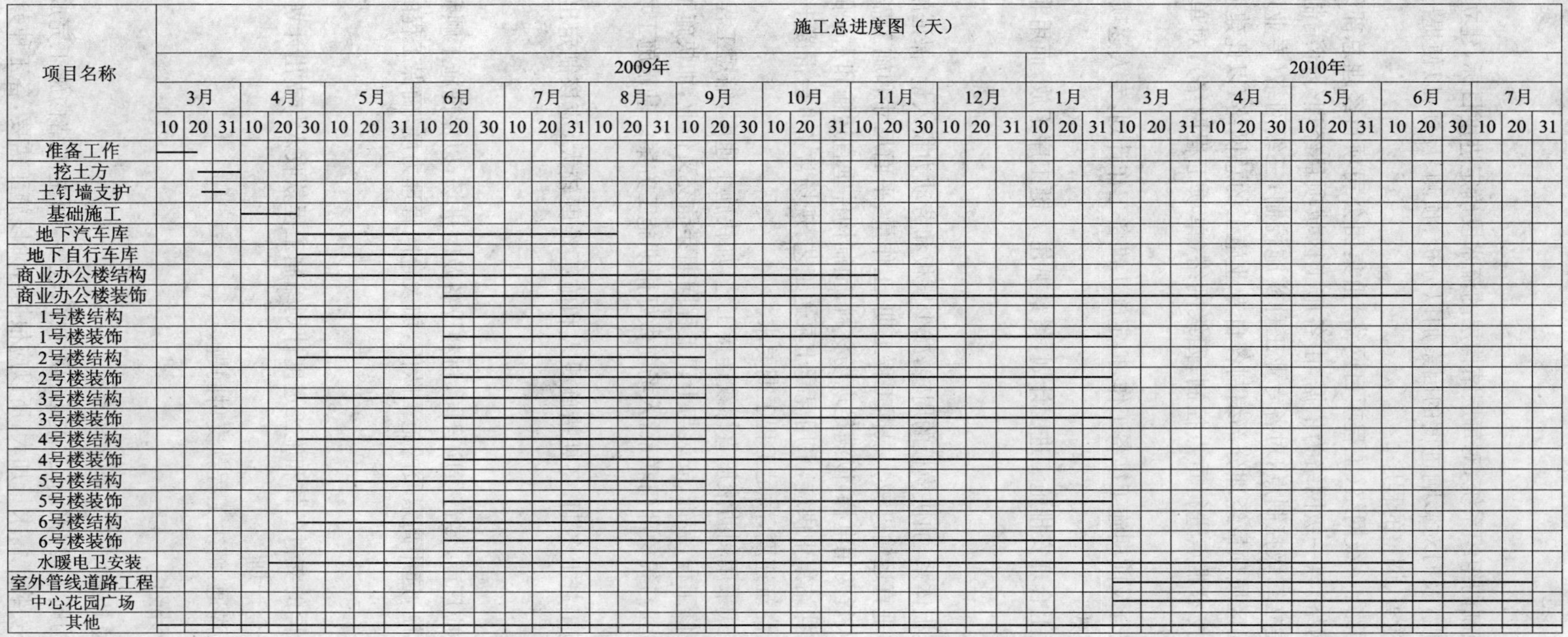

施工总进度图（天）

2009年　2010年

| 3月 | 4月 | 5月 | 6月 | 7月 | 8月 | 9月 | 10月 | 11月 | 12月 | 1月 | 3月 | 4月 | 5月 | 6月 | 7月 |

10 20 31 | 10 20 31 | 10 20 31 | 10 20 31 | 10 20 31 | 10 20 31 | 10 20 31 | 10 20 31 | 10 20 31 | 10 20 31 | 10 20 31 | 10 20 31 | 10 20 31 | 10 20 31 | 10 20 31 | 10 20 31

项目名称

准备工作
挖土方
土钉墙支护
基础施工
地下汽车库
地下自行车库
商业办公楼结构
商业办公楼装饰
1号楼结构
1号楼装饰
2号楼结构
2号楼装饰
3号楼结构
3号楼装饰
4号楼结构
4号楼装饰
5号楼结构
5号楼装饰
6号楼结构
6号楼装饰
水暖电工安装
室外管线道路工程
中心花园广场
其他

图 4-3　某工程施工总进度计划图

（三）工期控制措施

1. 组织措施

(1)建立进度控制的组织系统,对每层结构层的流水段确定进度目标,建立目标体系,并确定进度控制工作制度,及时对影响进度的因素加以分析、预测、反馈,以便提出改进措施和方案,建立一套贯彻、检查、调整的程序。

(2)建立四级网络:一级网络(工程项目网络)由集团公司项目经理总部编制和控制;二级网络(单位工程网络)以一级网络为依据,由各施工区域项目经理分部编制各单位工程施工的总网络,以此建立二级控制点,对各专业工种实施控制;三级网络(专业网络)以二级网络为依据,由各施工区域项目经理分部编制各自专业施工的总网络,以此建立三级控制点,对关键制约工序和技术难点进行重点控制;四级网络(单项工程网络),对单位工程的施工进行控制。

(3)做好施工配合及前期施工准备工作,拟定施工准备工作计划,专人逐项落实,确保后勤保障工作的高质、高效。

(4)在管理制度上合理安排施工进度计划,紧紧抓住关键工序不放,而用非关键工序去调整劳动力生产的平衡。

2. 技术措施

(1)采用早拆模板体系,加快模板的周转,减少模板和劳动力投入量,保证施工进度。

(2)采用先进的垂直运输机械。根据工程工期、工作量、平面尺寸和施工需要,现场投入 8 台附墙塔吊和 8 部人货两用电梯,以满足现场材料、预制构件垂直运输和水平倒运。

(3)混凝土由搅拌站集中供应,采用混凝土泵送工艺,现场常备 8 台混凝土泵,以提高劳动生产率,加快混凝土浇筑速度,满足工程工期要求。

(4)钢筋连接方式采用剥肋滚压直螺纹连接工艺,加快施工速度,缩短工程的施工工期。

(5)提前插入装修工程,装饰、安装与土建工程同期穿插交叉作业,加快施工进度。

(6)施工期间加强与气象部门联系,入场前做好雨期施工方案。基础施工均需要安排在梅雨季节到来之前完成。

(7)由于结构施工赶上冬期,冬期措施投入和施工难度较大,应该制定出详细的技术措施。

3. 合同措施

(1)认真选择供应厂商,签订供应合同,材料设备及时进场,以保证施工顺利进行。

(2)引进竞争机制,选用高素质的施工队伍,加大合同管理力度,确保工程的进度和质量要求。

4. 经济措施

(1)根据施工合同的支付条款和施工进度计划编制工程款收入与支出计划,绘制工程现金流量图,合理确定资金计划。

(2)及时与业主沟通,解决工程款支付问题。

七、资源需要量计划

（一）劳动力供应计划

由于在主体结构施工时,钢筋工、木工相对投入较多,而主体结构施工完成后,钢筋工、木工工作量很小,水电安装工需求量加大,所以应根据各阶段施工需要,各工种劳动力分次投入,且始终处于动态控制中。

根据工程实际进度及时调配劳动力。根据施工总体控制计划、工程量、流水段的划分、装修、水电安装的需要,现场劳动力投入见如 4-17、表 4-18 所示。

表 4-17　主体结构施工时劳动力投入计划表

工　种 子项目名称	木工 (人)	钢筋工 (人)	混凝土工(人)	架子工 (人)	砌筑工 (人)	抹灰工 (人)	安装工 (人)	现场电工 (人)	其他辅助工(人)	合计 (人)
1 号楼	50	40	30	25	10	20	20	4	35	234
2 号楼	50	40	30	25	10	20	20	4	35	234
3 号楼	50	40	30	25	10	20	20	4	35	234
4 号楼	50	40	30	25	10	20	20	4	35	234
5 号楼	50	40	30	25	10	20	20	4	35	234
6 号楼	50	40	30	25	10	20	20	4	35	234
商业办公楼	50	40	30	25	30	40	20	4	35	274
汽车库	60	50	40	35	45	40	30	6	45	351
自行车库	50	40	30	25	10	15	15	4	20	209
总计	整个主体结构施工高峰人数:2238 人									

表 4-18　装修、安装阶段时劳动力投入计划表

工　种 子项目名称	木工 (人)	泥工 (人)	油漆工 (人)	架子工 (人)	现场电工 (人)	安装工 (人)	其他辅助工 (人)	合计 (人)
1 号楼	30	40	25	15	4	45	55	214
2 号楼	30	40	25	15	4	45	55	214
3 号楼	30	40	25	15	4	45	55	214
4 号楼	30	40	25	15	4	45	55	214
5 号楼	30	40	25	15	4	45	55	214
6 号楼	30	40	25	15	4	45	55	214
商业办公楼	35	70	25	20	5	45	55	255
汽车库	15	40	20	10	3	30	45	163
自行车库	10	15	10	5	2	15	20	77
总计	整个装饰装修安装施工高峰人数:1539 人							

(二)主要材料、半成品供应计划

根据进度计划提供的各种材料、构配件及制品的需要量计划,及时做好材料的申请、加工制作、定货、运输、储存、保管等工作。

对于水泥、砖、木材、钢筋等大宗材料,可根据施工进度计划分批进场;对于混凝土,可提前一星期通知公司混凝土集中搅拌站备料。

(三)施工机具需要量计划

土方施工阶段,投入 12 台 WY40 型履带式液压反铲挖掘机和 60 辆载重量为 10t 的东风 EQ1310WJ 型自卸汽车外运土方。

结构施工阶段,投入 10 台 QTZ160 塔吊分别用于 1 号楼(1 台)、2 号楼(1 台)、3 号楼(1 台)、4 号楼(1 台)、5 号楼(1 台)、6 号楼(1 台)、商业办公楼(1 台)和汽车库(3 台),两个自行车

库结构施工吊装分别用 5 号楼、6 号楼的塔吊。塔吊安装在基础结构施工前完成，先浇筑塔吊基础，在塔吊基础内预留地脚螺栓，待基础混凝土强度达到要求后即安装塔吊。

另外，六栋住宅和商业办公楼各配备一部外用电梯用于人员交通和小型零星材料运输。

现场主要施工机械设备计划如表 4-19 所示。

表 4-19　现场主要施工机械设备计划表

机械或设备名称		型号规格	数量(台)	每台额定功率(kW)	入退场时间
土方	反铲挖掘机	WY40	12	149	土方施工阶段
	东风自卸车	10t	60		
	蛙式打夯机	HW-60	40	2	
运输	塔吊	QTZ160	10	71.5	结构装修阶段施工期间
	外用电梯	SCD200/200K	7	46	
钢筋	电渣压力焊	KDE-500	80	30	入场至主体结构完工
	直流电焊机	AX-500	30	26	
	交流电焊机	BX1-300	40	17.2kV·A	
	电渣压力焊机	HYS-630	10	49.4	
	钢筋弯曲机	GW40A	10	3	
	钢筋调直机	GT4-8	10	7.5	
	钢筋切断机	GT40	10	4	
混凝土工	混凝土运输泵	HBT-60A	9	60	浇筑混凝土
	振捣棒	ZX-50	80	8	入场至结构完工装修阶段施工期间
	振捣棒	ZX-35	30	1.5	
	混凝土搅拌机	强制式 500 型	9	34	
	砂浆搅拌机	HJI-200	9	5.5	
木工	木工圆盘锯	MT500	9	3	主体装修施工期间
	电刨	M403B	9	4	
	压刨	MBPYW903	9	4	
安装工程	直流电焊机	AX-500	9	26	安装阶段施工期间
	交流电焊机	BX-300	18	17.2kV·A	
	套丝机	四寸	9		
	手动试压泵	PZY-44/35MP	9		
	电动切管机	REX100-600	9		
	液压弯管机		9		
	阀门试验台		3		
	角向磨光机		3		

八、施工现场总平面布置

施工现场总平面布置如图 4-4 所示，图中图例所表示的内容见表 4-16，也可参考第五章中图 5-17。

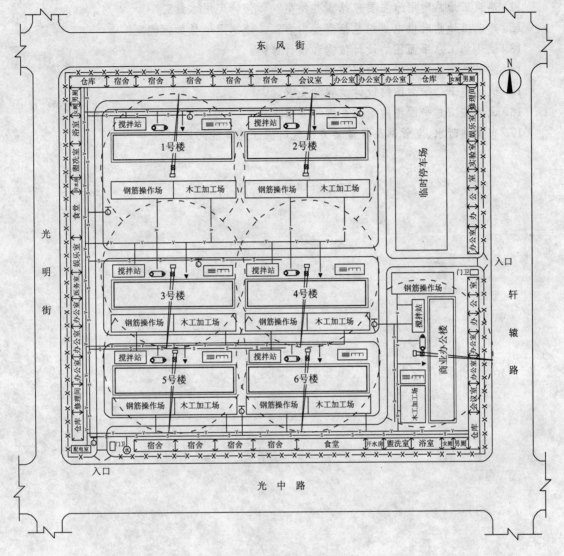

图 4-4 某工程施工总平面图

复习思考题

1. 什么叫施工组织总设计？由谁主持编制？
2. 试述施工组织总设计的编制依据和编制程序。
3. 施工组织总设计包括哪些内容？
4. 试述施工总进度计划的编制步骤。
5. 施工现场的暂设工程包括什么？
6. 工地加工厂的类型和结构形式有哪些？加工厂面积如何确定？
7. 工地仓库的类型和结构形式包括哪些？仓库面积如何确定？
8. 工地物资储备量如何确定？
9. 工地的运输方式有哪些？

10. 施工现场办公、生活福利设施的建筑面积如何确定?

11. 建筑工地临时用水主要包括哪些类型? 如何确定用水量?

12. 建筑工地临时供电组织包括哪些内容? 工地总用电量如何确定?

13. 试述施工总平面图的设计依据和设计原则。

14. 施工总平面图设计的内容有哪些?

15. 试述施工总平面图的设计步骤和要求。

16. 试述施工总平面图的绘制步骤和要求。

17. 布置临时水、电管网及其他动力设施时应注意哪些问题?

第五章 单位工程施工组织设计

单位工程施工组织设计是以单项工程或单位工程为对象编制的,是规划和指导拟建工程从施工准备到竣工验收全过程施工活动的技术经济文件。它在施工组织总设计和施工单位总的施工部署的指导下,具体地确定施工方案,合理安排人力、物力、资金等资源,是编制作业计划和进行现场布置的重要依据,也是指导现场施工的纲领性的技术经济文件。

目前施工企业的施工组织设计工作贯穿于建设项目实施阶段的全过程,在工程招标阶段,承包商就要精心编制施工组织设计大纲,即根据工程的具体特点、建设要求、施工条件和本单位的管理水平,制定初步施工方案,安排施工进度计划,规划施工平面图,确定建筑材料等的物资供应,并拟定了各类技术组织措施和安全生产与质量保证措施;在工程中标、签订工程承包合同后,承包商还需对施工组织设计大纲进行深入详细的研究,形成具体指导施工活动的施工组织设计文件。

第一节 概 述

一、单位工程施工组织设计的作用与任务

(一)单位工程施工组织设计的作用

单位工程施工组织设计有以下作用:

1. 是施工单位编制季度、月度、旬施工作业计划的依据;

2. 是施工单位编制分部(分项)工程施工方案及劳动力、材料、机械设备等供应计划的主要依据;

3. 对落实施工准备,保证施工有组织、有计划、有秩序地进行,实现优质、低耗、快速的施工目标均起着重要作用;

4. 单位工程施工组织设计编制得是否合理,对参加投标而能否中标和取得良好的经济效益起着很大的作用。

(二)单位工程施工组织设计的任务

单位工程施工组织设计的任务是:

1. 贯彻施工组织总设计对该工程的规划精神;

2. 选择施工方法、施工机械,确定施工顺序;

3. 编制施工进度计划,确定各分部、分项工程间的时间关系,保证工期目标的实现;

4. 确定各种物资、劳动力、机械的需要量计划,为施工准备、调度安排及布置现场提供依据;

5. 合理布置施工现场,充分利用空间,减少运输和暂设费用,保证施工顺利、安全地进行;

6. 制定实现质量、进度、成本和安全目标的具体措施,为施工管理提出技术和组织方面的指导性意见。

二、单位工程施工组织设计的编制依据

单位工程施工组织设计的编制应根据工程规模和复杂程度，主要依据以下几方面内容：

1. 工程承包合同。包括工程承包范围和内容，特别是施工合同中有关工期、施工技术条件、工程质量标准要求、对施工方案的选择和进度计划的安排有重要影响的条款。

2. 上级机关对工程的有关指示和要求，建设单位对工程的意图和要求等。包括：上级主管单位对本工程的范围和内容的批文及招投标文件，建设单位提出的开工、竣工日期，质量要求，某些特殊施工技术的要求，采用何种先进技术，施工合同中规定的工程造价，工程价款的支付、结算方式及交工验收办法，材料、设备及技术资料供应计划等。

3. 建设场地的征购、拆迁等情况，施工许可证等前期工作完成情况。

4. 经过会审的施工图。包括全部施工图纸、会审记录和标准图等有关设计资料。

5. 施工现场的自然条件（场地条件及工程地质、水文地质、气象资料）和建筑环境、技术经济条件，包括工程地质勘察报告、地形图和工程测量控制网等；又如交通运输及原材料、劳动力、施工设备和机具等的市场价格情况。

6. 资源配备情况。如业主提供的临时房屋、水压、供水量、电压、供电量能否满足施工的要求；又如原材料、劳动力、施工设备和机具、预制构件等的市场供应和来源情况。

7. 施工组织总设计（或建设单位）对本工程的工期、质量和成本控制的目标要求。

8. 承包单位年度施工计划对本工程开竣工的时间安排；施工企业年度生产计划对该工程规定的有关指标，设备安装对土建的要求，与其他项目的穿插施工的要求。

9. 工程预算、报价文件及有关定额。应有详细的分部分项工程量，必要时应有分层、分段或分部位的工程量，工程使用的预算定额及施工定额。

10. 国家现行有关方针、政策、法律、法规、规范、规程及标准等。

11. 工程施工协作单位的情况。如工程施工协作单位的资质、技术力量、设备进场安装时间等。

12. 类似工程的施工经验总结。

三、单位工程施工组织设计的编制程序

单位工程施工组织设计的编制程序如图 5-1 所示。

四、单位工程施工组织设计的内容

单位工程施工组织设计根据工程性质、规模、技术复杂难易程度不同，其编制内容的深度和广度也不尽相同。一般应包括下列内容：

1. 工程概况及施工特点分析；

2. 施工方案的拟订；

3. 单位工程施工进度计划表；

4. 单位工程施工准备工作及各项资源需要量计划；

5. 单位工程施工平面图；

6. 质量、安全、节约、环境及季节施工的技术组织保证措施；

7. 主要技术经济指标分析等。

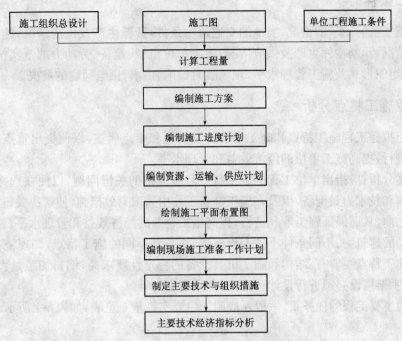

图 5-1　单位工程施工组织设计的编制程序

第二节　工程概况和施工特点分析

工程概况和施工特点分析包括工程建设概况,工程建设地点特征,建筑、结构设计概况,施工条件和工程施工特点分析五方面内容。

一、工程建设概况

主要介绍拟建工程的建设单位、工程名称、性质、用途和建设的目的,资金来源及工程造价,开工、竣工日期,设计单位、施工单位、监理单位,施工图纸情况,施工合同是否签订,上级有关文件或要求,以及组织施工的指导思想等。

二、工程建设地点特征

主要介绍拟建工程的地理位置,地形,地貌,地质,水文,气温,冬期、雨期时间,主导风向,风力和抗震设防烈度等。

三、建筑、结构设计概况

主要根据施工图纸,结合调查资料,简练地概括工程全貌,综合分析,突出重点问题。对新结构、新材料、新技术、新工艺及施工的难点作重点说明。

建筑设计概况主要介绍拟建工程的建筑面积、平面形状和平面组合情况、层数、层高、总高、总长、总宽等尺寸及室内外装修的情况。

结构设计概况主要介绍基础的形式、埋置深度,设备基础的形式,主体结构的类型,墙、柱、梁、板的材料及截面尺寸,预制构件的类型及安装位置,楼梯构造及形式等。

四、施工条件

主要介绍"三通一平"的情况,当地的交通运输条件,资源生产及供应情况,施工现场大小及周围环境情况,预制构件生产及供应情况,施工单位机械、设备、劳动力的落实情况,内部承包方式、劳动组织形式及施工管理水平,现场临时设施、供水、供电问题的解决。

五、工程施工特点分析

主要介绍拟建工程施工特点和施工中的关键问题和难点所在,以便突出重点、抓住关键,使施工顺利进行,提高施工单位的经济效益和管理水平。

通过上述分析,应指出单位工程的施工特点和施工中的关键问题,以便在选择施工方案、组织资源供应和技术力量配备,以及在施工准备工作中采取有效措施,使解决关键问题的措施落实于施工之前,从而保证施工顺利进行,提高施工企业的经济效益和管理水平。

不同类型的建筑物、不同条件下的工程施工,均有其不同的施工特点,如现浇钢筋混凝土高层建筑的施工特点主要有:结构和施工机具设备的稳定性要求高,钢材加工量大,混凝土浇筑难度大,脚手架搭设必须进行设计计算,安全问题突出等。

为了说明主要工程的任务量,一般还应附上主要实物量一览表,如表 5-1 所示。

表 5-1 主要实物量一览表

项 目	单 位	数 量	项 目	单 位	数 量
挖土	m³		内墙抹灰	m²	
运土	m³		内墙瓷砖	m²	
填土	m³		内墙石材	m²	
砌石	m³		天棚抹灰	m²	
砌砖	m³		现浇地面	m²	
砌块	m³		块材地面	m²	
外墙挂板	m³		吊顶	m²	
外墙面砖	m²		木门窗	m²	
外墙石材	m²		木装修	m²	
外墙粉饰	m²		地下防水	m²	
幕墙	m²		屋面防水	m²	
给水管	m		排水管	m	
卫生设备	套		散热器	片、套	
采暖管	m		锅炉	台	
消防设备	套		空调通风	套	
动力线槽	m		电气管线	m	
灯具	套		自控设备	台	
现浇混凝土 (m³)	商品		钢结构(t)	网架		金属门窗 (樘)(m²)	铝合金	
	现场			钢构件			塑钢	
	合计			合计			合计	
预制混凝土	柱	m³		梁	m³		板	m³		桩	m³
		根			根			根			根

对于规模不大、较简单的工程,也可采用表格的形式对工程概况进行说明,如表 5-2 所示。

表 5-2　工程概况表

建设单位				工程名称				
设计单位				监理单位				
开工日期				竣工日期				
经济技术指标	总造价(万元)		单方造价(元/m²)	建筑面积(m²)	地下		地上	合计
	钢材用量(kg/m²)		木材用量(m³/m²)	建筑体型	长	宽	高	平面形状
地基基础	开挖层土质			基础类型				
	持力层土质			基础埋深				
	地下水位			冻结深度				
主体结构	结构类型			柱				
	建筑层数			梁板				
	檐口标高			墙体				
	标准层高			楼梯				
	最大层高			圈梁				
	最大跨度			抗震设防烈度				
装饰装修	外墙装饰			门				
	内墙装饰			窗				
	天棚			屋面防水				
	地面			地下防水				
相关专业	供热			电气				
	给排水			电梯				
	空调通风			通讯				
	消防			自动控制				
现场概况	现场面积概量			施工用水				
	周围环境			施工用电				
	地下障碍物			施工道路				

第三节　施工方案的选择

　　合理选择施工方案是单位工程施工组织设计的核心。施工方案的主要内容包括:确定施工开展程序;划分施工段;确定施工起点流向;确定分部分项工程的施工顺序;选择主要分部、分项工程的施工方法和施工机械;施工方案的技术经济比较等内容。由于施工方法和施工机械的选择直接影响着施工进度、工程质量、施工安全和工程成本,因此它是合理组织施工的关键,是组织施工时首先应予以解决的问题。

一、施工开展程序的确定

(一)开工前后的开展程序
施工准备→开工报告及审批→开始施工。

(二)单位工程的各分部工程间的先后顺序与相互关系

1. 一般建筑

按照常规施工方法时的施工程序应遵循"先地下后地上,先主体后围护,先结构后装饰,先土建后设备安装"的原则来确定。

(1)先地下后地上

先地下后地上指的是在地上工程施工之前,尽量把管道、线路等地下设施和土方工程、基础工程全部完成或基本完成,以免对地上部分产生干扰,带来不便。

(2)先主体后围护

先主体后围护主要指结构中主体与围护的关系。一般来说,多层建筑主体结构与围护结构以少搭接为宜,而高层建筑则应尽量搭接施工,以便有效地节约时间。

(3)先结构后装饰

先结构后装饰主要指先进行主体结构施工,后进行装饰工程施工。就一般情况而言,有时为了节约时间,也可以部分搭接施工。

(4)先土建后设备安装

先土建后设备安装指的是处理好土建与水、暖、电、卫等设备安装的施工顺序。

上述施工程序并不是一成不变的,随着我国施工技术的发展以及企业经营管理水平的提高,特别是随着建筑工业化的不断发展,有些施工程序也将发生变化。例如,采用逆作法施工的工程就存在地下、地上同时施工,大大缩短了工期;又如大板结构房屋中的大板施工,已由工地生产逐渐转向工厂生产,这时结构与装饰可在工厂内同时完成。

2. 工业厂房土建与设备的先后顺序与相互关系

(1)先土建,后设备(封闭式施工)

工业建筑的土建与设备安装的施工顺序与厂房的性质有关。如精密工业厂房,一般要求土建、装饰工程完工之后安装工艺设备;重型工业厂房则有可能先安装设备,后建厂房,或设备安装与土建同时进行,这样的厂房设备一般体积很大,若厂房建好以后,设备无法进入和安装,如重型机械厂房、发电厂的主厂房等。

"封闭式"施工方案,指在主体结构施工完成之后,再进行设备基础的施工。这种方案的优点是厂房基础施工和构件预制的工作面较宽敞,便于布置起重机开行路线,可加快主体结构的施工进度;设备基础在室内施工,不受气候的影响,可提前安装厂房内的桥式吊车为设备基础施工服务。其主要缺点是设备基础的土方工程施工条件较差,不利于采用机械化施工;不能提前为设备安装提供条件,因而工期较长;出现某些重复性工作,例如厂房内部回填土的重复挖填和临时运输道路的重复铺设等。

(2)先设备,后土建(开敞式施工)

该方案的优缺点与"封闭式"施工正好相反。确定单层工业厂房的施工方案时,应根据具体情况进行分析。一般而言,当设备基础较浅或其底部标高不低于柱基且不靠近柱基时,宜采用"封闭式"施工方案;而当设备基础体积较大、埋置较深,采用"封闭式"施工对主体结构的稳定性有影响时,则应采用"开敞式"施工方案。对某些大而深的设备基础,若采用特殊的施工方法(如沉井),仍可采用"封闭式"。当土建工程为设备安装创造了条件,同时又采取防止设备被砂浆、垃圾等污染损坏的措施时,主体结构与设备安装工程可以同时进行。

当然,设备与土建也可以同时施工。

二、流水施工组织

(一)划分施工段

施工段划分的原则详见本书第二章,这里主要介绍一般住宅工程的施工段划分方法。

1. 基础工程。少分段或不分段,便于不均匀地基的统一处理。当结构平面较大时,可以考虑 2～3 个单元为一段。

2. 主体工程。2～3 个单元为一段,小面积的栋号平面内不分段,可以进行栋号间的流水。

3. 屋面工程。一般不分段,也可在高低层或伸缩缝处分段。

4. 装饰工程。外装饰以层分段或每层再分 2～3 段。

内装饰每单元为一段或每层分 2～3 段。

(二)流水施工的组织方式

建筑物(或构筑物)在组织流水施工时,应根据工程特点、性质和施工条件组织全等节拍、成倍节拍和分别流水等施工方式。

若流水组中各施工过程的流水节拍大致相等,或者各主要施工过程流水节拍相等,在施工工艺允许的情况下,尽量组织流水组的全等节拍专业流水施工,以达到缩短工期的目的。

若流水组中各施工过程的流水节拍存在整数倍关系(或者存在公约数),在施工条件和劳动力允许的情况下,可以组织流水组的成倍节拍专业流水施工。

若不符合上述两种情况,则可以组织流水组的分别流水施工,这是常见的一种组织流水施工的方法。

将拟建工程对象划分为若干个分部工程(或流水组),各分部工程组织独立的流水施工,然后将各分部工程流水按施工组织和工艺关系搭接起来,组成单位工程的流水施工。

三、施工起点流向的确定

单位工程施工流向是指施工活动在空间上的展开与进程。单层建筑需确定平面上的流向,多层建筑除确定平面上的流向外,还需确定立面上的流向。也就是说,多层建筑施工项目在平面上和竖向上各划分为若干施工段,施工流向就是确定各施工段施工的先后顺序。例如,图 5-2 所示为多层建筑物层数不等时的施工流向示意图,其中(a)为从层数多的第 Ⅱ 段开始施工,再进入较少层数的施工段 Ⅰ(或Ⅲ)进行施工,然后再依次进入第二层、第三层顺序施工;(b)为从有地下室的第 Ⅱ 段开始施工,接着进入一层的第 Ⅲ 段施工,继而又从第一层的第 Ⅰ 段开始,由下至上逐层逐段依此顺序进行施工。采取这两种施工顺序组织施工时,能使各施工过程的工作队在各施工段上(包括各层的施工段)连续施工。

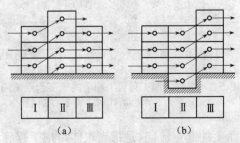

图 5-2 层数不等的多层房屋施工流向图

（一）确定施工起点流向应考虑的因素

1. 建设单位生产和使用的要求。先投产、先使用，先施工、先交工，所以拟建项目的流程，往往是确定施工流向的关键因素，首先施工影响后续生产工艺试车投产的部位。这样可以提前发挥基本建设投资的效果。

2. 从施工技术考虑，应对技术复杂、工程量大、工期长的部位先施工。一般，技术复杂、施工进度较慢、工期较长的区段和部位应先施工。一旦前导施工过程的起点流向确定了，后续施工过程也就随之而定了。如单层工业厂房的挖土工程的起点流向决定柱基础施工过程和某些预制、吊装施工过程的起点流向。

3. 根据施工条件、现场环境情况，对条件具备的（如：材料、图纸、设备供应等）先行施工。工程现场条件和施工方案、施工场地的大小、道路布置和施工方案中采用的施工方法和机械也是确定施工起点和流向的主要因素。如土方工程边开挖边余土外运，则施工起点应从离道路由远到近的方向进展。

4. 从沉降等因素考虑，应先高后低、先深后浅进行施工，如柱子的吊装应从高低跨并列处开始。屋面防水层施工应按先高后低的方向施工，同一屋面则由檐口到屋脊方向施工。基础有深浅之分时，应按先深后浅的顺序进行施工。

5. 分部分项工程的特点及其相互关系考虑。

（二）多层建筑的室内装饰工程施工流向

多层建筑的室内装饰工程除平面上的起点和流向以外，在竖向上还要决定其流向，而竖向的流向确定更显得重要。根据装饰工程的工期、质量、安全、使用要求以及施工条件，其施工起点流向一般分为：自上而下、自下而上以及自中而下再自上而中三种。

1. 室内装饰工程自上而下的施工起点流向，通常是指主体结构工程封顶，做好屋面防水层后，从顶层开始，逐层往下进行。其施工流向如图 5-3 所示，有水平向下和垂直向下两种情况，通常采用如图 5-3(a) 所示的水平向下的流向较多。此种起点流向的优点是：主体结构完成后，有一定的沉降时间，能保证装饰工程的质量；做好屋面防水层后，可防止在雨季施工时因雨水渗漏而影响装饰工程的质量。并且，自上而下的流水施工，各工序之间交叉少，便于组织安全施工，方便从上往下清理垃圾。其缺点是不能与主体施工搭接，因而工期较长。

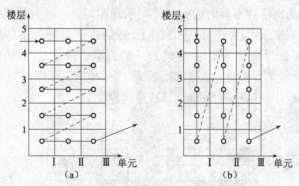

图 5-3　室内装饰工程自上而下的施工起点流向
(a) 水平向下的流向；(b) 垂直向下的流向

2. 室内装饰工程自下而上的起点流向，是指当主体结构工程施工到 2～3 层以上时，装饰工程从 1 层开始，逐层向上进行，其施工流向如图 5-4 所示，有水平向上和垂直向上两种情况。

此种起点流向的优点是可以和主体砌墙工程进行交叉施工,使工期缩短。其缺点是工序之间交叉多,需要预防影响装饰工程质量的雨水和施工用水渗漏问题。

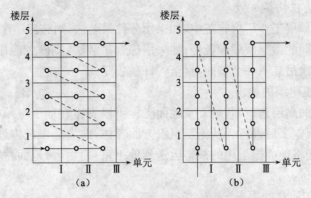

图 5-4　室内装饰工程自下而上的施工起点流向
(a)水平向上的流向;(b)垂直向上的流向

3. 自中而下再自上而中的起点流向,综合了上述两者的优缺点,适用于中、高层建筑的装饰工程,如图 5-5 所示。

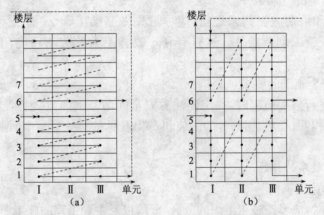

图 5-5　室内装饰工程自中而下再自上而中的起点流向
(a)水平向下的流向;(b)垂直向下的流向

四、分部分项工程的施工顺序

施工顺序的确定,可以解决各工种之间在时间上的搭接,可以充分利用施工空间,可以保证质量和安全生产,可以缩短工期,减少成本。确定各施工过程的施工顺序,必须符合工艺顺序,还应与所选用的施工方法和施工机械协调一致,同时还要考虑施工组织、施工质量、安全技术的要求,以及当地气候条件等因素。其目的是为了更好地按照施工的客观规律组织施工,使各施工过程的工作队紧密配合,进行平行、搭接、穿插施工。

(一)确定施工顺序的原则

1. 必须符合施工工艺的要求

建筑物在建造过程中,各分部分项工程之间存在着一定的工艺顺序关系,它随着建筑物结构和构造的不同而变化,应在分析建筑物各分部分项工程之间的工艺关系的基础上确定施工顺序。例如:基础工程未做完,其上部结构就不能进行,垫层需在土方开挖后才能施工;采用砌体结构时,下层的墙体砌筑完成后,方能施工上层楼面。但在框架结构工程中,墙体作为围护或隔断,则可安排在框架施工全部或部分完成后进行。

2. 必须与施工方法协调一致

例如:在装配式单层工业厂房施工中,如采用分件吊装法,则施工顺序是先吊装柱,再吊装梁,最后吊装各个节间的屋架及屋面板等;如采用综合吊装法,则施工顺序为一个节间全部构件吊装完成后,再依次吊装下一个节间,直至构件吊装完。

3. 必须考虑施工组织的要求

例如:有地下室的高层建筑,其地下室地面工程可以安排在地下室顶板施工前进行,也可以安排在地下室顶板施工后进行。从施工组织方面考虑,前者施工较方便,上部空间宽敞,可以利用吊装机械直接将地面施工用的材料运送到地下室;而后者,地面材料运输和施工,就比较困难。

4. 必须考虑施工质量的要求

在安排施工顺序时,要以保证和提高工程质量为前提,影响工程质量时,要重新安排施工顺序或采取必要的技术措施。例如:屋面防水层施工,必须等找平层干燥后才能进行,否则将影响防水工程的质量,特别是柔性防水层的施工。

5. 必须考虑当地的气候条件

例如:在冬期和雨期施工到来之前,应尽量先做基础工程、室外工程、门窗玻璃工程,为地上和室内工程施工创造条件。这样有利于改善工人的劳动环境,有利于保证工程质量。

6. 必须考虑安全施工的要求

在立体交叉、平行搭接施工时,一定要注意安全问题。例如:在主体结构施工时,水、暖、煤、卫、电的安装与构件、模板、钢筋等的吊装和安装不能在同一个工作面上,必要时采取一定的安全保护措施。

(二)确定施工顺序的目的

1. 有利于合理施工流向

确定施工流向时,应考虑施工组织的分区、分段以及主导工程的施工顺序。对于单层建筑应确定分段(跨)在平面上的流向,多层建筑除了定出平面流向外,还应定出分层的流向。

2. 有利于保证质量和成品保护

比如,室内装饰宜自上而下,先做湿作业,后做干作业,并便于后续工程插入施工,反之则会影响施工质量。又比如安装灯具和粉刷,一般应先粉刷后装灯具,否则沾污灯具,不利于成品保护。

3. 有利于降低成本费用,减少工料消耗

比如室内回填土与底层墙体砌筑,应先做回填土比较合理,可以为后续工序(砌墙)创造条件,方便水平运输,提高工效。

4. 有利于缩短工期

缩短工期,加快施工进度,可以靠施工组织手段在不增加资源的情况下带来经济效益。如装饰工程可以在主体结构施工完毕从上到下进行,但工期较长。若与主体交叉施工,则将有利于缩短工期。因此,确定合理的施工顺序,使工程达到质优、快速的目的,最根本的就是要充分利用工作面,发挥工人和设备的效率,使各分部分项工程的主导工序能连续、均衡地进行。

(三)几种房屋的施工顺序

1. 混合结构房屋的常见施工顺序

混合结构房屋的常见施工顺序可分为三个阶段:基础工程→主体结构→屋面及装饰阶段。图 5-6 所示为五层混合结构房屋的常见施工顺序。

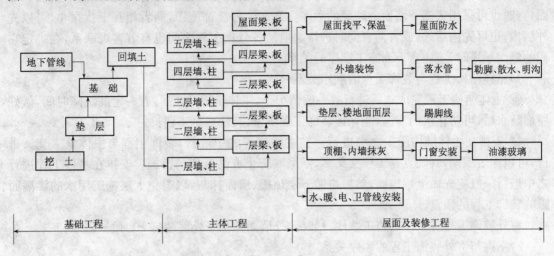

图 5-6　混合结构房屋施工顺序示意图

(1)地下工程的施工顺序(±0.000 或防潮层以下)

地下工程一般指设计标高(±0.000)以下的所有工序项目,这些工程的施工,应先考虑地下障碍物、洞穴、软土地基的处理等,然后再按流水作业完成其他工序项目施工任务。在一般的浅基础的地下工程施工顺序为:放线→挖土→清除地下障碍物→打钎验槽→软弱地基处理(需要时)→垫层→基础施工→一次回填→地下室施工→防水工程→二次回填及地面垫层。其中基础有砖基础和钢筋混凝土基础(条形基础或筏板基础)。砖基础的砌筑中有时要穿插进行基础梁的浇筑,砖基础的顶面还要浇筑防潮层。钢筋混凝土基础则包括绑扎钢筋→支撑模板→浇筑混凝土→养护→拆模。如果基础开挖深度较大、地下水位较高,则在挖土前尚应进行土壁支护及降水工作。

由于混凝土基础需要养护,故应考虑其所需要的技术停歇时间,当基础混凝土强度达到拆模强度后方可进行拆模,在此期间,要为尽快回填土创造条件。如果采用的是预制桩基,为了缩短工期,可以在准备阶段提前打桩,其打桩、挖土和基础工程可以分别组织流水施工。

地下工程的施工要注意深浅基础的施工先后顺序,注意结构基础与设备基础的施工先后顺序,注意排水问题。

桩基础的施工顺序为:打桩(或灌注桩)→挖土→垫层→承台→回填土。承台的施工顺序与钢筋混凝土浅基础类似。

(2)主体结构工程的施工顺序

砖混结构的主导工程是墙体砌筑和现浇钢筋混凝土楼板,应使其连续施工。其他工程应与主导工程紧密配合,通常采用的办法是分成若干个施工段,合理组织搭接流水施工。其施工顺序为:安装垂直、水平运输机械→放线、立皮数杆→绑扎构造柱筋→砌墙(搭脚手架、安过梁)→支设构造柱模板→浇筑构造柱混凝土→绑扎圈梁筋→支圈梁及楼板模板→绑扎楼板筋→浇筑圈梁、楼板混凝土→上—层墙体砌筑→构造柱浇筑→现浇钢筋混凝土楼盖工程等。

(3)装饰工程的施工顺序

一般的装饰包括抹灰、勾缝、饰面、喷浆、门窗扇安装、玻璃安装、油漆等。其中抹灰是主导工程。装饰工程没有严格一定的顺序。同一楼层内的抹灰施工顺序有时为:地面→天棚→墙面,有时也可采用天棚→墙面→地面的顺序。又如内外装饰施工,两者相互干扰很小,可以先外后内,也可先内后外,或者两者同时进行。但是各分项工程之间也有着客观联系,在确定它们的施工顺序时,应注意下列施工顺序的关系:

1)主体结构工程与装饰工程的顺序关系

① 主体结构工程完成之后进行。一般情况下,主体工程完成后,有一定的沉降时间,做好屋面防水后,可防止水的渗漏,能保证装饰工程质量,其缺点是工期长。

② 安排在主体结构施工之中进行。在主体施工之中进行,装饰工程与主体施工交叉进行,可以缩短工期,其缺点是工序交叉多,需采取防止成品破坏的措施。安排在主体工程进行之中进行一般应先做上层地面,然后再做下层顶棚、墙面抹灰,以避免上层施工用水的渗漏而影响装饰工程的质量。

室外装饰工程各工序的施工顺序一般为:外墙面抹灰→外墙勒脚→台阶→散水。

2)室内与室外装饰工程的顺序关系

室内与室外装饰工程的先后顺序与施工条件和气候条件有关。可以先室外后室内,也可以先室内后室外或室外室内同时平行施工。但当采用单排脚手架砌墙时,由于脚手架拉墙杆的架眼需要填补,所以至少在同一层须做完室外墙面粉刷后再做内墙粉刷。

3)顶棚、墙面与楼地面抹灰的顺序关系

在同一层内抹灰工作不宜交叉进行,顶棚、墙面与地面抹灰的顺序可灵活安排,一般有两种方式:

① 楼地面抹灰→顶棚抹灰→墙面抹灰;

② 顶棚抹灰→墙面抹灰→楼地面抹灰。

第①种方法,先楼地面后顶棚、墙面,有利于收集落地灰以节约材料,但顶棚、墙面抹灰脚手架易损坏地面,应做好成品保护。第②种方法,先顶棚、墙面后楼地面,则必须把结构层上的落地灰清扫干净再做楼地面,以保证楼地面面层的质量。

另外,为了保证和提高施工质量,楼梯间的抹灰和踏步抹面通常在其他抹灰工作完工以后,自上而下地进行,内墙涂料必须待顶棚、墙面抹灰干燥后方可进行。

4)室内精装饰工程的施工顺序

室内精装饰工程的施工顺序一般为:砌隔墙→安装门窗框→窗台、踢脚抹灰→楼(地)面抹灰→天棚抹灰→墙面抹灰→楼梯间及踏步抹灰→墙、地贴面砖→安门窗扇→木装饰→顶墙涂料→木制品油漆→铺装木地板→检查整修。图 5-7 为某工程室内装饰工程的施工顺序流程图。

(4)屋面工程

屋面工程目前大多数采用卷材防水屋面,其施工顺序总是按照屋面构造的层次,由下向上逐层施工。一般应先做好女儿墙、烟囱及水箱,再依次施工隔气层,铺设保温层,做找平层,再做突出屋面设施的根部、排气道或分格缝等细部的加强层,然后进行卷材防水层施工,最后做保护层。屋面工程可以和粗装修工程平行施工,相互影响不大。

卷材屋面防水层的施工顺序是:铺保温层(如需要)→铺设找坡层→抹找平层→涂刷基层

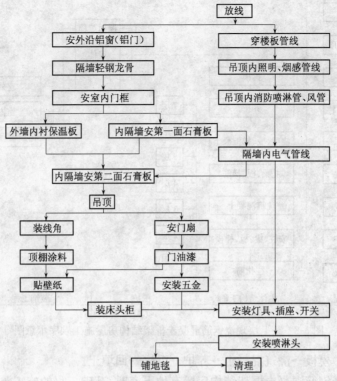

图 5-7　某工程室内装饰工程的施工顺序流程图

处理剂→防水卷材施工→做防水卷材保护层。屋面工程在主体结构完成后开始,并应尽快完成,为顺利进行室内装饰工程创造条件。

(5)水、电、暖、卫、燃等与土建的关系

水、电、暖、卫、燃等工程需与土建工程中有关分部分项工程交叉施工,且应紧密配合。

1)在基础工程施工时,应将上下水管沟和暖气管沟的垫层、墙体做好后再回填土。不具备条件时应预留位置;

2)在主体结构施工时,应在砌墙和现浇钢筋混凝土楼板的同时,预留上下水、燃气、暖气立管的孔洞及配电箱等设备的孔洞,预埋电线管、接线盒及其他预埋件;

3)在装饰装修施工前,应完成各种管道、水暖卫生的预埋件、设备箱体的安装等,应敷设好电气照明的墙内暗管、接线盒及电线管的穿线;

4)室外上下水及暖气、燃气等管道工程可安排在基础工程之前或主体结构完工之后进行。

2. 钢筋混凝土框架结构房屋的施工顺序

多层钢筋混凝土框架结构房屋一般可划分为基础工程、主体结构工程、围护工程和装饰工程四个施工阶段。图 5-8 为某 7 层钢筋混凝土框架结构施工顺序示意图。

(1)基础工程施工顺序

多层钢筋混凝土框架结构房屋的基础形式一般有钢筋混凝土独立基础和桩基础两种。

钢筋混凝土独立基础的施工顺序为:基坑挖土→基础垫层→绑扎基础钢筋→支设基础模板→浇筑基础混凝土→养护→拆模→回填土。

桩基础的施工顺序为:打桩(或灌注桩)→桩承台挖土→垫层→绑扎承台(承台梁)钢筋→

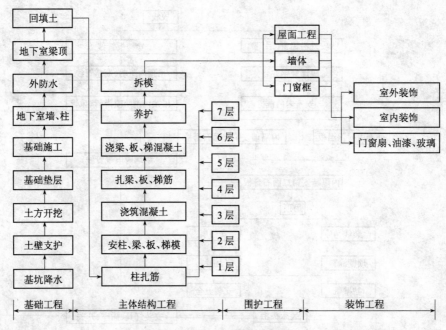

图 5-8 某七层现浇钢筋混凝土框架结构房屋施工顺序示意图

支设承台(承台梁)模板→浇筑混凝土→养护→拆模→回填土。

当多层全现浇钢筋混凝土框架结构房屋有地下室时,基础工程的施工顺序一般为:土方开挖→垫层→基础施工→地下室施工→地下室外墙防水→回填土。

如果开挖深度较大,地下水位较高,则在挖土前应进行基坑降水和土壁支护等工作。

在多层框架结构房屋基础工程施工之前,有时先要进行地基加固处理,然后再进行基础施工。施工时应加强对垫层和基础混凝土的养护,在基础混凝土达到拆模要求时及时拆模,并尽早回填土,从而为上部结构施工创造条件。

(2)主体结构工程的施工顺序

主体结构工程即全现浇钢筋混凝土框架的施工顺序一般为:绑扎柱钢筋→支设柱模→浇筑柱混凝土→支设梁、板模板→绑扎梁、板钢筋→浇筑梁、板混凝土。柱、梁、板的支模、绑筋、浇筑混凝土等施工过程的工程量大,耗用的劳动力和材料多,而且对整个工程质量和工期起着决定性的作用,所以一般多层框架结构在竖向上需划分施工层,在平面上划分成若干施工段,组织平面和竖向上的流水施工。

(3)围护工程的施工顺序

围护工程的施工包括墙体工程、安装门窗框和屋面工程。墙体工程包括搭设砌筑用脚手架,内、外墙砌筑等分项工程。不同的分项工程之间可组织平行、搭接、立体交叉流水施工。屋面工程、墙体工程应密切配合,如在主体结构工程结束之后,先进行墙体工程,待外墙砌筑到顶后,再进行屋面工程的施工。脚手架应配合砌筑工程搭设,在室外装饰之后、做散水之前拆除。屋面工程的施工顺序与混合结构房屋的屋面工程的施工顺序相同。

(4)装饰工程的施工顺序

装饰工程的施工分为室内装饰和室外装饰。室内装饰包括天棚、墙面、楼地面、楼梯抹灰、门窗扇安装、门窗油漆、安玻璃等;室外装饰包括外墙抹灰、勒脚、散水、台阶、明沟、水落管等的施工。其施工顺序与混合结构房屋的施工顺序基本相同。

3. 装配式单层工业厂房施工顺序

装配式单层工业厂房的施工，一般分为基础工程、预制工程、吊装工程、围护装饰工程和设备安装工程等施工阶段，如图5-9所示。

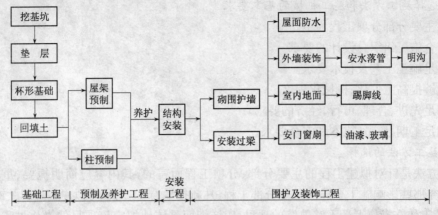

图 5-9 装配式单层工业厂房施工顺序示意图

(1)基础工程阶段

1)厂房基础：挖土→混凝土垫层→杯基扎筋→支模→浇混凝土→养护→拆模→回填土。

2)设备基础：采用开敞式施工方案时，设备基础与杯基同时施工；采用封闭式施工方案时，设备基础在结构完工后施工。

(2)预制工程阶段

1)柱：地胎模→扎筋→支侧模→浇混凝土(安木芯模)→养护→拆模。

2)屋架：砖底模→扎筋→埋管→支模(安预制腹杆)→浇混凝土→抽芯→养护→穿预应力筋、张拉、锚固→灌浆→养护→翻身吊装。

(3)吊装工程阶段

1)单件法吊装：准备→吊装柱子→吊装基础梁、吊车梁、连系梁→吊装屋盖系统。

2)综合法吊装：准备→吊装第一节间柱子→吊装第一节间基础梁、吊车梁、连系梁→吊装第一节间屋盖系统→吊装第二节间柱子→……→结构安装工程完成。

(4)围护、屋面、装饰工程阶段

1)围护：砌墙(搭脚手架)→浇圈梁→安门窗框。

2)装饰：安门窗扇→内外墙勾缝→顶、墙喷浆→门窗油漆玻璃→地面、勒脚、散水。

(5)设备安装阶段

设备安装，由于专业性强、技术要求高等，一般由专业公司分包安装。

上面所述多层砌体结构民用房屋、钢筋混凝土框架结构房屋和装配式单层工业厂房的施工顺序，仅适用于一般情况。建筑施工顺序的确定既是一个复杂的过程，又是一个发展的过程，它随着科学技术的发展，人们观念的更新而在不断地变化。因此，针对每一个单位工程，必须根据其施工特点和具体情况，合理确定施工顺序。

五、施工方法和施工机械的选择

正确选择施工方法和施工机械是制定施工方案的关键，必须从先进、经济、合理的角度出发，选择施工方法和施工机械，以达到提高工程质量、降低工程成本、提高劳动生产率和加快工

165

程进度的预期效果。

施工方法和施工机械的选择主要应根据工程建筑结构特点、质量要求、工期长短、资源供应条件、现场施工条件、施工单位的技术装备水平和管理水平等因素综合考虑。

(一)选择施工方法和施工机械的基本要求

1. 以主要分部分项工程为主。

2. 符合施工组织总设计的要求。

3. 满足施工工艺及技术要求。

4. 能够提高工厂化、机械化程度。

5. 满足先进、合理、可行、经济的要求。

6. 满足工期、质量、成本和安全要求。

(二)施工方法的选择

施工方法是针对拟建工程的主要分部、分项工程而言的,其内容应简明扼要、重点突出。应着重研究那些影响施工全局的重要分部工程,凡新技术、新工艺和对拟建工程起关键作用的项目,以及工作在操作上还不够熟练的项目,应详细而具体地拟定该项目的操作过程和方法、质量要求和保证质量的技术安全措施、可能发生的问题和预防措施等。

一般情况下,土木工程主要项目的施工方法有以下内容:

1. 测量放线

说明测量工作的总要求;说明建筑物平面位置的测定方法,首层及各层轴线的定位、放线方法及轴线控制要求;说明建筑物垂直度控制的方法,包括外围垂直度和内部每层垂直度的控制方法,并说明确保控制质量的措施;说明沉降观测的方法、步骤和要求。

操作人员必须按照操作程序、操作规程进行操作,经常进行仪器检查验证,配合好各工序的穿插和检查验收工作。

2. 土石方工程

计算土方量,选择挖土方法及土方施工机械;确定施工流向、放坡坡度和边坡支护方法;选择地下水和地表水排除方法,确定排水沟渠、集水井、井点的布置及所需设备的型号、数量;确定土方回填压实的方法及机具。

3. 地基与基础工程

地基处理的方法及相应的材料机具设备;浅基础中垫层、钢筋混凝土基础施工的技术要求;深基础中预制桩的沉桩方法及技术要求,灌注桩的成孔方法及技术要求;地下工程防水方法及相关技术措施等。

4. 钢筋混凝土工程

(1)确定模板类型和支模方法,并分别列出采用的项目、部位、数量,明确加工制作的分工,选用隔离剂,对于复杂的还需进行模板设计及绘制模板放样图。推广"工具式模板"和"早拆模板体系",提高周转利用率。采取分段流水工艺,减少模板一次投入量。同时,确定模板供应渠道(租用或内部调拨)。

(2)选择钢筋的加工、运输、连接及安装方法,明确相应机具设备型号、数量;对梁柱节点钢筋密集区的处理方法,应力集中处的加筋处理;高强钢筋、预应力钢筋张拉与锚固等。

(3)确定混凝土搅拌和运输方法,进行配合比设计;确定掺合料、外加剂的品种数量;确定砂石筛选,计量和后台上料方法;确定混凝土浇筑顺序,施工缝位置,分层高度,工作班制,浇捣方法,养护制度,质量评定及相应机械工具的型号、数量。

166

在选择施工方法时,应特别注意大体积混凝土、特殊条件下混凝土、高强度混凝土的施工问题和冬期施工中的技术方法;注重模板工具化、早拆化;钢筋加工中的联动化、机械化;混凝土运输采用大型搅拌运输车,泵送混凝土,计算机控制混凝土配料等。

5. 砌筑工程

施工段和劳动力组合形式,砌筑砂浆的拌制和使用要求;砌体的组砌方法和质量要求,皮数杆的控制要求;砌体与钢筋混凝土构造柱、梁、圈梁、楼板、阳台、楼梯等构件的连接要求;配筋砌体工程的施工要求等。

6. 结构安装工程

确定结构安装方法及吊装顺序,选择起重机械及开行路线;确定构件运输、装卸、堆放办法以及所需的机具设备(如平板拖车、载重汽车、卷扬机及架子车等)型号、数量和对运输道路的要求。

7. 屋面工程

确定屋面各层材料及其质量要求(尤其是防水材料);注意屋面各个分项工程的施工操作要求,特别是各种节点部位及各种接缝的密封防水施工。

8. 装饰装修工程

(1)明确装修工程进入现场施工的时间、施工顺序和成品保护等具体要求;安排结构、装修及安装穿插施工,缩短工期。

(2)较高级的室内装修应先做样板间,通过设计、业主、监理等单位联合认定后,再全面开展工作。

(3)对于民用建筑需提出室内装饰环境污染控制办法。

(4)室外装修工程应明确脚手架设置,饰面材料应有防止渗水、防止坠落及金属材料防锈蚀的措施。

(5)确定分项工程的施工方法和要求,提出所需的机具设备的型号、数量。

(6)提出各种装饰装修材料的品种、规格、外观、尺寸、质量等要求。

(7)确定装修材料逐层配套堆放的数量和平面位置,提出材料储存要求。

(8)保证装饰工程施工防火安全的方法。如:材料的防火处理、施工现场防火、电气防火、消防设施的保护。

9. 脚手架工程

(1)明确内外脚手架的用料、搭设、使用、拆除方法及安全措施,落地式外墙脚手架应有防止脚手架不均匀下沉的措施。高层建筑可采用工字钢或槽型钢外挑脚手架,应分段搭设,一般每段5~8层,且应沿架高与主体结构做拉接固定。

(2)应明确特殊部位(如施工现场的主要出入口处)脚手架的搭设方案。

(3)室内施工脚手架宜采用轻型的工具式脚手架,装拆方便省工、成本低。高度较高、跨度较大的厂房屋顶的顶棚喷刷工程宜采用移动式脚手架,省工又不影响其他工程。

(4)脚手架工程还需确定安全网挂设方法、四口五临边防护方案。

10. 现场水平垂直运输设施

(1)确定垂直运输量,有标准层的须确定标准层运输量。

(2)选择垂直运输方式及其机械型号、数量、布置、安全装置、服务范围、穿插班次,明确垂直运输设施使用中的注意事项。

(3)选择水平运输方式及其设备型号、数量。

(4)确定地面和楼面上水平运输的行驶路线。

11. 特殊项目

采用四新(新技术、新工艺、新结构、新材料)的项目及高耸、大跨、重型构件,水下、深基、软弱地基,冬期施工等项目,均应编制专项施工方案,阐明施工关键,进行技术交底,加强技术管理。内容应包括:施工方法,工艺流程,平面、立面、剖面示意图,施工进度,劳动组织,材料、构件、机械设备需要量,技术要求及安全、质量措施等。

对于大型土石方、打桩、构件吊装等项目,一般均需单独提出施工方法和技术组织措施。

(三)施工机械选择

选择施工机械时,应着重考虑以下几个方面:

1. 首先选择主导工程的施工机械,如地下工程的土方机械,主体结构工程的垂直、水平运输机械,结构吊装工程的起重机械等。垂直运输机械的选择是一项重要内容,它直接影响工程的施工进度,一般根据标准层垂直运输量(如砖、砂浆、模板、钢筋、混凝土、预制构件、门窗、水电材料、装饰材料、脚手架等)来编制垂直运输量表,然后据此选择垂直运输方式和机械数量,再确定水平运输方式和机械数量。

2. 各种辅助机械或运输工具应与主导机械的生产能力协调配套,以充分发挥主导机械的效率。例如在土方工程中,运土汽车容量应是挖土机斗容量的倍数;结构安装工程中,运输工具的数量和运输量,应能保证结构安装的起重机连续工作。

3. 在同一工地上,应力求施工机械的种类和型号尽可能的少一些。例如,对于工程量小而分散的工程,则应尽量采用多用途机械,如挖土机既可用于挖土,又可用于装卸;一般对于面积为 $4000 \sim 5000 m^2$ 的中型工业厂房的吊装施工,采用一台起重机安装就比较经济。这样,机械类型少一些,既便于工地管理,也可减少机械转移的工时消耗。

4. 充分发挥施工单位现有机械的能力。当本单位的机械能力不能满足工程施工需要时,应通过工程经济分析决定购置还是租赁新型机械。

六、施工方案的技术经济评价

对施工方案进行技术经济评价是选择最优施工方案的重要途径。因为任何一个分部分项工程,一般都会有几个可行的施工方案,而施工方案的技术经济评价的目的就是在它们之间进行优选,选出一个工期短、质量好、材料省、劳动力安排合理、成本低的最优方案。

施工方案的技术经济评价涉及的因素多而复杂,一般只需对一些主要分部工程的施工方案进行技术经济比较,当然有时也需对一些重大工程项目的总体施工方案进行全面的技术经济评价。常用的施工方案技术经济分析方法有定性分析和定量分析两种。

(一)定性分析

定性分析是结合施工实际经验,对几个方案的优缺点进行分析和比较,从中确定最优方案。该方法比较简单,但主观随意性大。通常主要从以下几个指标来评价:

1. 工人在施工操作上的难易程度和安全可靠性;

2. 保证质量措施完善的可靠性;

3. 为后续工程创造有利施工条件的可能性;

4. 利用现有或取得施工机械设备的可能性;

5. 为现场文明施工创造有利条件的可能性;

6. 施工方案对冬雨期施工的适应性。

(二)定量分析

施工方案的定量分析是通过计算施工方案的若干相同的、主要的技术经济指标,进行综合分析比较,选择出各项指标较好的施工方案。这种方法比较客观,但指标的确定和计算比较复杂。

1. 多指标分析评价法

它是对各个方案的工期指标、实物量指标和价值指标等一系列单个的技术经济指标进行计算对比、从中选优的方法。施工方案的技术经济评价指标体系如图 5-10 所示。

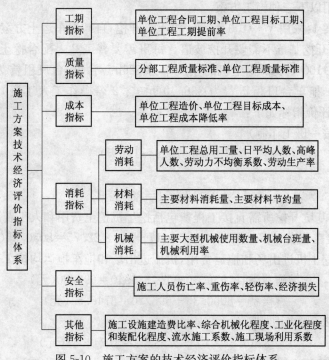

图 5-10　施工方案的技术经济评价指标体系

主要的评价指标有以下几种:

(1)工期指标

当要求工程尽快完成以便尽早投入生产或使用时,选择施工方案就要在确保工程质量、安全和成本较低的条件下,优先考虑缩短工期,在钢筋混凝土工程主体施工时,往往采用增加模板的套数来缩短主体工程的施工工期。

(2)机械化程度指标

在考虑施工方案时应尽量提高施工机械化程度,降低工人的劳动强度,积极扩大机械化施工的范围,把机械化施工程度的高低,作为衡量施工方案优劣的重要指标。

$$施工机械化程度 = \frac{机械完成的实物工程量}{全部实物工程量} \times 100\%$$

(3)主要材料消耗指标

反映若干施工方案的主要材料节约情况。

(4)降低成本指标

可以综合反映不同施工方案的经济效果,一般可以降低成本额和降低成本率,常采用降低成本率的方法,即

$$\gamma_c = \frac{C_0 - C}{C_0} \tag{5-1}$$

式中，γ_c 为降低成本率；C_0 为预算成本；C 为计划成本。

(5)投资额指标

拟定的施工方案需要增加新的投资时，如购买新的施工机械或设备，则需要增加投资额指标进行比较，其中以投资额指标低的方案为好。

【例 5-1】 欲开挖某钢筋混凝土筏板基础的基坑，基坑深度为 4m，总土方量约为 8900m³，土为二类土。挖出的土，除准备回填用土 1200m³ 就地存放外，其余土用汽车及时外运。根据施工条件，可以采用以下三种施工方案。

【解】 (1)方案 1：采用 W—100 型反铲挖土机开挖，自卸汽车运土方案。

用反铲挖土机开挖基坑不需要开挖坡道。每班需要普工 2 人配合挖土机工作，修整基坑需 51 个工日。W—100 型反铲挖土机的生产率为 526m³/台班，台班租赁费为 359.8 元(含 2 名操作工人工资)。拖车台班租赁费为 336.40 元(含 2 名操作工人工资)，普工的日工资为 22.75 元。计算各评价指标如下：

1)工期指标(按一班工作制)

$$T = 8900/526 \approx 17(天)$$

2)劳动量指标

$$P = 2 \times 17 + 51 = 85(工日)$$

3)成本指标。基坑开挖所需直接工程费包括挖土机挖土费用和人工费用。

$$直接工程费 = 17 \times 359.80 + (2 \times 17 + 51) \times 22.75 = 8050.35(元)$$

措施费包括挖土机进出场和拖运费用，机械进出场和拖车拖运均按 1 个台班考虑。

$$措施费 = 1 \times 359.80 + 1 \times 336.40 = 696.20(元)$$
$$直接费 = 8050.35 + 696.20 = 8746.55(元)$$

综合费率按 22.5% 考虑，则

$$C = 8746.55 \times (1 + 22.5\%) = 10714.52(元)$$

(2)方案 2：采用 W—501 正铲挖土机(斗容量 1m³)挖土，自卸汽车运土方案。

该方案需先开挖一条坡道，供挖土机和汽车出入，其土方量为 224m³。W—501 正铲挖土机台班生产率为 522m³/台班，台班租赁费为 347.6 元(含 2 名操作工人工资)。配合挖土机工作每班需要普工 2 人；修整基坑需 51 个工日，回填坡道需 31 个工日。计算各评价指标如下：

1)工期指标(考虑坡道回填需 1 个工日)

$$T = (8900 + 224)/522 + 1 \approx 18.5(天)$$

2)劳动量指标

$$P = 2 \times 18.5 + 51 + 31 = 119(工日)$$

3)成本指标。基坑开挖所需直接工程费包括挖土机挖土费用和人工费用。

$$直接工程费 = 18.5 \times 347.6 + (2 \times 18.5 + 51 + 31) \times 22.75 = 9137.85(元)$$

措施费包括挖土机进出场和拖运费用，机械进出场和拖车拖运均按 1 个台班考虑。

$$措施费 = 1 \times 347.6 + 1 \times 336.40 = 684.00(元)$$
$$直接费 = 9137.85 + 684.00 = 9821.85(元)$$

则

$$C = 9821.85 \times (1 + 22.5\%) = 12031.77(元)$$

(3)方案 3：采用人工挖土，自卸汽车运土、人工装土方案。

此方案由人工开挖两条坡道，由自卸汽车进出运土，其土方量为 480m³。考虑工期和施工作业面，挖土每班配置普工 69 人，装车每班配置普工 36 人。回填坡道需劳动量 53 个工日。

人工挖土方的产量定额为 8m³/工日。计算各评价指标如下：

1）工期指标（按一班工作制）

$$T=(8900+480)/(69\times8)\approx(17\text{ 天})$$

$$P=(69+36)\times17+53=1838(\text{工日})$$

2）成本指标。人工挖土方案的直接工程费只包括人工费。

$$\text{直接工程费}=1838\times22.75=41814.50(\text{元})$$

此方案可不考虑措施费，故直接费=41814.50 元

则 $$C=41814.50\times(1+22.5\%)=51222.76(\text{元})$$

上述三种方案计算结果汇总如表 5-3 所示。

表 5-3　三种施工方案技术经济比较

开挖方案	工期指标 T（天）	劳动量指标 P（工日）	成本指标 C（元）	说　明
方案 1	17	85	10714.52	W—100 型反铲挖土机
方案 2	18.5	119	12031.77	W—501 型正铲挖土机
方案 3	17	1838	51222.76	人工开挖

从上表指标值中可以看出，方案 1 的各项指标均较优，故采用方案 1。

2. 综合指标分析法

综合指标分析法是用一个综合指标作为评价方案优劣的标准。综合指标是以多指标为基础，将各指标之值按照一定的计算方法进行综合后得到的。

综合指标的计算方法有多种，常用的计算方法是：首先根据多指标中各个指标在评价中重要性的相对程度，分别定出它们的"权值"（W_i），最重要者"权值"最大；再用同一指标依据其在各方案中的优劣程度定出其相应的"指数"（C_{ij}），指标越优，其"指数"就越大。设有 m 个方案和 n 种指标，则第 j 方案的综合指标值为

$$A_j=\sum C_{ij}W_i \tag{5-2}$$

式中，$j=1,2,3,\cdots,m;i=1,2,3,\cdots,n$。

综合指标 A_j 值最大者为最优方案。综合指标提供了方案综合效果的定量值，为最后决策提供了科学的依据。但是，由于权值 W_i 和指数 C_{ij} 的确定涉及因素较多，特别是受人的认识程度的影响很大，有时亦会掩盖某些不利因素。尤其当不同方案的综合指标相近时，应以单指标为主，把单指标与多指标分析结合起来进行方案评价，并应考虑社会影响、技术进步和环境因素等实际条件，实事求是地选择较优方案。

第四节　单位工程施工进度计划

单位工程施工进度计划是在确定了施工方案的基础上，根据规定工期和各种资源供应条件，按照施工过程的合理施工顺序及组织施工的原则，用图表的形式（横道图或网络图），对一个工程从开始施工到工程全部竣工的各个施工过程，确定其在时间上的安排和相互间的搭接关系。在此基础上方可编制月度、季度计划及各项资源需要量计划。

一、单位工程施工进度计划的作用及分类

（一）施工进度计划的作用

单位工程施工进度计划的作用有如下几点：

1. 控制单位工程的施工进度,保证在规定工期内完成符合质量要求的工程任务;

2. 确定单位工程的各个施工过程的施工顺序、施工持续时间及相互衔接、平行搭接和协作配合关系;

3. 为编制季度、月度生产作业计划提供依据;

4. 是编制各项资源需用量计划和施工准备工作计划的依据。

（二）施工进度计划的分类

单位工程施工进度计划根据施工项目划分的粗细程度,可分为控制性与指导性施工进度计划两类。控制性施工进度计划按分部工程来划分施工项目,控制各分部工程的施工时间及其相互搭接配合关系。它主要适用于工程结构较复杂、规模较大、工期较长而需跨年度施工的工程(如体育场、火车站等公共建筑以及大型工业厂房等),还适用于工程规模不大或结构不复杂但各种资源(劳动力、机械、材料等)不落实的情况,以及建筑结构、建筑规模等可能变化的情况。编制控制性施工进度计划的单位工程,当各分部工程的施工条件基本落实之后,在施工之前还应编制各分部工程的指导性施工进度计划。指导性施工进度计划按分项工程或施工过程来划分施工项目,具体确定各分项工程或施工过程的施工时间及其相互搭接配合关系,它适用于施工任务具体而明确、施工条件基本落实、各种资源供应正常、施工工期不太长的工程。

二、单位工程施工进度计划的编制程序、依据和表示方法

（一）单位工程施工进度计划的编制程序

单位工程施工进度计划的编制程序如图 5-11 所示。

（二）单位工程施工进度计划的编制依据

编制单位工程施工进度计划主要依据下列资料进行编制:

1. 经过审批的建筑总平面图、单位工程全套施工图、地质地形图、工艺设计图、设备及其基础图,采用的各种标准图等技术资料;

2. 施工组织总设计对本单位工程的有关规定;

3. 施工工期要求及开工、竣工日期;

4. 施工条件、资源供应条件及分包单位情况等;

5. 主要分部(分项)工程的施工方案;

6. 施工定额;

7. 其他有关要求和资料,如工程合同等。

（三）施工进度计划的表示方法

施工进度计划一般用图表来表示,通常有两种形式的图表:横道图和网络图。

1. 横道图

用横道图表示的施工进度计划如表 5-4 所示。

从表 5-4 中可以看出,它由左、右两部分组成。左边部分分列出分部(分项)工程名称、相应的工程量、采用的定额、需要的劳动量或机械台班量、每天工作班次、每班工人数及工作持续时间等;右边部分是从规定的开工之日起到竣工之日止的

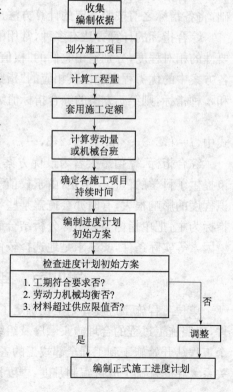

图 5-11 单位工程施工进度计划的编制程序

进度指示图表,用横道表示各分部(分项)工程的起止时间和相互间的搭接配合关系,有时在其下面汇总每天的资源需要量,绘出资源需要量的动态曲线,其中的方格根据需要可以是一格表示一天或表示若干天。

表 5-4 单位工程施工进度计划

序号	施工过程		工程量		劳动定额	劳动量		机械台班量		工作班制	每班人数	持续时间	施 工 进 度 ××××年											
	分部工程名称	分项工程名称	单位	数量		计算	实际	机械名称	台班数				××××年××月						××××年××月					
													2	4	6	8	10	12	2	4	6	8	10	12
1																								
2																								
3																								
⋮																								

多年来,由于横道图的编制比较简单,使用直观,因此,我国施工单位大多习惯于用横道图表示施工进度计划,用它来控制进度,作为组织施工的依据之一。但是,当工程项目分项较多时,工序搭接和工种搭配关系较复杂时,横道图就难以体现主要矛盾,尤其是在执行计划过程中,某个项目由于某种原因提前或拖后,对其他项目所产生的影响难以分清时,就不能及时抓住主要矛盾,合理组织生产,而网络图则可以克服这一缺点。

2. 网络图

网络图可以表示出各工序间的相互制约、依赖的逻辑关系,关键线路等。网络图的有关内容详见本书第三章,绘制网络计划图应注意以下事项:

1)根据各工序之间的逻辑关系,先绘制无时标的网络计划图,经调整修改后,最好绘制时标网络计划,以便于使用和检查;

2)对较复杂的工程可先安排各分部工程的计划,然后再组合成单位工程的进度计划;

3)安排分部工程进度计划时应先确定其主导施工过程,并以它为主导,尽量组织有节奏流水;

4)施工进度计划图编制后要找出关键线路,计算出工期,并判别其是否满足工期目标要求,如不满足,应进行调整或优化;

5)优化完成后再绘制出正式的单位工程施工进度计划网络图。

三、单位工程施工进度计划的编制

单位工程施工进度计划的编制步骤和方法如下。

(一)划分施工过程

编制施工进度计划时,首先应按照图纸和施工顺序将拟建单位工程划分为若干个施工过程,并结合施工方法、施工条件、劳动组织等因素,加以适当调整或合并。

划分施工过程时,应注意以下几个问题:

1. 施工过程划分的粗细程度。对于控制性施工进度计划,施工过程可以划分得粗一些,通常只列出分部工程,如基础工程、主体工程、屋面工程和装饰工程。而对实施性施工进度计划,施工过程划分就要细一些,应明确到分项工程或更具体,以满足指导施工作业的要求。如屋面工程应划分为找平层、隔汽层、保温层、防水层等分项工程。

2. 施工过程的划分要结合所选择的施工方案。如结构安装工程,若采用分件吊装方法,则施工过程的名称、数量和内容及其吊装顺序应按构件来确定;若采用综合吊装方法,则施工过程应按施工单元(节间或区段)来确定。

3. 适当简化施工进度计划的内容,避免施工过程划分过细,重点不突出。因此,可考虑将某些穿插性分项工程合并到主要分项工程中去,如门窗框安装可并入砌筑工程。对于在同一时间内由同一施工班组施工的过程可以合并,如工业厂房中的钢窗油漆、钢门油漆、钢支撑油漆、钢梯油漆等可合并为钢构件油漆一个施工过程。对于次要的、零星的分项工程可合并为"其他工程"一项列入;有些虽然重要但工程量不大的施工过程也可与相邻的施工过程合并,如垫层可与挖土合并为一项。

4. 水、暖、电、卫和设备安装等专业工程不必细分具体内容,由各专业施工队自行编制进度计划并负责组织施工,而在单位工程施工进度计划中只要反映出这些工程与土建工程的配合关系即可。

5. 所有施工过程应大致按施工顺序列成表格,编排序号避免遗漏或重复,其名称可参考现行的施工定额手册上的项目名称。

(二)计算工程量

工程量计算是一项十分繁琐的工作,应根据施工图纸、有关计算规则及相应的施工方法进行计算,也可直接套用施工预算的工程量。计算工程量应注意以下几个问题:

1. 工程量单位应与采用的施工定额中相应项目的单位一致,以便在计算资源需用量时可直接套用定额,不再进行换算。

2. 计算工程量时应结合选定的施工方法和安全技术要求,使计算所得工程量与施工实际情况相符合。例如,挖土时是否放坡,坡度大小;是否加工作面,其尺寸取多少;是否使用支撑加固;开挖方式是单独开挖、条形开挖还是整片开挖,这些都直接影响到土方工程量的计算。

3. 结合施工组织的要求,分区、分段、分层计算工程量,以便组织流水作业。若每层、每段上的工程量相等或相差不大时,可根据工程量总数分别除以层数、段数,可得每层、每段上的工程量。

4. 如已编制预算文件,应合理利用预算文件中的工程量,以免重复计算。施工进度计划中的施工项目大多可直接采用预算文件中的工程量,可按施工过程的划分情况将预算文件中有关项目的工程量汇总,如"砌筑砖墙"一项的工程量,可首先分析它包括哪些内容,然后按其所包含的内容从预算工程量中摘抄出来并加以汇总求得。施工进度计划中有些施工项目与预算文件中的项目完全不同或局部有出入时(如计量单位、计算规则、采用定额不同等),则应根据施工中的实际情况加以修改、调整或重新计算。

(三)套用施工定额

根据所划分的施工过程和施工方法,可套用施工定额,以确定劳动量和机械台班量。

施工定额有两种形式,即时间定额和产量定额。时间定额是指某种专业、某种技术等级的工人小组或个人在合理的技术组织条件下,完成单位合格的建筑产品所必需的工作时间,一般用符号 H 表示,它的单位有工日/m^3、工日/m^2、工日/m、工日/t 等。因为时间定额是以劳动工日数为单位,便于综合计算,故在劳动量统计中用得比较普遍。产量定额是指在合理的技术组织条件下,某种专业、某种技术等级的工人小组或个人在单位时间内所应完成合格的建筑产品的数量,一般用符号 S_i 表示,它的单位有 m^3/工日、m^2/工日、m/工日、t/工日等。因为产量定额是由建筑产品的数量来表示,具有形象化的特点,故在分配施工任务时用得比较普遍。时间定额和产量定额是互为倒数的关系。

174

套用国家或地方颁发的定额,必须注意结合本单位工人的技术等级、实际施工操作水平、施工机械情况和施工现场条件等因素,确定定额的实际水平,使计算出来的劳动量、机械台班量符合实际需要,为准确编制施工进度计划打下基础。

有些采用新技术、新材料、新工艺或特殊施工方法的项目,施工定额中尚未编入。这时可参考类似项目的定额、经验资料或按实际情况确定。

(四)计算劳动量

劳动量的计算公式如下

$$P = \frac{Q}{S} \tag{5-3}$$

或

$$P = QH \tag{5-4}$$

式中,P 为完成某施工过程所需劳动量(工日或台班);Q 为该施工过程的工程量(m^3,m^2,t 等);S 为计划采用的产量定额(m^3/工日,m^2/工日,t/工日或 m^3/台班,m^2/台班,t/台班);H 为计划采用的时间定额(工日/m^3,工日/m^2,工日/t 或 台班/m^3,台班/m^2,台班/t)。

【例5-2】 某单层工业厂房工程柱基坑人工挖土量为 3240m^3,查劳动定额得产量定额为 3.9m^3/工日,计算完成基坑挖土所需的劳动量。

【解】

$$P = \frac{Q}{S} = \frac{3240}{3.9} = 831(工日)$$

【例5-3】 某工程基础挖土采用 W—100 型反铲挖土机,挖方量为 3500m^3,经查其产量定额为 120m^3/台班,计算挖土机所需的劳动量。

【解】

$$P = \frac{Q}{S} = \frac{3500}{120} = 29.2(台班)$$

取 30 个台班。

当某一施工过程是由两个或两个以上不同分项工程合并而成时,其总劳动量应按下式计算:

$$P_{总} = \sum_{i=1}^{n} P_i = P_1 + P_2 + \cdots + P_n \tag{5-5}$$

【例5-4】 某钢筋混凝土基础工程,其支设模板、绑扎钢筋、浇筑混凝土三个施工过程的工程量分别为 1200m^2、10t、500m^3,查劳动定额得其时间定额分别为 0.253 工日/m^2、5.28 工日/t、0.833 工日/m^3,试计算完成钢筋混凝土基础所需劳动量。

【解】

$$P_{基础} = P_{模} + P_{筋} + P_{混凝土}$$
$$= 1200 \times 0.253 + 10 \times 5.28 + 500 \times 0.833$$
$$= 772.9(工日)$$

当某一施工过程是由同一工种、但不同做法、不同材料的若干个分项工程合并组成时,应先按公式(5-6)计算其综合产量定额,再求其劳动量。

$$\overline{S} = \frac{\sum_{i=1}^{n} Q_i}{\sum_{i=1}^{n} P_i} = \frac{Q_1 + Q_2 + \cdots + Q_n}{P_1 + P_2 + \cdots + P_n} = \frac{Q_1 + Q_2 + \cdots + Q_n}{\dfrac{Q_1}{S_1} + \dfrac{Q_2}{S_2} + \cdots + \dfrac{Q_n}{S_n}} \tag{5-6a}$$

$$\overline{H} = \frac{1}{\overline{S}} \tag{5-6b}$$

式中，$\overline{S}$ 为某施工过程的综合产量定额，其单位同公式(5-3)；$\overline{H}$ 为某施工过程的综合时间定额，其单位同公式(5-4)；$\sum_{i=1}^{n} Q_i$ 为总工程量(m^3，m^2，m，t 等)；$\sum_{i=1}^{n} P_i$ 为总劳动量(工日或台班)；Q_1，Q_2，…，Q_n 为同一施工过程的各分项工程的工程量；S_1，S_2，…，S_n 为与 Q_1，Q_2，…，Q_n 相对应的产量定额。

【例 5-5】 某工程，其外墙面装饰有干粘石、贴饰面砖、剁假石三种做法，其工程量分别是 $684.5m^2$、$428.7m^2$、$208.3m^2$；采用的产量定额分别是 $4.17m^2/$工日、$2.53m^2/$工日、$1.53m^2/$工日。计算它们的综合产量定额及外墙面装饰所需的劳动量。

【解】

$$\overline{S} = \frac{Q_1 + Q_2 + \cdots + Q_n}{\dfrac{Q_1}{S_1} + \dfrac{Q_2}{S_2} + \cdots + \dfrac{Q_n}{S_n}} = \frac{684.5 + 428.7 + 208.3}{\dfrac{684.5}{4.17} + \dfrac{428.7}{2.53} + \dfrac{208.3}{1.53}} = 2.81(m^2/\text{工日})$$

$$P_{\text{外墙装饰}} = \frac{\sum\limits_{i=1}^{3} Q}{\overline{S}} = \frac{684.5 + 428.7 + 208.3}{2.81} = 470.3(\text{工日})$$

(五)确定施工过程的持续时间

施工过程持续时间的确定方法有三种：经验估算法、定额计算法和倒排进度法(详见第二章)。

1. 定额计算法

这种方法是根据施工过程需要的劳动量以及配备的劳动人数或机械台数确定施工过程的持续时间，其计算公式如下：

$$t = \frac{P}{nb} \tag{5-7}$$

式中，t 为完成某施工过程的持续时间(天)；P 为该施工过程所需的劳动量(工日或台班)；n 为每个工作班投入该施工过程的工人数(或机械台数)；b 为每天工作班数。

从上述公式可知，要计算确定某施工过程持续时间，除已确定的 P 外，还必须先确定 n 及 b 数值。

要确定施工人数或施工机械台数 n，除了考虑必须能获得或能配备的施工人数(特别是技术工人人数)或施工机械台数之外，在实际工作中，还必须结合施工现场的具体条件、最小工作面与最小劳动组合人数的要求以及机械施工的工作面大小、机械效率、机械必要的停歇维修与保养时间等因素考虑，才能计算确定出符合实际可能和要求的施工人数及机械台数。

每天工作班数 b 的确定：当工期允许、劳动力和施工机械周转使用不紧迫、施工工艺上无连续施工要求时，通常采用一班制施工，在建筑业中往往采用 1.25 班制，即 10 小时。当工期较紧或为了提高施工机械的使用率及加快机械的周转使用，或工艺上要求连续施工时，某些施工过程可考虑两班甚至三班制施工。但采用多班制施工，必然增加有关设施及费用，因此，须慎重研究确定。

【例 5-6】 某工程砌筑砖墙，需要劳动量为 110 工日，采用一班制工作，每班出勤人数为 22 人(其中瓦工 10 人，普工 12 人)，试计算完成该砌筑工程的施工持续时间。

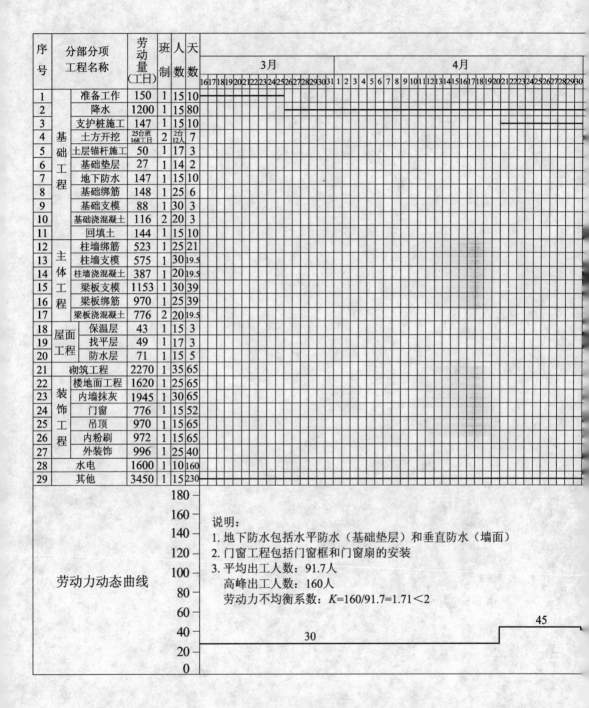

序号	分部分项工程名称		劳动量（工日）	班制	人数	天数	3月	4月
1		准备工作	150	1	15	10		
2		降水	1200	1	15	80		
3	基础工程	支护桩施工	147	1	15	10		
4		土方开挖	25台班168工日	2	2台12人	7		
5		土层锚杆施工	50	1	17	3		
6		基础垫层	27	1	14	2		
7		地下防水	147	1	15	10		
8		基础绑筋	148	1	25	6		
9		基础支模	88	1	30	3		
10		基础浇混凝土	116	2	20	3		
11		回填土	144	1	15	10		
12	主体工程	柱墙绑筋	523	1	25	21		
13		柱墙支模	575	1	30	19.5		
14		柱墙浇混凝土	387	1	20	19.5		
15		梁板支模	1153	1	30	39		
16		梁板绑筋	970	1	25	39		
17		梁板浇混凝土	776	2	20	19.5		
18	屋面工程	保温层	43	1	15	3		
19		找平层	49	1	17	3		
20		防水层	71	1	15	5		
21		砌筑工程	2270	1	35	65		
22	装饰工程	楼地面工程	1620	1	25	65		
23		内墙抹灰	1945	1	30	65		
24		门窗	776	1	15	52		
25		吊顶	970	1	15	65		
26		内粉刷	972	1	15	65		
27		外装饰	996	1	25	40		
28		水电	1600	1	10	160		
29		其他	3450	1	15	230		

劳动力动态曲线

说明:
1. 地下防水包括水平防水（基础垫层）和垂直防水（墙面）
2. 门窗工程包括门窗框和门窗扇的安装
3. 平均出工人数：91.7人
   高峰出工人数：160人
   劳动力不均衡系数：$K=160/91.7=1.71<2$

30

45

【解】

$$t=\frac{P}{nb}=\frac{110}{22\times1}=5(天)$$

2. 倒排进度法

这种方法是根据施工的工期要求,先确定施工过程的持续时间及工作班制,再确定施工人数或机械台数,计算公式如下:

$$n=\frac{P}{tb} \tag{5-8}$$

如果按公式(5-8)计算出来的结果超过了本部门现有的人数或机械台数,则要求有关部门进行平衡、调度及支持,或从技术上、组织上采取措施,如组织平行立体交叉流水施工,提高混凝土早期强度及采用多班组、多班制的施工等。

【例 5-7】 某公路工程铺路面所需劳动量为 520 个工日,要求在 15 天内完成,采用一班制施工,试求每班工人数。

【解】

$$n=\frac{P}{tb}=\frac{520}{15\times1}=34.7(人)$$

取 R 为 35 人。

(六)初排施工进度

上述各项计算内容确定之后,即可编制施工进度计划的初始方案。其一般步骤是:先安排主导施工过程的施工进度,然后再安排其余施工过程,且应尽可能配合主导施工过程并最大限度地搭接,形成施工进度计划的初步方案。每个施工过程的施工起止时间应根据施工工艺顺序及组织顺序确定,总的原则是应使每个施工过程尽可能早地投入施工。

(七)施工进度计划的调整

施工进度计划的初始方案编完之后,需进行若干次的平衡调整工作,一般方法是:将某些分部工程适当提前或后延,适当增加资源投入,调整作业时间,必要时组织多班作业,直至达到符合要求、比较合理的施工进度计划。调整施工进度计划应注意以下几方面因素:

1. 整体进度是否满足工期要求;持续时间、起止时间是否合理。

2. 技术、工艺、组织上是否合理;各施工过程之间的相互衔接穿插是否符合施工工艺和安全生产的要求;技术与组织上的停歇时间是否考虑了;有立体交叉或平行搭接者在工艺、质量、安全上是否正确。

3. 各主要资源的需求关系是否与供给相协调;劳动力的安排是否均衡;有无劳动力、材料、机械使用过分集中或冲突现象。

4. 修改或调整某一项工作可能影响若干项,故其他工作也需调整。

应当指出,编制施工进度计划的步骤不是孤立的,而是相互依赖、相互联系的。土木工程施工是一个复杂的生产过程,受到周围客观条件影响的因素很多,因此在编制施工进度计划时,应尽可能地分析施工条件,对可能出现的困难要有预见性,使计划既符合客观实际,又留有适当余地,以免计划安排不合理而使实际难以执行。总的要求是:在合理的工期下尽可能地使施工过程连续施工,这样便于资源的合理安排。

某 12 层框架结构商业办公楼工程施工进度横道图如图 5-12 所示。

第五节　资源需要量计划与施工准备工作计划

根据施工进度计划,可以编制相应的资源供应计划和施工准备工作计划,以便按计划要求组织运输、加工、订货、调配和供应等工作,保证施工按计划,顺利地进行。

一、编制资源需要量计划

单位工程施工进度计划编制确定以后,便可编制劳动力需要量计划;编制主要材料、预制构件、门窗等的需用量和加工计划;编制施工机具及周转材料的需用量和进场计划。它们是做好劳动力与物资的供应、平衡、调度、落实的依据,也是施工单位编制施工作业计划的主要依据之一。

(一)劳动力需要量计划

劳动力需要量计划,主要用于调配劳动力,安排生活福利设施。劳动力的需要量是根据单位工程施工进度计划中所列各施工过程每天所需人工数之和确定。各施工过程劳动力进场时间和用量的多少,应根据计划和现场条件而定,见表 5-5。

表 5-5　劳动力需要量计划

序号	工种名称	劳动量(工日)	需要工人人数及时间												...
			×月			×月			×月			×月			...
			上旬	中旬	下旬	上旬	中旬	下旬	上旬	中旬	下旬	上旬	中旬	下旬	...

(二)主要材料需要量计划

材料需要量计划,主要为组织备料,确定仓库、堆场面积,组织运输之用,以满足施工组织计划中各施工过程所需的材料供应量。材料需要量是将施工进度表中各施工过程的工程量,按材料名称、规格、使用时间、进场量等并考虑各种材料的储备和消耗情况进行计算汇总,确定每天(或月、旬)所需的材料数量,见表 5-6、表 5-7。

表 5-6　主要材料需要量计划表

序　号	材料名称	规　格	需要量		供应时间	备　注
			单　位	数　量		

表 5-7　构、配件和半成品需要量计划表

序号	构、配件和半成品名称	规格	图号型号	需要量		使用部位	加工单位	供应日期	备注
				单位	数量				

(三)施工机械需用量计划

根据采用的施工方案和安排的施工进度来确定施工机械的类型、数量、进场时间。施工机

178

械需用量是把单位工程施工进度中的每一个施工过程,每天所需的机械类型、数量和施工日期进行汇总。对于机械设备的进场时间,应该考虑设备安装和调试所需的时间,见表5-8。

表 5-8　施工机械需用量计划

序　号	机械、设备名称	规格型号	需用量		货源	进场日期	使用起止时间	备　注
			单位	数量				

二、施工准备工作计划

单位工程施工准备工作计划是施工组织设计的一个组成部分,一般在施工进度计划确定后即可着手进行编制。它主要反映开工前、施工中必须做的有关准备工作,是施工单位落实安排施工准备各项工作的主要依据。施工准备工作的内容主要有以下方面:建立单位工程施工准备工作的管理组织,进行时间安排;施工技术准备及编制质量计划;劳动组织准备;施工物资准备;施工现场准备;冬雨期准备;资金准备等。

为落实各项施工准备工作,加强对施工准备工作的检查监督,通常施工准备工作可列表表示,其表格形式见表5-9。

表 5-9　施工准备工作计划

序号	施工准备工作名称	准备工作内容(及量化指标)	主办单位(及主要负责人)	协办单位(及主要协办人)	完成时间	备注
1						
2						
3						
⋮						

第六节　单位工程施工平面图设计

单位工程施工平面图是对一个建筑物或构筑物施工现场的平面规划和空间布置图。它是根据工程规模、特点和施工现场的条件,按照一定的设计原则,正确地解决施工期间所需要的各种暂设工程和其他设施等与永久性建筑物和拟建建筑物之间的合理位置关系。它是单位工程施工组织设计的主要组成部分,是进行施工现场布置的依据,也是施工准备工作一项重要依据,是实现施工现场有组织、有计划、文明施工的先决条件。贯彻和执行合理的施工平面布置图,可以使现场井然有序、施工顺利进行,保证进度,提高效率和经济效果。

一、单位工程施工平面图的设计内容

单位工程施工平面图通常用 1∶200～1∶500 的比例绘制,一般应在图上标明下列内容:

1. 施工区域范围内一切已建和拟建的地上、地下建筑物、构筑物和各种管线及其他设施的位置和尺寸,并标注出道路、河流、湖泊等位置和尺寸以及指北针、风向玫瑰图等;

2. 测量放线标桩位置、地形等高线和土方取、弃场地;

3. 自行式起重机开行路线,垂直运输机械的位置;

4. 材料、构件、半成品和机具的仓库或堆场；

5. 生产、办公和生活用临时设施的布置，如搅拌站、压泵站、办公室、工人休息室以及其他需搭建的临时设施；

6. 场内施工道路的布置及其与场外交通的连接；

7. 临时给排水管线，供电线路，供气、供热管道及通信线路的布置，水源、电源、变压器位置确定，现场排水沟渠及排水方向的考虑；

8. 脚手架、封闭式安全网、围挡、安全及防火设施的位置；

9. 劳动保护、安全、防火及防洪设施布置以及其他需要布置的内容。

二、设计依据

布置施工平面图，首先应对现场情况进行深入、细致的调查研究，对原始资料进行详细的分析，确保施工平面图的设计与现场相一致，尤其要对地下设施资料进行认真了解。

单位工程施工平面图设计的主要依据是：

(一)施工现场的自然资料和技术经济资料

1. 自然条件资料包括气象、地形、地质、水文等，主要用于排水，易燃、易爆、有毒物品的布置以及冬雨季施工安排。

2. 技术经济条件包括交通运输、水电源、当地材料供应、构配件的生产能力和供应能力、生产生活基地状况等，主要用于"七通一平"的布置。

(二)工程设计施工图

工程设计施工图是设计施工平面图的主要依据。

1. 建筑总平面图中一切地上、地下拟建和已建的建筑物和构筑物，是确定临时设施位置的依据，也是修建工地内运输道路和解决排水问题的依据。

2. 管道布置图中已有和拟建的管道位置，是施工准备工作的重要依据，如已有管线是否影响施工，是否需要利用或拆除；临时性建筑应避免建在拟建管道上面等。

3. 拟建工程的其他施工图资料。

(三)施工方面的资料

1. 施工方案可确定起重机械和其他施工机具位置及场地规划。

2. 施工进度计划可了解各施工过程情况，对分阶段布置施工现场有重要作用。

3. 资源需要量计划可确定材料堆场和仓库面积及位置。

4. 施工预算可确定现场施工机械的数量以及加工场的规模。

5. 建设单位提供的已有设施的利用情况，可减少现场临时设施的搭设数量。

三、设计原则

根据工程规模和现场条件，单位工程施工平面图的布置方案是很不相同的，一般应遵循以下原则：

1. 在满足施工的条件下，场地布置要紧凑，施工占用场地要尽量小，以不占或少占农田为原则。

2. 最大限度地缩小场地内运输量，尽可能减少二次搬运，各种主要材料、构配件堆场宜布置在塔吊有效服务范围之内，大宗材料和构件应靠近使用地点布置；在满足连续施工的条件下，各种材料应按计划分批进场，充分利用场地。

3. 最大限度地减少暂设工程的费用,尽可能利用已有或拟建工程。如利用原有水、电管线、道路、原有房屋等,为施工服务;利用可装拆式活动房屋,利用当地市政设施等。

4. 在保证施工顺利进行的情况下,要满足劳动保护、安全生产和防火要求。对于易燃、易爆、有毒设施,要注意布置在下风向,保持安全距离;对于电缆等架设要有一定高度;注意布置消防设施,雨期施工应考虑防洪、排涝措施等。

四、单位工程施工平面图设计步骤

一般情况下,可按下列步骤进行单位工程施工平面图设计,如图 5-13 所示。

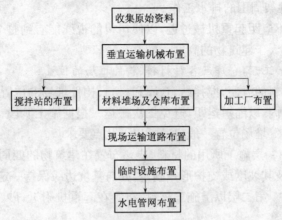

图 5-13　单位工程施工平面图设计步骤

(一)确定垂直运输机械位置

垂直运输机械的位置直接影响仓库、料堆、砂浆和混凝土搅拌站的位置及道路和水、电线路的布置等,因此要首先予以考虑。

1. 塔式起重机布置

(1)附着式塔式起重机

建筑施工中多用附着式塔式起重机,其布置要结合建筑物的平面形状、尺寸和四周的施工场地条件而定,应使拟建建筑物平面尽量处于塔吊的工作半径回转范围之内,避免出现“死角”;要使构件、成品及半成品堆放位置及搅拌站前台尽量处于塔臂的活动范围之内。布置塔式起重机时应考虑其起重量、起重高度和起重半径等参数,同时还应考虑装、拆塔吊时场地条件及施工安全等方面的要求,如塔基是否坚实,多塔工作时是否有塔臂碰撞的可能性,塔臂范围内是否有需要防护的高压电线等问题。

在高层建筑施工中,往往还需配备若干台固定式升降机(人货两用电梯)在主体结构施工阶段作为塔吊的辅助设备,在装饰工程插入施工时,作为主要垂运设备,主体结构施工完毕,塔吊可提前拆除转移到其他工程。

(2)轨道式塔式起重机

有轨式塔式起重机通常沿建筑物一侧或两侧布置,必要时还需增加转弯设备,尽量使轨道长度最短,轨道的路基要坚实,并做好路基四周的排水处理。此种起重机由于稳定性差,很少使用。

2. 固定式垂运机械的布置

固定式垂运机具(如井架、龙门架、桅杆、施工电梯等)的布置,它们的布置主要根据其机械性能、建(构)筑物的平面形状和大小、施工段的划分情况、起重高度、材料和构件的重量及垂直运输量、运输道路等情况而定。其目的是充分发挥起重机械的能力，做到使用安全、方便，便于组织流水施工，并使地面与楼面上的水平运输距离最短。布置时应考虑以下几个方面：

(1)当建筑物各部位高度相同时，应布置在施工段的分界线附近；当建筑物各部位高度不同时，应布置在高低分界线较高部位一侧，以使楼面上各施工段的水平运输互不干扰。

(2)若有可能，应尽量布置在窗口处，以避免砌墙留槎和减少井架拆除后的修补工作。

(3)垂直运输设备的数量要根据施工进度、垂直提升构件和材料的数量、台班工作效率等因素确定，其服务范围一般为30~40m。井架应立在外脚手架之外，并有一定安全距离，一般为3m以上，同时做好井架周围的排水工作。

(4)卷扬机的位置不应距起重机械过近，以便司机的视线能看到整个升降过程，一般要求卷扬机距起重机械距离大于建筑物的高度。

(二)确定搅拌站，加工厂，仓库及各种材料、构件堆场的位置

考虑到运输和装卸料的方便，搅拌站，仓库和材料、构件堆场的位置应尽量靠近使用地点或在起重机服务范围以内，以缩短运距，避免二次搬运。根据施工阶段、施工部位和起重机械的类型不同，材料、构件等堆场位置一般应遵循以下几点要求：

1. 建筑物基础和第一层施工所用的材料，应该布置在建筑物的四周。其堆放位置应根据基坑(槽)的深度、宽度及其坡度或支护形式确定，并与基坑边缘保持一定安全距离(至少1m)，以免造成基坑土壁塌方。第二层以上施工材料，布置在起重机附近；砂、石等大宗材料尽量布置在搅拌站附近。

例如砖混结构民用房屋中的基础施工阶段，可在其四周布置毛石，而在主体结构施工阶段可沿四周布置砖等。此外，当混凝土基础的体积较大时，如不采用商品混凝土，则混凝土搅拌站可以直接布置在基坑边缘附近，待混凝土浇筑完后再转移，以减少混凝土的运输距离。

2. 当采用固定式垂运机械时，其材料堆场、仓库以及搅拌站位置应尽可能靠近垂直运输设备布置，减少二次搬运；当采用塔式起重机进行垂直运输时，应布置在塔式起重机有效起重幅度范围内。

3. 多种材料同时布置时，对大宗的、重量大的和先期使用的材料尽可能靠近使用地点或起重机附近布置，而少量的、轻的、后期使用的材料则可布置得稍远一些。搅拌站出料口一般设在起重机半径内，砂、石、水泥等大宗材料的布置，可尽量布置在搅拌站附近，使搅拌材料运至搅拌机的运距尽量短。石灰仓库和淋灰池的位置要接近砂浆搅拌站并在下风处。沥青堆场及熬制锅的位置要离开易燃仓库或堆场，也应布置在下风处。

4. 要考虑不同施工阶段、施工部位和使用时间，材料、构件堆场的位置要分区域设置或分阶段设置。按不同施工阶段、不同材料的特点，在同一位置上可先后布置几种不同的材料，让材料分批进场，在不影响施工进度的前提下，尽量少占工地面积。

5. 模板、脚手架等周转性材料，应选择在装卸、取用、整理方便和靠近拟建工程的地方布置。

(三)现场运输道路的布置

现场运输道路的布置必须满足材料、构件等物品的运输及消防的要求，一般沿着仓库和堆场进行布置。现场的主要道路应尽可能利用拟建工程的永久性道路，可先做好永久性道路的路基，在交工之前再铺路面，以减少投资。现场道路布置时，单行道路宽不小于3.5m，双行道路宽不小于6m。为使运输工具有回转的可能性，主要道路宜围绕单位工程环形布置，转弯半

径要满足最长车辆拐弯的要求，单行道不小于 9～12m，双行道不小于 7～12m。路基要坚实，做到雨期不泥泞、不翻浆，路面材料要选择透水性好的材料，保证雨后 2 小时车辆能够通行。道路两侧要设有排水沟，以利雨期排水，排水沟深度不小于 0.4m，底宽不小于 0.3m。

（四）临时设施的布置

临时设施分为生产性临时设施（如钢筋加工棚、水泵房、木工加工房）和非生产性临时设施（如办公室、工人休息室、警卫室、食堂、厕所等）。主要考虑以下几方面：

1. 木工和钢筋加工车间的位置可考虑布置在建筑物四周较远的地方，但应有一定的场地堆放木材、钢筋和成品。

2. 易燃易爆品仓库应远离锅炉房等。

3. 现场的非生产性临时设施，应尽量少设，尽量利用原有房屋；必须修建时，要经过计算，合理确定面积，努力节约临时设施费用。必须设置的临时设施应考虑使用方便，但又不妨碍施工，并要符合安全、卫生、防火的规定。通常，办公室的布置应靠近施工现场，宜设在工地出入口处；工人休息室应设在工人作业区，宿舍应布置在安全的上风向；门卫、收发室宜布置在工地出入口处。

（五）水、电管网的布置

1. 临时用水管网的布置

施工现场用水包括生产、生活、消防用水三大类。在可能的条件下，单位工程施工用水及消防用水要尽量利用工程永久性供水系统，以便节约临时供水设施费。

施工用的临时给水管，一般由建设单位的干管或施工单位自行布置的干管接到用水地点，有枝状、环状和混合状等布置方式。布置时应力求管网长度最短，管径大小、龙头的位置与数量视工程规模大小通过计算确定。管道应埋入地下，尤其是寒冷地区，给水管要埋在冰冻层以下，避免冬期施工时水管冻裂，也防止汽车及其他机械在上面行走压坏水管。临时管线不要布置在二期将要修建的建（构）筑物或室外管沟处，以免这些项目开工时，切断了水源影响施工用水。

同时应按防火要求，设置室外消防栓，其设置要求见本书第四章中施工总平面图设计。高层建筑施工一般要设置高压水泵和楼层临时消火栓，消火栓作用半径为 50m，其位置在楼梯通道处或外架子、垂直运输井架附近，冬期施工还要采取防冻保温措施。条件允许时，可利用城市或建筑单位的永久消防设施。为防止供水的意外中断，可在建筑物附近设置简易蓄水池。

为便于排除地面水和地下水，要及时修通永久性下水道，并结合现场地形，在建筑物四周设置排泄地面水和地下水的沟渠，如排入城市下水系统，还应设置沉淀池。

2. 临时用电管网的布置

单位工程施工用电应在全工地施工总平面图中一并考虑。一般施工中的临时供电应根据计算出的各个施工阶段所需最大用电量，选择变压器和配电设备。根据用电设备的位置及容量，确定动力和照明供电线路。变压器（站）的位置应布置在现场边缘高压线接入处，四周用铁丝网围住，不宜布置在交通要道口。临时变压器设置，应距地面不小于 30cm，并应在 2m 以外处设置高度大于 1.7m 的保护栏杆。

架空线路应尽量设在道路一侧，不得妨碍交通和施工机械运转，塔吊工作区和交通频繁的道路的电缆应埋在地下，架空线路距在建建（构）筑物的水平距离应大于 1.5m，架空线路应尽量保持线路水平，以免电杆受力不均。低压线路的架空线与施工建（构）筑物水平距离不小于 1.0m，与地面距离不小于 6m；架空线跨越建（构）筑物或临时设施时，垂直距离不小于 2.5m。

各用电点必须配备与用电设备功率相匹配的,由闸刀开关、熔断保险、漏电保护器和插座等组成的配电箱,其高度与安装位置应以操作方便、安全为准;每台用电机械或设备均应分设闸刀开关和熔断器,实行单机单闸,严禁一闸多机。设置在室外的配电箱应有防雨措施,严禁漏电、短路及触电事故的发生。

综上所述,建筑施工是一个复杂多变的生产过程,各种施工机械、材料、构件等是随着工程的进展而逐渐进场的,而且又随着工程的进展而逐渐变动、消耗。因此,在整个施工过程中,它们在工地上的实际布置情况是随时在改变着的。在布置各阶段的施工平面图时,对整个施工时期使用的主要道路、水电管线和临时房屋等,不要轻易变动,以节省费用。为此,对于大型建筑工程、施工期限较长或施工场地较为狭小的工程,就需要按不同施工阶段分别设计几张施工平面图,以便能把不同施工阶段的合理布置具体地反映出来。布置重型工业厂房的施工平面图,还应该考虑到一般土建工程同其他设备安装等专业工程的配合问题,一般以土建施工单位为主会同各专业施工单位,共同编制综合施工平面图。在综合施工平面图中,尤其要根据各专业工程在各施工阶段中的要求将现场平面统筹规划,合理划分,以满足所有专业施工的要求。对于一般工程,只需要对主体结构阶段设计施工平面图,同时考虑其他施工阶段如何周转使用施工场地。

第七节　施工组织管理措施

施工组织管理措施是指在技术和组织方面对工程质量、安全、成本和文明施工所采用的方法和措施。在制定技术组织措施时,要针对单位工程施工的主要环节,结合工程具体情况和施工条件,依据有关的规章、规程及以往的施工经验进行。

一、确保工程质量的技术组织措施

（一）组织措施

1. 建立质量保证体系,建立、健全岗位责任制。明确质量目标及各级技术人员的职责范围,做到职责明确、各负其责。

2. 加强人员培训工作,加强技术管理,认真贯彻国家规定的施工质量验收规范及公司的各项质量管理制度。

3. 推行全面质量管理活动,开展质量红旗竞赛,制定奖优罚劣措施。

4. 认真搞好现场内业资料的管理工作,做到工程技术资料真实、完整、及时。

5. 定期进行质量检查活动,召开质量分析会议,对影响质量的风险因素有识别管理办法和防范对策。

（二）技术措施

1. 确保工程定位放线、轴线尺寸、标高测量等准确无误的措施。

2. 确保地基承载力及各种基础、地下结构、地下防水、土方回填施工质量的措施。

3. 保证主体结构中关键部位质量的措施,以及复杂特殊工程的施工技术措施;重点解决大体积及高强混凝土施工、钢筋连接等质量难题。

4. 对新工艺、新材料、新技术和新结构的施工操作提出质量要求,并制定有针对性的技术措施。

5. 屋面防水施工、各种装饰工程施工中,确保施工质量的技术措施;装饰工程推行样板间,经业主认可后再进行大面积施工。

6. 季节性施工的质量保证措施。

7. 工程施工中经常发生的质量通病的防治措施。

8. 加强原材料进场的质量检查和施工过程中的性能检测,不合格的材料不准使用。

二、确保工期的技术组织措施

(一)组织措施

1. 建立进度控制目标体系,组织精干的、管理方法科学的进度控制班子,落实各层次进度控制人员和工作责任。

2. 建立保证工期的各项管理制度,如检查时间、方法、协调会议时间、参加人员等。

3. 定期召开工程例会,分析影响进度的因素,解决各种问题;对影响工期的风险因素有识别管理手法和防范对策。

4. 组织劳动竞赛,有节奏地掀起几次生产高潮,调动职工生产积极性,保证进度目标实现。

5. 合理安排季节性施工项目,组织流水作业,确保工期按时完成。

(二)技术措施

1. 采用新技术、新方法、新工艺,提高生产效率,加快施工进度。

2. 配备先进的机械设备,降低工人的劳动强度,既保证质量,又加快工程进度。

3. 规范操作程序,使施工操作能紧张而有序地进行,避免返工和浪费,以加快施工进度。

4. 采取网络计划技术及科学管理方法,借助电子计算机对进度实施动态控制。一旦发生进度延误,能适时调整工作间的逻辑关系,保证进度目标实现。

三、确保安全生产的技术组织措施

(一)组织措施

1. 明确安全目标,建立以项目经理为核心的安全保证体系;建立各级安全生产责任制,明确各级施工人员的安全职责,层层落实,责任到人。

2. 认真贯彻执行国家、行业、地区的安全法规、标准、规范和各专业安全技术操作规程,并制定本工程的安全管理制度。

3. 工人进场上岗前,必须进行上岗安全教育和安全操作培训;加强安全施工宣传工作,使全体施工人员认识到"安全第一"的重要性,提高安全意识和自我保护能力,使每个职工自觉遵守安全操作规程,严格遵守各项安全生产管理制度。

4. 加强安全交底工作;施工班组要坚持每天开好班前会,针对施工中的安全问题及时提示。

5. 定期进行安全检查活动和召开安全生产分析会议,对不安全因素及时进行整改;对影响安全的风险因素(如由于操作者失误、操作对象的缺陷以及环境因素等导致的人身伤亡、财产损失和第三者责任等损失)有识别管理办法和防范对策。

6. 需要持证上岗的工种必须持证上岗。

(二)技术措施

1. 根据基坑深度和工程水文地质资料,保证土石方边坡稳定的措施。

2. 脚手架、吊篮、安全网、各类洞口防止人员坠落的措施。

3. 基坑降水、边坡支护、临时用电、模板搭拆、脚手架搭拆要编写专项施工方案。

4. 各种施工机械设备安全操作要求,外用电梯、井架及塔吊等垂直运输机具安拆要求、安全装置和防倾覆措施。

5. 针对新工艺、新技术、新材料、新结构,制定专门的施工安全技术措施。

6. 安全用电和机电防短路、防触电的措施。

7. 有毒有害、易燃、易爆作业的技术措施。

8. 防火、防爆、防台风、防洪水、防地震、防雷电等措施。

9. 现场周围通行道路及居民防护隔离措施。

10. 坚持安全"三宝",进入现场人员必须戴安全帽,高空作业必须系安全带,建筑物四周应有防护栏杆和安全网,在现场不得穿软底鞋、高跟鞋、拖鞋。

11. 夜间施工应装设足够的照明设施,深坑或潮湿地点施工,应使用低压照明,现场禁止使用明火,易燃、易爆物要妥善保管。

12. 各施工部位要有明显的安全警示标志。

四、降低施工成本的技术组织措施

降低成本措施包括提高劳动生产率、节约劳动力、节约材料、节约机械设备费用、节约临时设施费用等方面的措施。降低成本措施应以施工预算为尺度、以施工企业的降低成本计划和技术组织措施计划为依据进行制定,这些措施必须是不影响工程质量且能保证施工安全的。它应考虑以下几方面的内容:

1. 建立成本控制体系及成本目标责任制,实行全员全过程成本控制,搞好变更、索赔工作,加快工程款回收。

2. 加强物资管理的计划性,最大限度地降低原材料、成品和半成品的成本。加强材料管理,各种材料按计划发放,对工地所使用的材料按实收数,签证单据;材料供应部门应按工程进度,安排好各种材料的进场时间,减少二次搬运和翻仓工作。

3. 采用新技术、新工艺,以提高工效、降低材料耗用量、节约施工总费用。

4. 保证工程质量,减少返工损失。

5. 保证安全生产,避免安全事故带来的损失。

6. 提高机械利用率,减少机械费用的支出。

7. 增收节支,减少施工管理费的支出。

8. 尽量减少临时设施的搭设,可采用工具式活动房子,降低临时设施的费用。

9. 合理组织劳动,尽量提高劳动生产率,以减少总的用工数。

10. 提高模板精度,采用工具模板、工具式脚手架,加速模板、脚手架的周转,以节约模板和脚手架费用。

11. 编制工程预算时,应"以支定收",保证预算收入;在施工过程中,要"以收定支",控制资源消耗和费用支出。

12. 加强成本核算分析,对费用超支风险因素(如价格、汇率和利率的变化,或资金使用安排不当等风险事件引起的实际费用超出计划费用)有识别管理办法和防范对策。

五、确保文明施工的措施

1. 建立现场文明施工责任管理制度,主要包括检查制度、奖罚制度、防火制度等。

2. 遵守城市市容、场容管理的有关规定,加强现场用水、排污的管理,保证排水畅通无积水,场地整洁无垃圾,搞好现场清洁卫生。

3. 对施工人员进行文明施工教育,做到每月检查评分,总结评比。

4. 定期进行检查活动,针对薄弱环节,不断总结提高,督促整改。

5. 施工现场围栏与标牌设置规范，出入口交通安全，道路畅通，场地平整，安全与消防设施齐全。

6. 临时设施规划整洁，办公室、宿舍、更衣室、食堂、厕所清洁卫生。

7. 各种材料、半成品、构件进场有序，避免盲目进场或后用先进等情况；物件、机具、大宗材料要按指定的位置堆放，临时设施要求搭设整齐，脚手架、小型工具、模板、钢筋等应分类码放整齐。

8. 现场施工做到"随用随清、谁用谁清、工完料退场地清"，搅拌机要当日用完当日清洗。坚决杜绝浪费现象，禁止随地乱丢材料和工具。现场要做到不见零散的砂石、砖块、水泥等，不见剩余的灰浆、钢筋头、铁丝等。

9. 做好成品保护及施工机械保养工作。

10. 加强劳动保护，合理安排作息时间，配备施工补充预备力量，保证职工有充分的休息时间。尽可能控制施工现场的噪声，减少对周围环境的干扰。

六、环境保护措施

1. 项目经理部应组建环保施工领导小组，建立项目环境监控体系，不断反馈监控信息，采取整改措施。

2. 应确保环保施工的资金到位，保证应有的投入。

3. 每周项目经理部组织自查，每月公司组织检查，做得不够的及时整改或处罚，做得好的给予奖励。

4. 施工现场泥浆和污水未经处理不得直接排入城市排水设施和河流、湖泊、池塘。

5. 除有符合规定的装置外，不得在施工现场熔化沥青和焚烧油毡、油漆，亦不得焚烧其他可产生有毒有害烟尘和恶臭气味的废弃物，禁止将有毒有害废弃物作土方回填。

6. 正确处理施工垃圾、废水、废气，减小施工噪声，防止环境污染。

7. 在居民和单位密集区域进行爆破、打桩等施工作业前，应按规定申请批准，并取得居民和有关单位的协作和配合；对施工机械的噪声与振动扰民，应采取相应措施予以控制。

8. 经过施工现场的地下管线，应由发包人在施工前通知承包人，标出位置，加以保护。施工时发现文物、古迹、爆炸物、电缆等，应当停止施工保护好现场，及时向有关部门报告，按照有关规定处理后方可继续施工。

9. 施工中需要停水、停电、封路而影响环境时，必须经有关部门批准，事先告知。在行人、车辆通行的地方施工，沟、井、坎、穴应设置覆盖物和标志。

10. 施工现场在温暖季节应绿化。

七、季节性施工措施

(一)雨期施工措施

1. 工程施工前，在基坑边设集水井和排水沟，及时排除雨水和地下水，把地下水的水位降至施工作业面以下。

2. 做好施工现场排水工作，将地面水及时排出场外，确保主要运输道路畅通，必要时路面要加铺防滑材料。

3. 现场的机电设备应做好防雨、防漏电措施。

4. 混凝土连续浇筑，若遇雨天，用篷布将已浇筑但尚未初凝的混凝土和继续浇筑的混凝土部位加以覆盖,以保证混凝土的质量。

（二）冬期施工措施

1. 加强冬期施工安全教育,落实安全、消防措施。

2. 及时清除道路冰雪,确保道路畅通。

3. 搅拌混凝土或砂浆时,禁止用有雪或冰块的水拌合。

4. 钢筋焊接应在室内进行,焊后的接头严禁立刻碰到水、冰、雪。

5. 做好砂浆、混凝土的各项测温工作及完工部位的防冻保护工作等。

（三）夏期施工措施

1. 编制夏期施工方案及采取的技术措施。

2. 做好防雷、避雷工作。

3. 做好施工人员的防暑降温工作。

第八节　单位工程施工组织设计实例

一、某高层住宅工程施工组织设计

（一）编制依据

1. 招标文件。

2. 某小区 16 号住宅楼工程施工图（建施、结施、水施、电施）。

3. 国家有关现行建筑工程施工验收规范、规程、条例、标准及省、市基本建设工程的有关规定。

4. 其他现行国家有关施工及验收规范。

5. 有关标准图集等。

（二）工程概况

1. 建筑设计概况:本工程楼坐东西向布置,平面形式呈"一"字形,最大长度为 44.180m,最大宽度为 14.410m。地下 1 层,地上 17.5 层,分为两个单元,每单元两户,标准层层高为 2.800m,建筑物檐口高为 51.600m。建筑面积:12279m²。

2. 结构设计概况:抗震设防烈度为 7 度,基础采用 800mm 厚筏板基础,主体结构为全现浇钢筋混凝土剪力墙结构,混凝土强度等级:基础、地下一层至地上三层墙体为 C30;楼板及四层以上墙体为 C25。隔墙:M5 水泥砂浆砌筑加气混凝土砌块。耐火等级:二级。

3. 装饰装修设计概况:厨房、卫生间防水为 2mm 厚聚氨酯防水涂料。门窗:塑钢中空玻璃窗;一层储藏室对外门为自控门,户门为防撬门,单元楼宅门为可视对讲防撬门。楼地面:细石混凝土垫层,预留面层。装修:墙面、顶棚披腻子不刷涂料。外墙面:均为挤塑聚苯板保温（做结构时与混凝土墙体浇筑成一体,外带钢丝网,便于挂灰）,贴面砖。

（三）施工管理机构与组织

根据本工程质量要求,施工现场的特点以及公司长期形成的管理制度,在该工程施工过程中,公司将在人、财、物上合理组织,科学管理。

1. 工程管理机构

（1）公司对本工程项目施行"项目法"施工,建立以公司经理总体控制工程施工,项目经理全权负责该工程的经营、技术、质量、进度和安全等管理工作,由公司总工程师及有关科室组成项目保证机构,直接对项目部进行对口管理,其项目部各职能机构如图 5-14 所示。

（2）公司拟定采用操作能力强、技术高、精干的施工队伍作为项目部的劳务层，由项目经理具体管理。项目部所有作业班组在持证上岗、优化组合的基础上，实行整建制调动，以增强施工实力。

2. 项目班子组成及岗位责任

项目经理：全面负责工程施工实施的计划决策、组织指挥、协调等经营管理工作，承担经营管理责任，终身负责工程质量管理。

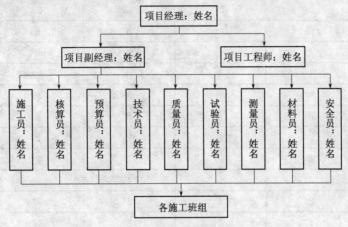

图 5-14　施式组织机构图

项目工程师：专职专责负责该项目的图纸会审、施工方案，并负责施工技术、质检等资料、档案的管理工作。

质检员：专职专责负责质量检查、验收、签证，对工程施工质量终身负责。

安全员：专职专责负责该项目的现场施工安全及文明生产的管理工作。

材料员：专职专责负责各种材料的采购、供应及材料保证管理工作。

预算员：负责该工程的预（决）算、及材料、资金计划管理工作。

（四）施工准备

1. 技术准备

组织施工管理人员认真熟悉图纸，做好图纸会审和设计交底工作。完善施工组织设计和各分部分项工程施工方案。对新技术、新工艺、特殊工种工程，要做好技术上的准备和人员培训工作。

2. 施工现场准备

清理现场障碍物，做好"七通一平"工作，搭设临时设施，布置好临时供水、供电管网和排水、排污管线等。

施工现场全部用 C15 混凝土覆盖，使施工场地全部硬化，确保文明施工程度，混凝土地面设 3‰ 的坡度并朝向排水沟。

现场排水设计为有组织排水系统，临时排水沟形式为砖砌暗沟，沟盖采用钢筋混凝土盖板，深度大于 300mm，泄水坡度大于 2‰，总流向为由西向东排放。所有临建及建筑物周边均设排水沟，施工废水及生活污水经沉淀池（化粪池）处理后排入城市的下水道。

3. 劳动力安排

为确保本工程顺利完成，拟派有经验的专业队伍，塑钢窗、防水、钢结构装修等专业人员为分包队伍，本劳力计划亦一并考虑，专业队伍的人员分布见表 5-10。

表 5-10　主要劳动力计划表

工种级别	施工阶段				
	基础工程	主体工程	屋面工程	装修工程	收尾阶段
木工	40	40	10	8	2
钢筋工	40	40	2	2	
混凝土工	15	20	5	8	2
架子工	20	25	25	25	2
瓦工	12	25	5	5	2
抹灰工	4	4	20	60	2
油工	1	1	15	40	1
壮工	30	30	20	30	30
小机工	8	8	8	8	4
大机工	2	2	2	2	
维修工	2	2	2	2	1
焊工	2	6	4	6	2
水暖工	2	4	2	30	15
电工	4	8	8	20	8
其他	3	3	3	2	10

劳动力随施工进度提前安排,需培训的专业人员提前安排培训教育。

各专业技工和壮工人数合理搭配,保证施工生产高效、有序。

4. 主要施工机具准备

主体施工阶段设 1 台 QTZ40c 塔式起重机和 1 台人货两用电梯,负责物料及人员的垂直运输,设 2 台 JZC350 型混凝土搅拌机和 1 台 HB60 混凝土泵。主要机具装备详见表 5-11。

表 5-11　主要机具装备表

序　号	机具名称	型号及规格	机械功率	单位	数　量
1	塔机	QTZ40C	40kW	台	1
2	混凝土搅拌机	JZC350	6.6kW	台	1
3	砂浆搅拌机	325L	5kW	台	1
4	混凝土泵	HB60	6kW	台	1
5	电梯	人货两用	4.5kW	台	1
6	电焊机		30kV·A	台	2
7	电锯		3.5kW	台	2
8	振捣器		1.1kW	个	6
9	打夯机		3kW	台	4
10	双轮小车	自制		辆	20
11	平刨	MB504A	3kW	台	1
12	反铲挖掘机	南韩现代 210 型		台	2
13	自卸汽车	15t		辆	10

（五）施工方案

1. 施工段的划分

施工段划分既要考虑现浇混凝土工程的模板配置数量、周转次数及每日混凝土的浇筑量，也要考虑工程量的均衡程度和塔式起重机每台班的效率，具体流水段划分如下：

(1)土方工程及筏板基础施工，不分施工段；

(2)主体结构工程划分为四个施工段，如图 5-15 所示；

| 1段 | 3段 | 2段 | 4段 |

图 5-15　施工段划分示意图

(3)屋面工程施工，不分施工段；

(4)装饰装修工程水平方向不划分施工段，竖向划分施工层，一个结构层为一个施工层。

2. 基础工程施工方案

(1)基础工程施工顺序

土方开挖→验槽→基础垫层浇筑混凝土→筏板基础扎筋、支模、浇筑混凝土→地下防水→土方回填。

(2)土方开挖施工方案

定位放线确定基础开挖尺寸后进行土方开挖。

1)基底开挖尺寸：按设计基础混凝土垫层尺寸，周边预留 500mm 工作面。

2)基坑开挖放坡：据地勘资料，由于土质情况较稳定，土方开挖按 1∶0.33 放坡。为防止雨水冲刷，在坡面挂铁丝网，抹 20mm 厚 1∶3 水泥砂浆防护。

3)采用 2 台反铲挖土机，沿竖向分两层开挖，并设一宽度 4m、坡度 1∶6 的坡道供车辆上下基坑，最后用反铲随挖随将坡道清除。土方外运配 10 辆自卸汽车，弃土于建设单位指定的堆场。车斗必须覆盖，避免运输中遗撒。土方运输车辆出场前应进行清扫，现场大门处设置洗车装置，洗车污水应经沉淀池沉淀后排出，土方施工期间指派专人负责现场大门外土方开挖影响区的清理。

4)土方开挖随挖随运，整个基坑上口 0.8m 范围内不准堆土防止遇水垮塌；基坑四周应设防护栏杆，人员上下要有专用爬梯。

5)土方开挖至距垫层底设计标高 20～30cm 时复核开挖位置，确定其正确后由人工继续开挖至垫层底标高时及时会同建设、设计、质监部门验槽；签字认定后及时浇筑垫层混凝土，避免雨水、地表水浸泡土质发生变化。

6)基底周边设排水沟，基坑四角设 300mm×300mm×300mm 的集水坑，集水坑周边采用120mm 厚 MU10 红砖、M5 水泥砂浆砌筑护边，基础施工期间每个集水坑设一台水泵排地表水。

(3)基础模板施工方案

筏板基础周边模板采用砖胎模，表面抹 20mm 厚 1∶3 水泥砂浆。基础梁模板采用组合钢模板，并尽量使用大规格钢模板施工，为保证模板的刚度及强度，模板背楞采用 φ48×3.5 钢管脚手管支撑，φ12 钩头螺栓固定；具体支撑详模板支撑体系图(略)；模板与混凝土接触面在支模前均打扫干净、满刷隔离剂；模板安装按《混凝土结构工程施工质量验收规范》(GB 50204—2002)进行评定，达到优良标准。

(4)基础钢筋施工方案

本工程筏板钢筋均为双层双向，采用人工绑扎的方式安装。基础底板钢筋网四周两行钢筋交叉点每点绑扎，中间部位可间隔交错绑扎，相邻绑扎点铁丝扣成八字形，以免受力滑移。

基础梁最大钢筋规格为Φ25,采用剥肋滚压直螺纹连接。为确保底板上下层钢筋之间距离,在上下层钢筋之间梅花形布置马凳铁(Φ16钢筋制成)固定,间距1000mm。在浇筑混凝土时,需搭设马道,禁止直接踩踏在钢筋上。

(5)基础混凝土施工方案

本工程基础混凝土全部用商品混凝土,现场设固定泵一台,布设泵送管道,由西向东顺次浇筑,采用斜面分层浇筑方案,即一次从底浇到顶,自然流淌形成斜面的浇筑方法,能很好地适应泵送工艺,减少混凝土输送管道拆除、冲洗和接长的次数,提高泵送效率。

采用插入式振动器振捣,应严格控制振捣时间、振动点间距和插入深度。浇筑时,每隔半小时,对已浇筑的混凝土进行一次重复振捣,以排除混凝土因泌水在粗集料、水平筋下部生成的水分和空隙,提高混凝土与钢筋之间的握裹力,增强密实度,提高抗裂性。

浇筑成型后的混凝土表面水泥砂浆较厚,应按设计标高用刮尺刮平,在初凝前用木抹子抹平、压实,以闭合收水裂缝。

筏板基础应按大体积混凝土施工,必须采取各种措施控制内外温差不超过25℃,避免温度裂缝的出现(详见施工技术课本)。

3. 主体工程施工方案

(1)主体工程施工顺序

测量放线→剪力墙钢筋绑扎→剪力墙支模→剪力墙浇筑混凝土→板、楼梯钢筋绑扎→板、楼梯支模→浇筑板、楼梯混凝土。

(2)模板工程施工方案

根据工程特点,本工程墙体模板采用大钢模板,楼梯、阳台、现浇板为竹胶合板模板,楞用方木,支撑采用钢管支撑系统。根据施工进度计划,并确保工程质量,模板及支撑系统全部配置三层进行周转。

墙体大模板采用平模加角模的方式,内外模板间设穿墙螺栓固定,以抵抗混凝土浇筑时的侧压力,避免张模,保证墙体质量。为确保螺栓顺利取出,可加塑料套管。

内墙模板应先跳仓支横墙板,待门洞口及水电预埋件完成后合另一侧模板。门口可采用先立口方法,在模板上打眼,用双角钢及花篮螺栓固定木门口,最后立内纵墙模板。外墙先支里侧模板,立在下层顶板上。窗洞口模板用专用合页固定在里模板上,待里模板与窗洞模板支完后合外侧模板。外侧模板立在外墙悬挂三角平台架上。

模板支撑操作过程中,施工管理人员严格按技术规范要求进行检验,达到施工验收规范及设计要求后,签证同意进行下道工序。

模板拆除顺序与安装相反,应注意检查穿墙螺栓是否全部拔掉,以免吊运时起重机将墙拉坏。拆模后及时检测、修复、清除表面混凝土渣,刷隔离剂后按施工总平面布置进行堆码整齐,进行下次周转。

(3)钢筋工程施工方案

每批钢筋进场,必须出具钢材质量检验证明和合格证,并随机按规范要求抽样检验,合格后方可使用。

本工程所用钢筋全部在现场集中加工。钢筋配料前由放样员放样,配料工长认真阅读图纸、标准图集、图纸会审、设计变更、施工方案、规范等后核对放样图,认定放样图钢筋尺寸无误后下达配料令,由配料员在现场钢筋车间内完成配料。钢筋加工后的形状尺寸,规格、搭接、锚固等符合设计及规范要求,钢筋表面洁净无损伤、无油渍和铁锈、漆渍等。

本工程墙体钢筋均为双排双向,水平筋在外,竖筋在内,先立竖筋,后绑水平筋。两层钢筋之间设置Φ6拉筋,水平筋锚入邻墙或暗柱、端柱内。门洞口加固筋与墙体钢筋同时绑扎,钢筋位置要符合设计要求。墙筋最大钢筋规格为Φ20,暗柱和连梁主筋最大钢筋规格为Φ25。竖向钢筋采用电渣压力焊连接,水平钢筋接长采用绑扎连接,交叉部位钢筋采用十字扣绑扎。为确保墙体厚度,可以绑扎竖向及水平方向的定型梯子筋,同时也能保证墙体两个方向的钢筋间距。墙体钢筋还需绑扎水泥砂浆垫块或环形塑料垫块,以确保钢筋保护层厚度。钢筋绑扎时锚固长度、搭接接头长度,严格按国家现行施工验收规范及设计要求进行。

每次浇完混凝土,绑扎钢筋前清理干净钢筋上的杂物;检查预埋件的位置、尺寸、大小,并调校;水、电、通风预留、预埋与土建协商,不得随意断筋,要焊接必须增设附加筋,严禁与结构主筋焊接。

(4)混凝土工程施工方案

本工程主体结构工程采用商品混凝土泵送浇筑的方式,零散构件及局部采用现场拌制混凝土,塔吊吊运浇筑的方式。在混凝土浇筑前要做好充分的准备工作,技术人员根据专项施工方案进行技术交底;生产人员检查机具、材料准备,保证水电的供应;检查和控制模板、钢筋、保护层、预埋件、预留洞等的尺寸、规格、数量和位置,其偏差值应符合现行国家标准的规定;检查安全设施、劳动力配备是否妥当,能否满足浇筑速度的要求。在"三检"合格后,请监理人员进行隐蔽验收,填写混凝土搅拌通知单,通知搅拌站所要浇筑混凝土的强度等级、配合比、搅拌量、浇筑时间,严格执行混凝土浇灌令制度。

混凝土拌合物运到浇筑地点后,按规定检查混凝土坍落度,做好记录,并应立即浇筑入模。浇筑过程中,应经常观察模板、支架、钢筋、预埋件和预留洞的稳定情况,当发现有变形、移位时,应立即停止浇筑,并立即采取措施,在已浇筑的混凝土凝结前修整完好。

混凝土浇筑期间,掌握天气季节变化情况,避免雷雨天浇筑混凝土;浇筑过程中准备水泵、塑料布、雨披以防雨;发电机备足柴油及检修好以保证施工用电不间断。

浇筑时,先浇墙混凝土,后浇楼板。墙混凝土浇筑为先外墙、后内墙。浇筑墙体混凝土前,底部先剔除软弱层,清理干净后填以50mm厚与混凝土成分相同的水泥砂浆,避免底部混凝土出现烂根。

混凝土的密实度主要在于振捣,合理的布点、准确的振捣时间是混凝土密实与否的关键。本工程采用插入式振捣棒振捣,每次布料厚度为振捣棒有效振动半径的1.25倍,上下层混凝土浇筑间隔时间小于初凝时间,每浇一层混凝土都要振捣至表面翻浆不冒气泡为止;振动棒插点间隔30~40cm,均匀交错插入,按次序移动,保证不得漏振,欠振且不得过振;不许振模板,不许振钢筋,严格按操作规程作业。墙体洞口处两侧混凝土高度应保持一致,同时下灰,同时振捣,以防止洞口变形,大洞口下部模板应开口补充振捣,以防漏振。

主体混凝土浇筑做到"换人不停机",采取两班人轮流连续作业。混凝土浇筑过程中,严格按规定取样,用于检验结构构件混凝土质量的试件以及用于拆模的同条件养护试件,应在混凝土的浇筑地点随机取样制作。混凝土浇筑完毕12小时内加以养护,内外墙混凝土采用喷洒养护液进行养护,顶板采用浇水覆盖塑料薄膜养护。

成品保护:为保证工程施工质量,在混凝土结构拆模后,采用在柱角、墙角、楼梯踏步、门窗洞口处钉50mm×15mm防护木板条,柱、墙防护高度为1.5m。

4.屋面工程施工方案

屋面工程施工顺序:保温层→找平层→防水层→面层。

结构顶板施工完即进行保温层施工,保温层采用 100mm 厚聚苯板,铺设前应先将接触面清扫干净,板块应紧贴基层,铺平垫稳,板缝用保温板碎屑填充,保持相邻板缝高度一致。对已铺设完的保温板,不得在其上面行走、运输小车和堆放重物。随后抹水泥砂浆找平层,要求设分格缝,并做到表面无开裂、疏松、起砂、起皮现象,找平层必须干燥后方可铺设卷材防水层。

屋面防水等级为Ⅱ级,防水层采用 SBS 改性沥青防水卷材与 SBS 改性沥青防水涂料的组合,卷材厚 4mm,涂膜厚 3mm。采用热熔法铺贴卷材,卷材底部的热熔胶加热不足,则粘结不牢;过分加热,易使卷材烧穿,胎体老化,热熔胶焦化变脆,严重降低防水层的质量。所以烘烤时要使卷材底面和基层同时均匀加热,喷枪要缓缓移动,至热熔胶熔融呈光亮黑色时,即可趁卷材柔软情况下滚铺粘贴。施工时,先做好节点、附加层和排水比较集中部位的处理,然后由屋面最低标高处向上施工。每一道防水层做完后,都要经专业人员检验合格后方准进行下一道防水层的施工。防水层的铺贴方法、搭接宽度应符合规范标准要求,做到粘贴牢固、无滑移、翘边、起泡、褶皱等缺陷。

防水层做完后,应进行蓄水试验,检查屋面有无渗漏。最后施工面层,本工程屋面有上人屋面和不上人屋面两种,上人屋面面层铺贴彩色水泥砖,不上人屋面为坡屋面,面层铺红色屋面瓦。

5. 装饰工程施工方案

为缩短工期,加快进度,合理安排施工顺序,提前插入装饰工程,与土建同期穿插交叉作业,将墙体和吊顶内的管子提前铺设完毕,为室内装饰创造条件。

装饰工程包括室内、外装饰。由于装饰内容较多,装饰工程施工工艺此处略。

6. 水、暖、电安装工程施工方案

土建与水、暖、电、通风之间的交叉施工较多,交叉工作面大,内容复杂,如处理不当将出现相互制约、相互破坏的不利局面。土建与水电的交叉问题必须重点解决,解决的原则是:

(1)在技术准备阶段就把土建、安装的协调图绘好,各专业人员根据协调图进行施工;

(2)做好总进度控制计划。水电安装应根据计划合理进行穿插作业,要在统一的协调指挥下施工;

(3)明确责任,划分利益关系,建立固定的协调制度;

(4)一切从大局出发,互谅互让,土建和水、暖、电、安装各专业要尽可能为对方创造施工条件,并注意保护对方成品和半成品。

水、暖、电安装工程施工方案略。

7. 脚手架工程

(1)混凝土结构施工阶段

本工程室外地上二层以下至地下室坑底采用 ϕ48×3.5 钢管和铸铁扣件搭设双排落地式脚手架;室内采用满堂脚手架;地上部分外墙采用挂脚手架,利用穿墙螺栓留下的穿墙孔,用 M25 螺栓挂三角架,上面搭设钢管脚手架。每榀外挂架拉一道螺栓,若干榀挂架应按设计要求用脚手架连成整体,组成安装单元,并借助塔吊安装。挂架安装时的混凝土强度不得低于 7.5MPa,安装中必须拧紧挂架螺栓。每次搭设一个楼层高度,施工完一层后,用塔吊提升到上一层进行安装。挂架安装中,当挂架螺栓未安装时,塔吊不允许脱钩;升降时,未挂好吊钩前,不允许松动挂架螺栓。

(2)装修阶段

采用吊篮进行外装饰,在屋顶预埋锚环,挑 16 号工字钢挑梁,吊篮导轨用 12.8mm 钢丝绳,保险绳用 9.6mm 钢丝绳,提升吊篮用电动葫芦。内装饰采用支柱式及门式内脚手架。

8. 垂直运输机械布置

根据本工程的实际情况,为满足工程需要,安装 1 台臂长 50m 的附着式塔吊和 1 台双笼施工电梯,其位置见施工平面布置图(图 5-17)。塔吊主要吊运钢筋、模板、脚手架等;施工电梯主要用于人员上下以及运送室内装饰材料。

(六)施工工期及进度计划

按建设单位的要求,该工程的总体施工工期是 2009 年 3 月 15 日至 2010 年 11 月 30 日,经施工单位负责该工程的专家认真研究,结合现有的先进施工技术和项目管理水平,确定工期目标为:于 2010 年 9 月 30 日前交付使用。施工过程中,按照先基础,后主体,中间穿插电气、暖卫预留、预埋工作的原则,然后是装饰装修,最后是水电、通风以及消防安装调试工作,对工程施工进度计划进行详细的编制,详见施工进度计划图(图 5-16)。

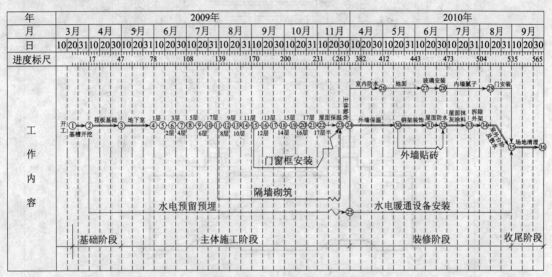

图 5-16 某单位工程网络计划图

(七)施工平面布置

施工平面布置如图 5-17 所示。

(八)施工组织措施

1. 工程质量保证措施

(1)主体工程质量保证措施

目标:达到合格标准。为达此目的,根据工程特点和施工方案,施工单位拟定以下规定,以保证主体工程质量。

1)建立以项目经理为组长、项目副经理为主管负责的质量管理小组,加强对项目各工序、分部分项工程的质量管理,跟踪解决施工中发现的问题,解决问题于未然。

2)健全质量管理制度,严格实行各级质量目标管理和岗位责任制;严格执行图纸技术方案、技术措施会审制;严格执行原材料的订货、采购、运输、入场保管、复检制度;严格执行技术交底、技术培训、签证制,工序自检、互检、交叉检等交接检查、验收、签证制度;严格搞好隐蔽工程验收及签证制度;严格搞好技术资料归档制度。

3)落实质量管理责任,项目部与责任工长、责任工长与施工劳务层签订质量终身责任书。

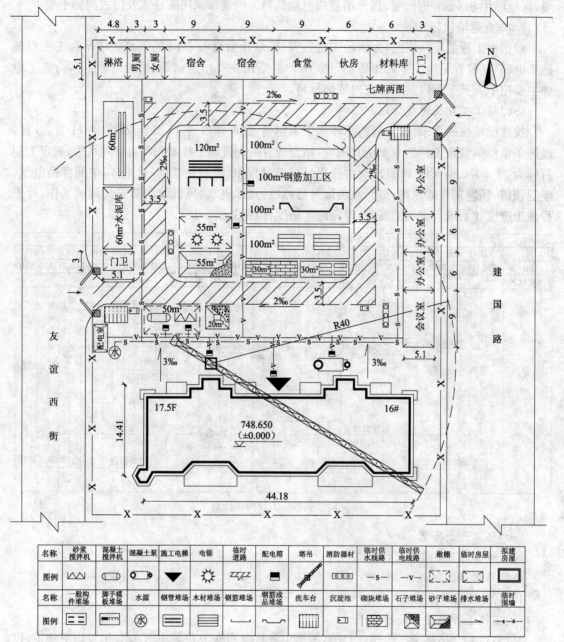

图 5-17　某单位工程施工平面布置图

名称	砂浆搅拌机	混凝土搅拌机	混凝土泵	施工电梯	电锯	临时道路	配电箱	塔吊	消防器材	临时供水线路	临时供电线路	敞棚	临时房屋	拟建房屋
图例	〜〜	◁▷	◁●▷	▼	☀	〜	■	⟙	▭	—s—	—v—	[_]	▭	▢
名称	一般构件堆场	脚手模板堆场	水源	钢管堆场	木材堆场	钢筋堆场	钢筋成品堆场	洗车台	沉淀池	砌块堆场	石子堆场	砂子堆场	排水堆场	临时围墙
图例	☰☰	☷	水	▦	▤	⌣	⫿⫿	▯	⬒	▨	◪	◩	→	—x—x—

说明:
1. 施工场地全部用C15混凝土硬化,场地泄水坡度为3‰,并朝向排水沟。
2. 临时道路两侧设排水沟,纵向泄水坡度为2‰,污水由排水沟流入沉淀池,
  经沉淀后流入城市污水管网。
3. 在基坑外设砖砌截水堤,高300mm,宽115mm。
4. 截水堤外设1.2m高的栏杆,刷红、白油漆标志,并挂安全网。

4)强化质量管理手段,定期召开质量小结会,奖优罚劣,严格执行"总工程师质量一票否决制"。

5)加强质量管理业务水平,提高各层次员工质量管理能力;施工工长在施工中认真熟悉图

196

纸,用规范指导施工,做到施工不出错;施工前,总工程师向施工责任工长、施工责任工长向施工劳务人员作详细技术交底。

6)模板工程质量保证措施:

① 采用足够刚度、强度和稳定性的模板和支撑材料;

② 严格控制模板的几何尺寸和加固措施,防止变形走样;

③ 模板接缝连接紧密,防止漏浆,梁柱交接处用木方堵塞牢固;

④ 模板拆除后,及时清理、校正、刷隔离剂,以利下次周转;

⑤ 浇筑混凝土中派专人看守模板,防止模板爆模、漏浆。

7)钢筋工程质量保证措施:

① 熟悉图纸,做好钢筋放样工作;

② 按图施工,保证钢筋的规格、尺寸、根数、间距;

③ 钢筋表面清洁,如有天麻点用钢丝刷清除;

④ 浇筑混凝土过程中,派专人看守钢筋,防止钢筋变形走样。

8)混凝土工程施工质量保证措施:

① 严格控制砂石的含泥、含杂、含水量;

② 严格实行计量控制,不随意调整配合比;

③ 混凝土搅拌时,严格控制搅拌时间和坍落度,并按规定取样送检;

④ 混凝土浇筑12小时内,及时覆盖、定时养护。

9)加强成品保护,钢筋工程施工完毕清场后在板面搭设通道,以便通行,不至于踩踏钢筋,使之变形;混凝土浇筑完毕后,楼梯通道处用5cm木板反扣,避免其缺棱掉角。

10)土建工程施工与水、电安装工程紧密联系;主体阶段做好预留预埋。

(2)装饰工程质量保证措施

目标:达到优良标准。为达此目的,根据工程特点和施工方案,施工单位拟定以下规定以保证装饰工程质量(略)。

(3)冬雨期施工质量保证措施

因工程施工中要跨越雨季和冬期,拟定以下施工措施,以保证工程顺利进行。

1)工程冬期施工的主要质量保证措施:

① 采用草袋和薄膜保温材料覆盖混凝土表面;

② 钢筋避免冷弯,以避免在钢筋弯点处发生强化,造成钢筋脆断;

③ 脚手架采取防滑措施,脚手板上钉木条;

④ 起重机械随时检查,防止结霜、结冰、影响安全。

2)雨季施工的主要质量保证措施:

① 施工现场设置排水沟沿建筑物转通,并在雨季前进行检查、维修、疏通、保持排水畅通;

② 脚手架,脚手板采取防滑措施,大风、大雨后对其进行检查,雷雨天不在脚手架上操作;

③ 钢筋对焊在室内进行;配电室外架,起重机械上均安置阀型避雷器,并定期派人检查,以保证其接地良好;

④ 利用建筑物结构防雷形成临时防雷系统;

⑤ 配电箱、电机、电器均设防雨罩和接地,漏电保护装置。

2.文明施工管理措施

目标:确保"市级文明施工现场"。为确保目标的实现,拟从以下方面采取措施加以保证:

1）成立以项目经理为第一责任人，工长为第二责任人的"文明施工现场"达标管理小组。负责进场人员的文明施工、法制意识的教育及具体保证措施的安排实施、检查工作，公司有关部门每周定期深入现场，检查实施情况。

2）组织召开"标准化文明施工现场"专题会，明确管理目标和达标意义。熟悉"文明工地十二条标准"，制定本工程现场达标具体规定及施工管理人员岗位责任。

3）建立与生产作业班组层层签订施工现场"文明施工"责任合同制，明确达标职责，保证文明施工现场随时保持。

4）严格按"景观化"标准要求制作"七牌两图"及施工围墙，树立良好的现场形象。

5）为保证文明施工现场达标，同时又考虑节约成本，施工中按设计图纸规划的道路先做混凝土垫层，形成施工临时道路，避免场地遇雨泥泞、积水。

6）现场设生活垃圾站、建渣集中站，大门处设置洗车台和沉淀池，以保持清洁。冲洗土方车辆、混凝土泵和罐车之污水，通过排水沟排到沉淀池，经二次沉淀后排入市政管网，并经常清淘池内沉淀物。

7）精心规划施工总平面布置，严格对照搭设，并将建筑材料分类挂牌堆放。

8）现场派专人负责现场材料的堆码，收检工作；保证现场文明、整齐。

9）严格按《中华人民共和国食品卫生法》有关要求，搭建工地食堂，做到设备齐全，整洁卫生。

3. 安全生产管理措施

目标：杜绝重大伤亡安全事故，防止工伤事故发生。为达到此目标，在施工过程中，施工单位制定以下安全施工管理措施：

1）公司总经理作项目安全施工总体监督，公司生产副经理、总工程师、安保科作项目安全、文明施工总体保障，严格监督、控制项目安全文明施工。

2）建立以项目经理作为安全生产第一责任人的安全文明施工管理机构，在项目经理直接领导下，完善项目部安全文明生产保证体系，把安全生产岗位责任落实到各个部门及责任人，做到全员关心安全生产，加强安全教育，强化安全意识。

3）项目部设立专职安检机构及专职专责安检人员，履行专职专责安全检查岗位责任制、生产安全责任制、机械安全操作责任制、安全用电制度、安全防火制度；使所有管理人员、生产工人明白应尽的安全职责、应负的安全责任。保证施工现场在抓工期、质量工作的同时不忽视安全生产。

4）项目部与安检专职责任人及生产班组签订安全生产责任合同。将安全生产责任层层落实到全体管理干部及作业工人。

5）定期开展多层次、全方位、多形式的安全检查，及时消除安全隐患；把安全管理与经济效益挂钩，全员明确安全责任，做到人人有安全管理的危机感和责任感。

6）加强特殊作业人员的培训、考试和发证工作，保证持证上岗，杜绝无证人员从事特种作业工作。

二、某道路工程施工组织设计

（一）工程概况

本项目为张石高速公路，呈南北走向，途经张家口地区阳原县、蔚县，纵贯两县南北。路线全长 77.035km，起点位于阳原县三马坊村南、宣大高速公路 K210＋60 处。途经南辛庄、陈家洼、北冼冀、南杨庄和北口，止于张家口与保定交界的黑石岭处，与张石公路保定段衔接。路面工程共划分为五个施工合同段，本例标段为 M2 合同段。M2 合同段位于蔚县、阳原两县交界的蔚县陈家洼段,桩号 K15＋000～K30＋790,全长 15.79km。

(二)主要技术标准

高速公路标准:双向四车道。

计算行车速度为:100km/h。

设计洪水频率:1/100。

桥涵设计荷载:公路－Ⅰ级。

路基宽度:26m,其中:行车道 4m×3.75m,中央分隔带 2.00m,两侧路缘带 4m×0.75m,硬路肩 2m×3.0m。

(三)本标段工程特点、重点及难点

1. 工程特点

(1)本工程施工工期短,任务重。施工前必须组织强大施工力量,做好施工组织统一安排,做好工序衔接工作。

(2)本工程构造物多、地产材料少,大部分材料需从怀来县、宣化县远运;大桥部位绕行便道,坡度较大,运输成本提高。

2. 本标段重点工程与难点工程

本标段将底基层、基层的施工作为重点工程,严格控制底基层、基层的施工进度,给沥青面层创造有利条件。将沥青面层的施工作为难点工程,严格控制沥青面层的标高,确保沥青面层的平整度,努力提高沥青路面路用性能,增强行车舒适性,确保业主要求,更好地让用户满意。

另外,本标段还将提高底基层、基层、面层标高,平整度的合格率作为重点技术指标;又因工期紧,任务大,材料使用集中,一旦材料供应不上或材料紧缺,将严重影响工期、降低质量,故把确保优质材料的足量、按时供应作为难点工序。

(四)施工项目组织管理机构

根据本合同段工程的规模、工期要求及工程特点,建立现场项目经理部。

项目经理部由项目经理,项目总工程师,项目副经理组成领导层。下设工程科 6 人,质检科 6 人,安全科 3 人,试验室 8 人,综合办公室 3 人,财务科 1 人,编制 27 人。下面又设土石方组、拌合组、摊铺组、测量组、试验组、设备维修组,如图 5-18 所示。

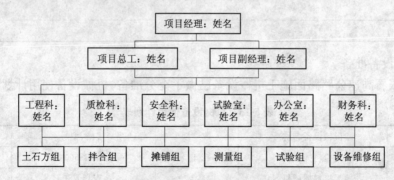

图 5-18　项目部组织机构图

(五)施工准备

1. 技术准备

(1)组织人员学习技术准则和施工细则。

(2)施工调查与设计文件复核。

(3)接桩复测。与路基单位办理接桩手续,进行中线和高程桩的复测,确认无误后,立即设置防护桩,然后根据施工需要增设加密布点。在测量过程中标注各构造物的位置,为施工提供方便。

(4)进行原材料、砂浆、混凝土配合比,基层、底基层、面层材料组成设计等试验。

(5)编制各项施工指导书。

(6)编制实施性施工组织设计。

(7)进行岗前培训及技术交底工作。

2. 物资准备

(1)人员准备

公司对张石高速公路路面施工人员已做安排(详见表5-12所示),并对部分人员进行了体检和岗前培训,全部人员已进入施工工地,做好食宿安排。施工场地的准备工作已就绪,具备施工条件。

表5-12　施工队伍一览表

项　目	施　工　队	人　数	负责人
路基土石方施工	路基土石方施工组	120	×××
基层料拌合	无机料拌合组	35	×××
面层料拌合	沥青拌合组	50	×××
底基层摊铺	摊铺一组	30	×××
基层摊铺	摊铺二组	30	×××
沥青摊铺	摊铺三组	30	×××
设备维修	设备维修组	10	×××
材料运输	合作队伍	60	×××
发电	发电机组	6	×××
收料	收料组	16	×××
测量	测量组	20	×××
试验	试验组	25	×××
其他		40	
合计		472	

(2)机械设备准备

公司对张石高速公路路面施工机械设备已做了充分准备,机械设备使用计划见表5-13。

表5-13　机械设备使用计划表

序　号	机械设备名称	数　量	规格、型号	产　地
1	无机料拌合机	2套	WBS600	天津
2	无机料摊铺机	4台	WTU750	天津
3	无机料摊铺机	2台	ABG423	德国
4	振动压路机	4台	YJ15—18T	徐州
5	光轮压路机	2台	YJ18—21T	徐州
6	洒水车	10台	5t	北京
7	平地机	3台	PY160	天津

序　号	机械设备名称	数　量	规格、型号	产　地
8	推土机	3台	T140	宣化
9	沥青混凝土拌合机	2套	3000型、2500型	山东
10	沥青混凝土摊铺机	2台	ABG423	德国
11	胶轮压路机	3台	25t、30t	徐州
12	双钢轮压路机	3台	622型、522型	意大利
13	挖掘机	4台	日立240	徐州
13	自卸汽车	30辆	13t	徐州
14	冲击夯	3台		
15	装载机	6台	ZL50	徐州
16	铣刨机	2台	BG2000	长沙

主要材料试验、测量、质检仪器设备计划见表5-14。

表5-14　主要材料试验、测量、质检仪器设备计划表

序　号	仪器设备名称	规格型号	单位	数　量	备注
1	路面材料强度试验仪		台	1	
2	分析天平(万分之一)	G328	台	1	
3	手动击实仪	4.5kg	台	1	
4	核子湿度密度仪	MC—3	台	1	
5	集料压碎值试验仪器		台	1	
6	烘箱		台	2	
7	光电土壤液塑限测定仪		台	1	
8	压力机	200t	台	1	
9	案秤		台	2	
10	台秤		台	1	
11	胶砂振动台		台	1	
12	净浆搅拌机		台	1	
13	砂砾搅拌机		台	1	
14	抗折机		台	1	
15	低温调速沥青延伸度仪	JNLY—2001型	台	1	
16	电脑沥青针入度仪	LZR—3型	台	1	
17	激光沥青温度仪		台	1	
18	电脑数控沥青混合料离心式快速抽提仪	DLC—Ⅲ型	台	1	
19	沥青抽提三氯乙烯回收仪	RH—Ⅱ型	台	1	
20	沥青混合料拌合机	BH—10型	台	1	
21	沥青集料筛	ϕ300	台	15	
22	马歇尔电动击实仪	MDJ—Ⅰ型	台	1	
23	马歇尔稳定度测定仪	LWD—Ⅲ型	台	1	

序　号	仪器设备名称	规格型号	单　位	数　量	备　注
24	自控数显恒温水浴	CF—B型	台	1	
25	路面平整度仪		台	1	
26	静水力学天平	5kg	台	1	
27	手动脱膜器		台	1	
28	电脑沥青软化点	DF—4型	台	1	
29	˙电动脱膜器		台	1	
30	全站仪		台	1	
31	水准仪		台	4	

（3）材料准备

主要材料使用计划见表5-15。

表5-15　主要材料使用计划表

序　号	材料名称	单位	总　量	2006年	2007年	
				三季度	二季度	三季度
1	水泥	t	21500	2400	14000	4800
2	粉煤灰	m³	50000	6000	33000	11000
3	天然砂砾	m³	80000	30000	38000	12000
4	1～3cm碎石	m³	71000		53000	18000
5	0.5～1cm碎石	m³	35000		30000	5000
6	石粉	m³	67000		50000	17000
面层材料用量表						
7	2～3cm碎石	m³	12000		7000	5000
8	1～2cm碎石	m³	36000		20000	16000
9	0.5～1cm碎石	m³	25000		14000	11000
10	机制砂	m³	28000		25000	13000
11	矿粉	m³	7300		4000	3300
12	沥青	t	8500		6400	2100

施工用料均按合理要求标准进行招标采购，水泥采用宣化晨光水泥厂水泥；砂砾采用陈家洼砂砾；碎石采用阳原东城采石厂及蔚县采石厂、怀来东八里碎石厂生产的石灰岩碎石；粉煤灰采用沙岭子电厂粉煤灰，质量均符合规范要求。

3.临时设施准备

（1）生活及办公设施

综合全线的情况，项目经理部设在陈家洼，交通便利。建立满足施工要求的生活、办公用房，做到不占耕地、不损坏植被。

（2）辅助生产设施

包括仓库、料场、预制厂、拌合站及工地试验室等，施工布置原则是尽量紧凑，少占土地，并且所有场地尽量靠近既有公路，以利交通运输。

（3）施工便道

本合同段沿线由于乡村水泥路与本项目路线平行或交叉,场外交通方便。场内施工可就近修筑施工便道连接至各工点。其余地段新建便道1000m,便道路基宽5m,顶部设置简易路面,两侧根据地形情况修建排水沟。每200m设置一处错车道,宽7m,长22m。便道在使用期间经常洒水,避免灰尘过多对环境造成污染。

（4）施工用水、用电

施工用水:根据现场勘察情况,各工点自打一眼水井以满足施工和生活用水。

施工用电:施工用电由业主配合与地方供电局联系接电,同时自备一定数量的发电机,保证意外停电时的施工需要。

（5）油料供应

当地加油站分布很多,可直接购买。

（6）工地防火、防洪

在油库、器材库及施工机械车辆上配备足够数量的手持式灭火器材。按消防部门的要求设置防火通道,布设灭火水管等设施。汛期来临前,与当地气象部门联系,提前设防,避免洪水对工程造成损失。

（六）主要施工方法和工艺

1. 路基施工

（1）填方路基

1）恢复路基中线并加密中桩,测标高,放出坡脚桩,桩上注明桩号,计算填筑高度。

2）清除填方范围内的草皮、树根、淤泥、积水,平整后压实,经监理工程师认可,实测填前标高后,方能上土填筑路基。

3）选择适宜的填筑材料,提前做好标准击实试验,并报请监理工程师批准。

4）地面横坡陡于1:5时,原地面应挖成台阶后填筑,地面横坡陡于1:2.5时,应作特殊处理,防止路堤沿基底滑动。

5）采用水平分层的方法填筑路堤,根据压实设备和技术规范确定压实厚度,一般控制每层压实厚度25cm。

6）土方的挖、装、运均采用机械化施工,一般用挖装机械配备自卸汽车运土,按每延米用土量严格控制卸土,推土机把土摊开,平地机整平。

7）当路基填土含水量大于最佳含水量时,可在路外晾晒,也可在路基上用铧犁翻拌晾晒;当含水量不足时,可用水车洒水补充,使填土达到最佳含水量的要求,确保达到压实度标准。

8）当路堤宽度、厚度和填土含水量等符合要求后,用压路机从路边向路中,从低侧向高侧顺序碾压。压实遵照先轻后重的原则,直到达到设计的压实度为止。

9）根据路堤的填筑高度,严格按规范要求检查压实度,每层填土都要资料齐全,并经监理工程师签认。

10）在雨季施工中,严防路堤积水,填筑层表面应适当加大横坡度,以利于排水,并注意天气预报,及时碾压成型,防止填土被雨水泡软。

11）进入初冬填筑路堤时,尽量昼夜连续施工,取土场进行覆盖,保证填土不受冻害影响,每天填筑的土层要当天碾压成型。

12）达到设计标高时,要抓紧按设计要求整理路槽、修整边坡、防护,确保路堤填筑质量和稳定性,并设置路障,严防车辆破坏。

13）设计在填方路段的桥涵构造物要提前施工，桥涵两侧填土应特别注意，填筑材料必须符合设计及规范要求，台背填方最好与路堤填方同步协调进行，桥台附近配合小型压实机械压实，台背回填和路堤填方结合部要特别重视，如后填台背要挖台阶，保证压实度合格。雨季应防止地面水流入，如有积水要及时排除，确保台背压实质量，严防因桥头填土沉降而造成的跳车。

14）半填半挖路基和填挖交界处的路基，结合填挖方路基的施工要求进行，填方一般从低处开始，按距路基顶面的不同高度控制压实度标准，最后一层要翻松挖方地段，平整后和填方路段一起碾压成型路基。

主要机械设备：推土机 3 台、挖掘机 3 台、装载机 6 台、平地机 3 台、自重 15t 振动压路机 3 台、水车 5 台、自卸汽车 30 辆、冲击夯 3 台。

（2）挖方路基

1）挖土方路基

① 恢复定线，放出边线桩，对不同路段采取不同的施工方法。

② 对较短的路堑采用横挖方法，路堑深度不大时，一次挖到设计标高；路堑深度较大时，分成几个台阶进行开挖。

③ 对较长的路堑采用纵挖法，其路堑宽度、深度不大时，按横断面全宽纵向分层开挖；对宽度、深度较大的路堑，采用通道式纵挖法开挖。

④ 对超长路堑，采用分段纵挖法开挖。

⑤ 路基土方开挖采用机械化施工方法：采用挖装机械配合自卸汽车施工。

⑥ 路基开工前，应考虑排水系统的布设，但应考虑临时排水设施与永久性工程相结合，防止在施工中线路外的水流入线内，并将线路内的水（包括地面积水、雨水、地下渗水）迅速排出路基，保证施工顺利进行。

⑦ 对设计中拟定的纵横向排水系统，要随着路基的开挖，适时组织施工，保证雨季不积水，并及时安排边沟、边坡的修整和防护，确保边坡稳定。

⑧ 路槽达到设计标高后，用平地机整平，刮出路拱，并预留压实量，最后用压路机压实，至压实度达标后交验。

主要机械设备：同填方路基。

2）挖石方路基

① 恢复路基中线，放出边线，钉牢边桩。

② 根据地形、地质及挖深选择适宜的开挖爆破方法，制定爆破方案，作出爆破施工组织设计。

③ 用推土机整修施工便道，清理表层覆盖土及危石。

④ 在地面上准确放出炮眼（井）位置，竖立标牌，标明孔井号、深度、装药量。

⑤ 用推土机配合爆破，创造临空面，使最小抵抗线方向面向回填方向。

⑥ 在地质不良可能引起坍塌后遗症的路段，原则上不采用大中型洞室爆破。在石方集中的深挖路堑采用洞室爆破时，应认真设计药包位置和装药量，精确测算爆破漏斗，防止超爆、少爆或振松边坡，留下后患。

⑦ 爆破施工要严格控制飞石距离，采取切实可行的措施，确保人员和建筑物的安全。装药前要布好警戒，选择好通行道路，认真检查炮孔、洞室，吹净残渣，排除积水，做好爆破器材的防水保护工作。雨季或有地下水时，可考虑采用乳化防水炸药。

⑧ 为确保边坡爆破质量，采用光面爆破技术和排眼毫秒爆破技术，同时配合选择合理的

爆破参数，减少冲击波影响，降低石料大块率，以减少二次破碎，利于装运。

⑨ 顺利起爆，并清除边坡危石后，用推土机清出道路，用挖掘机装土，自卸汽车运输。随时注意控制开挖断面，切勿超爆，适时清理、整修边坡和暴露的孤石。

⑩ 路基开挖至设计标高，经复测检查断面尺寸合格后，及时开挖边沟、排水沟、截水沟，经监理工程师验收合格后，按设计对边沟、边坡进行防护，边沟施工要做到尺寸准确、线形直顺、曲线圆滑、沟底平顺、排水畅通，浆砌护坡要做平整坚实、灰浆饱满。路槽整理要掌握好，不要留孤石和超爆，做到一次标准成形、验收合格。

主要机械设备：空压机、手风钻、潜孔钻、推土机、装载机、平地机、压路机、自卸汽车、爆破仪表和设备等。

（3）路基压实

1）路基压实施工

通过实验段确定了所采用的压实机械及组合、需要的压实遍数最佳含水量后，即可对路基进行压实施工。

碾压前，检查土的含水量是否合适，如果不合适，不要急于碾压，而应采取处理措施，过湿就摊铺晾晒，过干则洒水润湿。开始时，宜用慢速，最大速度不宜超过 4km/h；碾压时，直线段由两边向中间，小半径曲线段由内侧向外侧，纵向进退式进行。横向接头时，振动压路机一般重叠 0.4～0.5m，三轮压路机一般重叠后轮宽的 1/2，前后相邻两区段（碾压区段之前的平整预压区段与其后的检验区段）宜纵向重叠 1.0～1.5m，应达到无漏压、无死角，确保碾压均匀。采用振动压路机碾压时，第一遍应不振动静压，然后先慢后快，由弱振至强振。

2）路基压实标准与压实度

路基压实标准与压实度如表 5-16 所示。

表 5-16　路基压实标准与压实度

类　　型	路面底面以下深度（cm）	压实度（%）
上路床	0～30	≥96
下路床	30～80	≥96
上路床	80～150	≥95
下路床	150 以下	≥93
零填及路堑路床	0～30	≥96

注：路基压实以重型击实为标准。

（4）防护及排水工程

在路基施工前要立即做好临时排水系统，与地方既有排水系统连通。根据路基完工和沉降稳定情况及时施工永久排水系统和防护工程。

1）路基、路面排水工程施工

① 排水沟、边沟、截水沟等排水设施，要与桥涵、水利设施等排水构筑物相顺接，做到水流通道畅通，避免互相脱节，危及路基稳定。

② 排水沟、边沟、截水沟的基底，埋入密实土层内。

③ 路面设沥青砂拦水带。

④ 排水沟、边沟、截水沟的边坡必须平整、稳定，沟底平顺，不积水、不渗漏。

2）路基防护工程施工

本合同段防护工程主要有护坡、格网防护、挡土墙等工程。

① 浆砌片、块石采用挤浆法分层分段砌筑，分段位置设在沉降缝或伸缩缝处，两相邻段砌筑高差一般不超过 1.2m。

② 砌筑每层片石时，自外圈定位行列开始。定位石和转角石选用经过加工的、尺寸规整的块石，尖锐突出部分敲除。片石应安放稳固，砌块间砂浆饱满、粘结牢固，不得直接贴靠或脱空。定位行列灰缝全部用砂浆充满，不能镶嵌碎石。

③ 定位石砌完后再砌筑腹石，定位行列与腹石之间，互相交错连成一整体。

④ 砌缝的宽度和错缝距离符合规范要求，灰缝较宽时，用小片石或碎石填塞，用小锤稍稍敲打石块，将灰缝挤紧。砌筑上层片石时应避免振动下层砌块，砌筑工作中断后恢复砌筑时，已砌筑的砌层表面应加以清扫和湿润。

⑤ 泄水孔按设计或每隔 2m 呈梅花形布置，坡度向外，无堵塞现象。

2. 路面工程施工

路面结构：40mm 厚改性沥青混合料上面层，80mm 厚改性沥青混合料中面层，90mm 厚粗粒式沥青混凝土下面层，90mm 厚沥青稳定碎石基层，300mm 厚级配碎石基层，200mm 厚二灰土底基层，结构层总厚 800mm。

(1)路面底基层和基层施工

施工方法采用集中厂拌法施工。即拌合场集中拌合混合料，自卸汽车运输至施工现场，摊铺机进行摊铺（施工时采用两台摊铺机联合摊铺），振动压路机、三轮压路机组合碾压成型。施工工艺流程如图 5-19 所示。

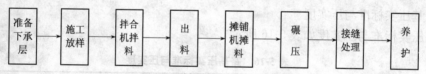

图 5-19 摊铺施工工艺流程图

1)材料技术要求

① 水泥。采用当地盛产的强度等级为 32.5 的水泥，初凝时间应在 3 小时以上，终凝时间不小于 6 小时。

② 碎石。采用石灰岩最大粒径≤37.5mm，集料压碎值≤30%。

③ 砂砾。采用天然砂砾，按要求过筛最大粒径≤40mm，集料压碎值≤30%。

④ 粉煤灰。粉煤灰中 SiO_2、Al_2O_3 和 Fe_2O_3 的总质量应≥70%，烧失量≤20%，比表面积＞2500cm^2/g，采用湿粉煤灰的含水量不超过 35%。

2)施工作业组织

为加快施工进度、提高工作效率，将路面底基层、基层与面层采用平行流水作业，施工工作长度的确定，考虑以下几个方面的因素：

① 水泥的初凝时间和终凝时间；

② 施工机械的效率和数量及操作人员的熟练程度；

③ 考虑工作接缝；

④ 施工地点的季节和气候条件等。

3)施工注意事项

① 选择直线平缓路段作试验段，通过试验获得最佳机械组合、碾压遍数、压实系数，确定

206

施工程序及工艺流程,报监理工程师批准后,方能展开施工。

②集料符合图纸和技术规定要求,同时,检验集料级配、含灰剂量、含水量是否符合设计要求,水泥用量按设计要求控制准确。

③混合料拌合均匀,无粗细颗粒离析现象。

④运输车辆要与产量匹配,且应注意运输混合料的时间不要太长,并用苫布覆盖以防水分散发,不要车等机或者机等车。

⑤碾压达到要求的压实度。

(2)沥青混凝土面层施工

1)机械设备

沥青混凝土面层施工采用的机械设备有:沥青洒油车、汽车、摊铺机、撒布车、压路机、水车、沥青拌合机等。进行机械化一条线施工,是当前公路沥青混凝土面层施工机械程度较高的施工方法。

2)工艺流程

工艺流程如图 5-20 所示。

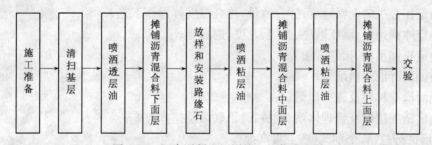

图 5-20 沥青混凝土面层施工工艺流程图

3)沥青混合料拌制施工工艺流程图

(略)

4)原材料及其质量标准

①沥青。沥青混凝土面层沥青选用 A 级 70 号道路石油沥青,上、中面层沥青选用 SBS 类 I-B 级改性沥青。

②粗集料。沥青路面上面层粗集料采用优质玄武岩,中、下面层粗集料采用优质石灰岩,基层所用碎石可采用当地产符合标准要求的材料。

③细集料。沥青面层及半刚性基层所用细集料全部采用人工机制砂(颗粒>10mm 石灰岩碎石轧制)。

④填料。沥青混合料所用填料必须使用石灰岩碎石(5~10mm)磨细而成。为改善沥青与玄武岩的粘结性,在上面层中应加入 1.5%的水泥代替部分矿粉。回收的粉尘禁止使用。

⑤透层油。为固结、稳定基层表面,同时防止雨水的下渗及基层与沥青层有良好的粘结,在上基层的表面喷洒透层沥青,本项目透层沥青采用道路用液体石油沥青 AL(M)-2,喷洒量 1.0~1.2L/m²(液体石油沥青中残留物含量以 50%为基准)。施工中,透层沥青渗透入基层的厚度不小于 5mm,并能与基层连接成一体,达不到此要求应通过稀释达到要求。

⑥粘层油。为加强沥青结构层间的结合,在沥青结构层间喷洒粘层沥青。本项目粘层沥青采用 SBR 改性乳化沥青,喷洒量 0.4L/m²(乳化沥青中残留物含量以 50%为基准)。

⑦下封层。在项目主线设 5mm 下封层,采用层铺法单层式施工。沥青采用 SBR 改性乳

化沥青,喷洒量 $2.0kg/m^2$(以乳化沥青残留物含量 60% 为基准),矿料采用 $3\sim5mm$ 单级配石灰岩石屑,用量 $6\sim8m^3/1000m^2$。

5)准备下承层

沥青面层施工前要对基层进行一次认真的检验,特别要重点检查以下方面:

① 标高是否符合要求,高出的部分用铣刨机刨除;

② 表面有无松散,局部小面积松散要彻底挖除,用沥青混凝土补充密实,出现大面积松散要彻底返工处理;

③ 平整度是否满足要求,不达标应进行处理。

以上检验要有检验报告单及处理措施的最终质量报告单。下面层施工前,对经过修整、清扫后的基层顶面洒布透层沥青,用量约为 $1.0kg/m$。透层沥青可选择渗透性强的高渗透乳化沥青为宜,其稠度应通过试洒确定。

6)试验路段施工

施工前首先完成试验段(200m),用以确定以下内容:

① 确定合理的机械、机械数量及组合方式;

② 确定拌合机的上料速度、拌合数量、拌合温度等操作工艺;

③ 确定摊铺速度、碾压顺序、温度、速度、遍数等;

④ 确定松铺系数、接缝方法等;

⑤ 验证沥青混合料配比;

⑥ 全面检查材料及施工质量;

⑦ 确定施工组织及管理体系、人员、通讯联络及指挥方式。

完成后进行总结,个别调整,上报审批。

7)混合料的拌合

① 拌合厂应在其设计、协调配合和操作各方面,都能使生产的混合料稳定均衡并符合生产配合比设计要求。拌合厂配备足够的试验设备,并能及时提供使工程师满意的试验资料。

② 热拌沥青混凝土采用间歇式有自动控制性能的拌合机拌制,能够对集料进行二次筛分,能准确地控制温度,拌合均匀、计量准确、设备稳定、完好率高,拌合机的生产能力不低于200t/h。公司拟配备岳首 3000 型拌合设备一台(300t/h)和一台榆次 2500 型拌合设备(180t/h)。拌合机均应有防止矿粉飞扬散失的密封性能及除尘设备,并应具有自记设备,在拌合过程中能逐盘显示沥青及各种矿料的用量和拌合温度。

③ 拌合设备的生产能力应和摊铺机进度相匹配,在安装完成后应按批准的配合比进行试拌调试,直到其偏差值符合相关标准的要求。

④ 粗、细集料应分类堆放和供料,取自不同料源的集料应分开堆放,雨季应加以覆盖,并对每个料源的材料进行抽样试验,并经工程师批准。每种规格化的集料、矿粉和沥青都必须分别按要求的比例进行配料。

⑤ 沥青材料应采用导热油加热,加热温度在 $160\sim170℃$ 范围内,矿料加热温度为 $170\sim180℃$,沥青与矿料的加热温度应调节到使拌合的沥青混凝土出厂温度在 $150\sim165℃$ 之间,不准有花白料、超温料,混合料超过 $200℃$ 者应废弃。出厂的沥青混合料应按现行试验方法测量运料车中混合料的温度,并应保证运到施工现场的温度不低于 $140\sim150℃$。

⑥ 热料筛分用最大筛孔应合适选定,避免产生超尺寸颗粒。

⑦ 沥青混合料的拌合时间应以混合料拌合均匀、所有矿料颗粒全部裹覆沥青结合料为

度,并经试拌确定,间歇式拌合机每锅拌合时间宜为 30～50s(其中干拌时间不得小于 5s)。

⑧ 拌好的沥青混合料应均匀一致,无花白料、无结团成块或严重的粗料分离现象,不符合要求时不得使用,并应及时调整。

⑨ 拌合设备要有成品贮料仓,拌好的沥青混合料不立即铺筑时,可放成品贮料仓贮存。贮料仓无保温设备时,允许的贮存时间应符合摊铺温度要求为准;有保温设备的贮料仓贮料时间不宜超过 6 小时。

⑩ 热拌沥青混凝土检测标准见表 5-17。

表 5-17　热拌沥青混凝土检测标准

序　号	检　测　项　目	规定值或允许偏差
1	大于 4.75mm 的筛余集料	±6%,且不超出标准级配范围
2	通过 4.75mm 集料	±4%,且不超出标准级配范围
3	通过 2.36mm 集料	2%
4	通过 0.075mm 集料	1%
5	沥青用量(油石化)	0.2%
6	空隙率	0.5%
7	饱和度	5%
8	稳定度、流值	按表"热拌沥青混合料马歇尔试验技术标准规定"[①]

注:① 此表略。

8)混合料的运输

① 运输设备应采用干净、有金属底板的载重大于 15t 的自卸翻斗汽车,车槽内不得粘有机物质。为了防尘埃污染和热量过分损失,运输车辆应备有覆盖设备,车槽四角应密封坚固。

② 沥青混合料运输车的运量应较拌合能力或摊铺速度有所富余。施工过程中,摊铺机前方应有 5 辆以上料车处于等待卸料状态,保证连续摊铺。

③ 从拌合机向运料车上放料时,应每卸一斗混合料挪动一下汽车位置,以减少精细集料的离析现象。尽量缩小贮料仓下落的落距。

④ 当运输时间在半小时以上或气温低于 10℃时,运料车应用篷布覆盖。运料车不得急刹车、急弯掉头使透层、封层损伤,轮胎上不得沾有泥土及污染路面的脏物。

⑤ 连续摊铺过程中,运料车应在摊铺机前 10～30cm 处停住,不得撞击摊铺机。卸料过程中运料车应挂空挡,靠摊铺机推动前进。

⑥ 已经离析或结成不能压碎的硬壳、运料车辆卸料时留于车上的混合料,以及低于规定铺筑温度或被雨淋湿的混合料都应废弃,不得用于本工程。

⑦ 除非运来的材料可以在白天施铺并能压实,或者在铺筑现场备有足够和可靠的照明设施,当天或当班不能完成压实的混合料不得运往现场。否则,多余的混合料不得用于本工程。

9)混合料的摊铺

① 公司拟配备 ABC423 摊铺机 2 台,摊铺机应具有自动找平功能,具有振捣夯击功能,且精度要高,能够铺出高质量的沥青层。

② 摊铺机应配备熨平板自控装置,在需要时可以自动加热,能按照规定的典型横断面和图纸所示的厚度在车道宽度内摊铺。熨平板一侧或双侧装有传感器,传感器应由参考线或滑橇式基准板操作,可通过基准线和基准点控制标高和平整度,使摊铺机能铺筑出理想的纵横坡

度。横坡控制器应能让整平板保持理想的坡度,精度±0.1%范围内。

③ 在铺筑混合料之前,必须对下层进行检查,特别应注意下层的污染情况,不符合要求的要进行处理,否则不准铺筑沥青混凝土。

④ 为消除纵缝,应采用一台摊铺机整幅摊铺或用两台摊铺机组成梯队联合摊铺的方法摊铺。两台摊铺机中应有 1 台为 12m,以保证摊铺的纵向搭接处于行车道与硬路肩的结合部。两台摊铺机的距离以前面摊铺的混合料尚未冷却为度,一般为 5～10m,相邻两幅的摊铺应有 5～10cm 左右宽度的摊铺重叠。两台摊铺机运行参数应尽可能保持相同。

⑤ 正常施工,摊铺温度不低于 130～140℃,不超过 165℃;在 10℃气温时施工不低于 140℃,不超过 175℃。摊铺前要对每车的沥青混合料进行检验,发现超温料、花白料、不合格材料要拒绝摊铺,退回废弃。表面层采用改性沥青时,温度应提高 10℃。冷却到规定温度以下的混合料,应予以除去。

⑥ 摊铺混合料时,摊铺机前进速度应与供料速度协调,下面层、中面层和上面层的摊铺速度分别按 2m/min、3m/min、4m/min 控制。摊铺机的操作应不使混合料沿受料斗的两侧堆积,及时收斗。

⑦ 摊铺机一定要保持摊铺的连续性,有专人指挥。一车卸完下一车要立即跟上,应以均匀的速度行驶,以保证混合料均匀,不间断地摊铺,摊铺机前要经常保持 3 辆车以上,摊铺过程中不得随意变换速度,避免中途停顿,影响施工质量。

⑧ 底面层摊铺应用"走钢丝"参考线的方式控制标高,在左右侧各设一个基准线,基准线设置一定要满足精度要求,支座要牢固,测量要准确(应用两台水准仪同时观测)。中面层、表面层摊铺应用浮动基准梁(滑橇)的方式控制厚度。

⑨ 对外形不规则路面、厚度不同、空间受到限制等摊铺机无法工作的地方,经工程师批准可以采用人工铺筑混合料。

⑩ 混合料遇到水,一定不能使用,必须报废,所以雨季施工千万注意。在雨天或表面存有积水、施工气温低于 10℃时,都不得摊铺混合料。

10)混合料的压实

压实设备有振动压路机 3 台、轮胎式压路机 2 台,且能按合理的压实工艺进行组合压实。

① 中下面层压实

a. 中下面层以 GTM 设计为主,GTM 设计的沥青混凝土应该遵循"高温、紧跟、慢压、强振、高频、低幅"的原则进行碾压。公司配备了两台 261、一台 301 胶轮压路机、两台双钢轮振动压路机(622 和 522 各一台)。

b. 采用双钢轮振动压路机、轮胎压路机交错组合碾压,采用田字格法碾压,具体是紧跟摊铺机,先用两台钢轮压路机各压半幅路面,初压时采取前静后振,即向前碾压时静压,向后退时振动碾压。钢轮压路机速度为 2.0～2.5km/h,频率 35～50Hz,振幅为 0.3～0.8mm;后面紧跟两台胶轮压路机各压半幅路面,轮胎充气压强不小于 0.5MPa,速度为 3.0～4.0km/h;最后再用一台胶轮压路机补压。钢轮、胶轮如此交错碾压,碾压段落保持在 35～40m 左右,在规定温度前不停碾压,并跟随摊铺机向前递进。

c. 为了防止混合料粘轮,应在钢轮表面均匀雾化喷水,因此在施工前应着重检查压路机的洒水装置,洒水必须均匀,在钢轮表面形成细微水珠不流淌,防止过量洒水引起混合料温度的骤降。在沥青混合料不粘轮的情况下尽量采用间断喷水。

d. 碾压方向应由低处往高处碾压,第一遍压边时预留 30cm 左右的边缘不压,第二遍将其压实以防止推移和产生纵向裂缝。压路机碾压时相邻碾压带重叠宽度振碾 10～20cm,轮胎压路机每次错两小轮。振碾要将驱动面对摊铺机方向,防止混合料产生推移。压路机的启动、停止必须减速缓慢进行,同时压路机每次折返应在不同的位置上。

e. 为了提高平整度,碾压过程中派专人用 6m 直尺逐个段面进行检测,不合格处,用压路机进行擦压。

f. 压路机不得停留在温度高于 70℃ 的已经压实尚未完全冷却的路面上。

g. 每天应根据摊铺长度、宽度、厚度,校核拌合站的矿料和沥青用量是否准确。

② 中上面层压实

a. 在混合料完成摊铺后立即对路面进行检查,对不规则之处及时用人工进行调整,随后进行充分均匀的压实。

b. 压实工作应按试验路面确定的压实设备的组合及程序进行,并应备有经工程师认可的小型振动压路机或手扶振动夯具,以用于在狭窄地点及停机造成的接缝横向压实或修补过程。

c. 压实分初压、复压和终压三个阶段,压路机应以均匀速度行驶。

初压:摊铺之后立即进行(高温碾压),用静态二轮压路机完成(2 遍),初压温度控制在130～140℃。初压应采用轻型钢筒式压路机或关闭振动的振动压路机碾压,碾压时应将驱动轮面向摊铺机,碾压路线及碾压方向不应突然改变而导致混合料产生推移。初压后检查平整度和路拱,必要时应予以修整。

复压:复压紧接在初压后进行,复压用振动式压路机和轮胎式压路机完成,一般是先用振动式压路机碾压 3～4 遍,再用轮胎式压路机碾压 4～6 遍,使其达到压实度。

终压:终压紧接在复压后进行,终压采用双轮式压路机或关闭振动的振动压路机碾压,消除轮迹(终了温度＞80℃)。

d. 初压和振动碾压要低速进行,以免对热料产生推移、发裂。碾压应尽量在摊铺后较高温度下进行,温度越高,越容易提高路面的平整度和压实度。

e. 在碾压期间,压路机不得中途停留、转向或制动。

f. 压路机不得停留在温度高于 70℃ 的已经压过的混合料上,同时,应采取有效的措施,防止油料、润滑脂、汽油或其他有机杂质在压路机操作或停放期间洒落在路面上。

g. 在压实时,如接缝处(包括纵缝、横缝或因其他原因而形成的施工缝)的混合料温度已不能满足压实温度的要求,应采用加热器提高混合料的温度达到要求的压实温度,再压实到无缝迹为止。否则,必须垂直切割混合料并重新铺筑,立即碾压到无缝为止。

h. 摊铺和碾压过程中,要组织专人进行质量检测控制和缺陷修复。压实度检查要及时进行,发现不够时,在规定的温度内及时补压。在压路机压不到的其他地方,应采用人工并辅以小型机具把混合料充分压实。已经完成碾压的路面,不得修补表皮。施工压实度检测可采用灌砂法或核子密度仪法。

11)接缝的处理

① 铺筑工作的安排应使纵、横向两种接缝都保持在最小数量。接缝的方法及设备,应取得工程师批准,在接缝处的密度与其他部分相同。

② 纵向接缝应该采用一种自动控制接缝机装置,以控制相邻行程间的标高,并做到相邻行程间可靠的结合。纵向接缝应为热接缝,并应是连续和平行的,缝边应垂直并形成直线。

③ 在纵横缝的混合料,应在摊铺面的后面,立即用一台静力钢轮压路机以扇形面进行碾

压。碾压工作应连续进行，随时用 6m 直尺检验，用筛细料修整，直至接缝平顺而密实。

④ 纵向接缝上下层间的错位至少应为 15cm。

⑤ 由于工作中断，摊铺材料的末端已经冷却，或者在第二天恢复工作时，就应做成一道横缝。横缝应与铺筑方向大致成直角，严禁使用斜接缝。相邻行程间及上下层的横缝均应至少错开 1m。横缝应有一条垂直，经碾压成良好的边缘。在下次行程摊铺前，应在上次行程的末端涂刷适量粘层沥青，摊铺机布满料后，用热混凝土预热接缝 10min 以上再前行，同时注意设置熨平板的高度与上次相同，确保接缝的平顺。

12）质量要求

① 沥青面层施工过程中工程质量检查的内容和要求见表 5-18。

表 5-18　沥青面层施工过程中工程质量检查的内容和要求

序　号	检　查　项　目		检　查　频　率	试　验　方　法
1	外观		随时	目测
2	接缝		随时	目测，用 6m 直尺测量
3	施工温度	出场温度	1 次/车	温度计测量
		摊铺温度	1 次/车	
		碾压温度	随时	
4	石料级配：与生产设计标准级配的差 ≥4.75mm <2.36mm <0.075mm		每台拌合机 2 次/日（上、下午各 1 次）	拌合厂取样，用抽取后的矿料筛分，应至少检查 0.075mm、2.36mm、4.75mm 最大集料粒径及中间粒径 5 个筛孔。中间粒径宜为：中粒式 9.5mm；粗粒式为 13.2mm
5	沥青用量		每台拌合机 2 次/日（上、下午各 1 次）	拌合厂取样，离心法抽提（用射线法沥青含量测定仪随时检查）
6	马歇尔试验稳定度、流值密度、空隙率		每台拌合机 1 次/日，每次 6 个试件	拌合取样成型试验
7	浸水马歇尔试验		必要时	拌合厂取样成型试验

② 施工过程中材料质量检查的内容与频率应符合表 5-19 的规定。

表 5-19　施工过程中材料质量检查的内容与频率

序　号	材　料	检　查　项　目	检　查　频　率
1	粗集料	外观（石料品种，扁、平细长颗粒，含泥量等）	随时
		颗粒组成、压碎值、磨光值、洛杉矶磨耗损失	必要时
		含水量、松方密度	施工需要时
2	细集料	颗粒组成	必要时
		含水量、松方密度	施工需要时
3	矿粉	外观	随时
		含水量、<0.075mm 含量	必要时
4	石油沥青	针入度、软化点、延度	每 100t 一次
		含蜡量	必要时

③ 在完工的沥青混凝土面层上，每幅每 300m 随机钻芯取样 1 处，检验压实度、厚度。

④ 所有取样的检验均应按照工程师的要求办理。承包人应在取样后 3 天内将试验结果提交给工程师检查。当试验结果表明需要做任何调整时,应在工程师的同意下进行。沥青混凝土面层的压实度应以马歇尔稳定度击实成型标准为准。

(七)施工进度计划

1. 施工区段划分及任务分解

根据本标段工程特点、工程质量和工期的要求,可将本标段划分为:

K15+000～K18+645、K18+645～K22+665、K22+665～K26+723、K26+723～K29+635、K29+635～K30+790 及互通区匝道五段。

2. 施工组织方式

整个工程施工采用平行流水作业法。

3. 工期目标与进度安排

本合同段计划 2005 年 9 月 1 日开工,至 2007 年 11 月底完工,历时 27 个月(11 月 16 日～3 月 14 日为冬休期)。具体计划安排如下:

1)施工准备:2005 年 9 月 1 日至 2005 年 9 月 30 日。

2)路基挖方:2005 年 10 月 1 日至 2005 年 11 月 15 日;2006 年 3 月 15 日至 2006 年 5 月31 日。

3)路基填筑:2005 年 10 月 1 日至 2005 年 11 月 15 日;2006 年 3 月 15 日至 2006 年 6 月30 日。

4)防护及排水:2006 年 5 月 1 日至 2006 年 11 月 15 日;2007 年 3 月 15 日至 2007 年 5 月31 日。

5)路面底基层:2006 年 7 月 1 日至 2006 年 9 月 30 日。

6)路面基层:2006 年 7 月 15 日至 2006 年 10 月 15 日。

7)路面面层:2006 年 8 月 15 日至 2006 年 9 月 30 日;2007 年 4 月 15 日至 2007 年 8 月 31日。

8)配套收尾及整理资料:2007 年 9 月 1 日至 2007 年 11 月 30 日。

整个工程施工进度计划如图 5-21 所示。

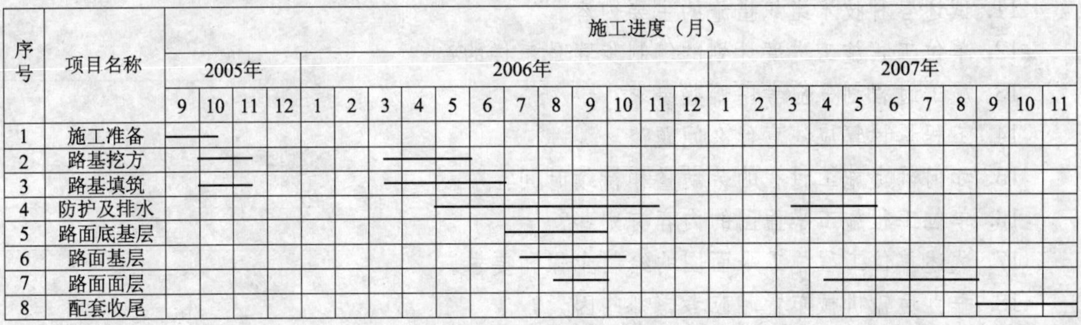

序号	项目名称	施工进度（月）																												
		2005年				2006年												2007年												
		9	10	11	12	1	2	3	4	5	6	7	8	9	10	11	12	1	2	3	4	5	6	7	8	9	10	11		
1	施工准备																													
2	路基挖方																													
3	路基填筑																													
4	防护及排水																													
5	路面底基层																													
6	路面基层																													
7	路面面层																													
8	配套收尾																													

图 5-21 某道路工程施工进度计划图

(八)施工平面布置

施工平面布置如图 5-22 所示。

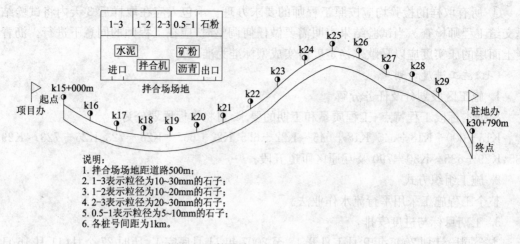

图 5-22 某道路工程施工平面布置图

复习思考题

1. 什么叫单位工程施工组织设计?

2. 试述单位工程施工组织设计的编制依据。

3. 试述单位工程施工组织设计的编制程序。

4. 单位工程施工组织设计包括哪些内容?

5. 施工方案包括哪些内容?

6. 确定施工顺序应遵循的基本原则是什么?

7. 试述各种结构形式房屋的施工顺序。

8. 什么叫单位工程的施工起点和流向? 室内、外装饰各有哪些施工流向?

9. 何谓"封闭式"施工? 何谓"开敞式"施工? 各有什么优缺点?

10. 选择施工方法和施工机械应满足哪些基本要求?

11. 试述各种技术组织措施的主要内容。

12. 单位工程施工进度计划的编制步骤是怎样的?

13. 施工过程划分应考虑哪些要求?

14. 工程量计算应注意什么问题?

15. 如何确定施工过程的劳动量和持续时间?

16. 单位工程施工平面图的内容有哪些?

17. 试述单位工程施工平面图的绘制步骤和要求。

18. 垂直运输机械布置时应考虑哪些因素?

19. 搅拌站的布置有哪些要求? 加工厂、材料堆场及仓库的布置应注意哪些问题?

20. 试述施工道路的布置要求。

21. 现场临时设施有哪些内容?

22. 临时供水、供电有哪些布置要求?

第六章 建设工程项目管理规划概述

第一节 建设工程项目管理规划的内容及一般规定

项目管理规划是对项目全过程中的各种管理职能、各种管理过程以及各种管理要素进行完整、全面的总体计划,是指导项目管理工作的纲领性管理文件。通过编制项目管理规划确定项目管理的目标、依据、内容、组织、程序、方法、资源和控制措施,从而保证项目管理的正常进行和项目成功。

一、项目管理规划的作用

项目管理规划主要有以下几方面的作用:

1. 确定项目管理目标。工程项目管理采用严格的目标管理方法,明确的目标为制定项目管理计划打下了基础,为项目组成员指明了行为方向。因此,确定项目目标是项目管理规划的首要任务。

2. 确定实施项目管理的组织、程序和方法,并落实责任。项目组织是为完成特定的项目任务而建立起来的,从事项目具体工作的组织,是项目管理的行为主体。做好项目管理组织规划是实现项目目标的保证。科学、合理、有效的项目管理程序又是项目管理活动有序进行的保证。项目管理的实施和成败取决于项目管理方法的选择,不同的项目管理专业任务需要使用不同的专业管理办法,例如,质量管理、成本管理、进度管理、安全管理及风险管理等,都有各自适用的方法,需要通过项目管理规划进行选择和决策,从而选出最适用、最有效的方法。项目管理规划还要落实主要管理人员的责任,明确管理者的责权利,这些管理人员包括项目经理、技术负责人,以及各种专业管理任务的管理组织的责任。

3. 为指导项目管理提供依据。项目管理规划制定后,在整个项目管理过程中要严格遵照执行。它是项目经理进行指挥、管理人员进行具体管理工作的依据,同管理规范一样重要。

4. 可作为项目经理部考核的依据。由于项目管理规划对项目管理的成败起到决定性的作用,因此将它作为项目经理部的考核依据,可以给项目管理的执行者以强有力的激励作用。

二、项目管理规划的分类

(一)按项目管理组织不同分类

按项目管理组织的不同,项目管理规划分为建设单位的项目管理规划、设计单位的项目管理规划、监理单位的项目管理规划、施工单位的项目管理规划、咨询单位的项目管理规划、项目管理单位的项目管理规划等。

(二)按编制目的不同分类

按编制目的不同,项目管理规划可分为项目管理规划大纲和项目管理实施规划。

1. 项目管理规划大纲是由组织的管理层或组织委托的项目管理单位编制,对项目管理工作具有战略性、全局性的指导作用。

2. 项目管理实施规划由项目经理组织编制,是对项目管理规划大纲的具体化和深化,具有作业性和可操作性,它是指导项目管理的依据。

（三）按编制项目管理规划的范围分类

按编制项目管理规划的范围分类,项目管理规划可分为局部项目管理规划和全面项目管理规划。局部项目管理规划是针对项目管理中的某个部分或某个专业的问题进行规划。全面项目管理规划是针对项目的全部规划范围和全部的规划内容进行的全面、系统的规划。

第二节　项目管理规划大纲

项目管理规划大纲❶是项目管理工作中具有战略性、全局性和宏观性的指导文件。它是以整个工程项目的全过程为研究对象,依据可行性研究报告、设计文件、标准、规范与有关规定、招标文件及有关合同文件以及相关市场信息与环境信息等,规划和指导建设项目全过程管理的文件。

一、项目管理规划大纲的作用

项目管理规划大纲的作用如下:

1. 从全局出发对项目管理的全过程进行规划,为全过程的项目管理作出全面的战略部署;

2. 为承揽业务、编制投标文件的提供依据;

3. 为中标后签订合同提供依据;

4. 为编制项目管理实施规划提供依据;

5. 建设单位的建设工程项目管理规划还对各相关单位的项目管理和项目管理规划起指导作用。

二、项目管理规划大纲的编制依据

为确保项目管理规划大纲编制工作的顺利进行,提高其编制水平和质量,充分发挥其对项目管理工作的指导作用,项目管理规划大纲的编制应依据以下资料,但不同的项目管理组织编制项目管理规划大纲的依据不完全相同。

1. 可行性研究报告。可行性研究是从市场、技术、法律、经济、财力、环境等方面对项目进行全面策划和论证。可行性研究报告是项目决策的重要依据,建设单位和设计单位编制项目管理规划大纲需要可行性研究报告,而施工单位编制项目管理规划大纲则不一定需要可行性研究报告。

2. 设计文件、标准、规范与有关规定。施工单位编制项目管理规划大纲需要依据设计文件,相关的行业规范、标准等资料为依据,但建设单位编制项目管理规划时尚不具备设计文件,也没必要。

3. 招标文件及有关合同文件。招标文件及发包人对招标文件的解释是设计单位和施工单位编制项目管理规划大纲的重要依据。在编制规划大纲前应对招标文件进行仔细分析,对在招标文件中发现的问题应及早提出,以便正确编制规划大纲和投标文件。

---

❶ 《建设工程项目管理规范》(GB/T 50326—2006)规定:

4.2.1　项目管理规划大纲是项目管理工作中具有战略性、全局性和宏观性的指导文件。

4. 相关市场信息与环境信息。相关市场信息主要是供求信息、价格信息和竞争信息,这对于各编制项目管理规划大纲的单位来说都是相当重要的。环境信息范围较广,调查应主要着眼于对工作方案、实施合同和成本有重大影响的环境因素。

三、项目管理规划大纲的编制程序

项目管理规划大纲的编制程序❶:

1. 明确项目目标;
2. 分析项目环境和条件;
3. 收集项目的有关资料和信息;
4. 确定项目管理组织管理模式、结构和职责;
5. 明确项目管理内容;
6. 编制项目目标计划和资源计划;
7. 汇总整理,报送审批。

四、项目管理规划大纲的内容

项目管理规划大纲通常包括下列内容❷:项目概况;项目范围管理规划;项目管理目标规划;项目管理组织规划;项目成本管理规划;项目进度管理规划;项目质量管理规划;项目职业健康安全与环境管理规划;项目采购与资源管理规划;项目信息管理规划;项目沟通管理规划;项目风险管理规划;项目收尾管理规划。

(一)项目概况

项目概况包括项目基本情况描述、项目实施条件分析和项目管理基本要求等。

1. 项目基本情况描述是对工程项目主要特征的描述。主要内容有:建设地点,工程性质,建设规模,投资规模,建筑结构类型与特点,基本建设条件等。

2. 项目实施条件是通过环境调查以及发包人在招标过程中所提供的资料。主要包括:发包人条件,招标条件,自然条件,现场条件,相关市场条件,社会条件等。

3. 项目管理基本要求包括:法规、政治、政策要求,组织要求,管理模式要求,管理条件要求,管理理念要求,管理环境要求,有关支持性要求等。

(二)项目范围管理规划

项目范围是指为了成功达到项目目标,项目所规定要做的工作。简单地讲就是为项目界定一个界限,划定哪些方面是项目应该做的,那些是不应该包括在内的,确定了项目范围也就确定了项目的工作边界。通过确定项目范围可以提高项目费用、时间和资源计划的准确性,有助于分清责任,为项目控制提供依据。

---

❶ 《建设工程项目管理规范》(GB/T 50326—2006)规定:

　　4.2.2　编制项目管理规划大纲应遵循下列程序:①明确项目目标;②分析项目环境和条件;③收集项目的有关资料和信息;④确定项目管理组织管理模式、结构和职责;⑤明确项目管理内容;⑥编制项目目标计划和资源计划;⑦汇总整理,报送审批。

❷ 《建设工程项目管理规范》(GB/T 50326—2006)规定:

　　4.2.4　项目管理规划大纲可包括下列内容,组织应根据需要选定:项目概况;项目范围管理规划;项目管理目标规划;项目管理组织规划;项目成本管理规划;项目进度管理规划;项目质量管理规划;项目职业健康安全与环境管理规划;项目采购与资源管理规划;项目信息管理规划;项目沟通管理规划;项目风险管理规划;项目收尾管理规划。

项目范围管理是在项目进行过程中,确保在预定的项目范围内有计划地进行项目的实施和管理工作,完成规定要做的全部工作,它是项目管理的基础工作。项目范围管理贯穿于项目全过程,主要包括项目范围确定、范围管理组织责任、项目系统结构分解、实施过程中的范围控制等内容。

通过项目范围管理规划确定项目的目标和主要可交付成果,对项目范围进行描述并进行项目工作结构分解,为分解项目目标、落实组织责任、安排工作计划和实施控制提供依据。

(三)项目管理目标规划

目标是对预期结果的描述。要取得工程项目的成功,必须有明确的目标。通过目标管理,有效连接项目目标与组织总体目标、组织各职能部门目标以及项目组成员的个人目标,明确项目组成员对目标实现的贡献大小,从而有效激励员工,调动员工的积极性。

项目管理目标规划应明确进度、质量、成本、职业健康安全与环境等的总目标,并进行可能的分解。这些目标应尽可能地定量描述,以便于在项目实施过程中可以用目标进行控制,在项目结束后可以用目标对项目经理部进行考核。

(四)项目管理组织规划

项目管理组织是在整个项目中从事各种具体管理工作的人员、单位、部门组合起来的群体。建设项目管理的各方组织包括建设单位、设计单位、承包商以及项目管理单位等的项目管理组织。建设单位作为项目建设的投资者与组织者,其确定的项目组织模式对其他各方的项目管理组织起主导作用。

项目管理组织规划应包括组织结构形式,组织构架图,项目经理、职能部门、主要成员人选,拟建立的规章制度等。在项目管理规划大纲中仅需原则性地确定项目经理和总工程师等的人选,不需详细描述经理部的组成情况。

(五)项目成本管理规划

工程项目成本是指工程承包商为完成工程项目的建设任务所消耗的各项费用的总和。按照现行的工程造价费用组成内容,建筑产品的造价由直接费、间接费、利润和税金构成,其中直接工程费、措施费和用于现场施工组织与管理的部分企业管理费构成了工程项目成本,是工程项目成本管理的对象。

工程项目成本管理是为实现项目成本目标所进行的预测、计划、控制、跟踪、分析和考核等管理活动,以达到强化经营管理、完善成本管理制度、提高成本核算水平、降低工程成本、实现目标利润、创造良好经济效益的目的的过程。

项目成本管理规划应包括项目的总成本目标,按主要成本项目进行成本分解的子目标,保证成本目标实现的技术、组织、经济和合同措施。

成本目标的确定应考虑任务的范围、特点、性质、招标文件规定的责任范围以及环境条件和实施方案等因素。成本目标是组织投标报价的基础。

(六)项目进度管理规划

项目进度管理是指为实现预定的进度目标而进行的计划、组织、指挥、协调和控制等活动。项目进度管理的主要工作就是制定进度计划,有效地保证进度计划的落实与执行,减少各单位和各部门之间的相互干扰,确保项目工期、质量及成本等目标的实现。

项目进度管理规划包括招标文件要求的总工期目标,总工期目标的分解,主要工程活动的进度计划安排,进度计划表,进度的管理体系、管理依据、管理程序、管理计划、管理实施和控制、管理协调,以及保证进度目标实现的组织、经济、技术、合同措施。

项目管理规划大纲中的工期目标与进度计划应符合招标文件中的要求,进度计划常采用横道图的形式,并注明主要的里程碑事件。

(七)项目质量管理规划

项目质量管理是指为确保工程项目的质量特性满足要求而进行的计划、组织、指挥、协调和控制等活动。工程项目的质量包括建筑产品实体和服务这两类特殊产品的质量。在现代工程中,由于工程项目的一次性、建设过程的复杂性和不可逆性,决定了项目质量管理在项目管理中占有重要地位,它直接影响到整个工程项目的成败。

项目质量管理规划包括质量目标,质量的管理体系、管理依据、管理程序、管理计划、管理实施和控制、管理协调等,以及保证质量目标实现的组织、经济、技术、合同措施。项目管理规划大纲确定的质量目标应符合招标文件规定的质量标准,应符合法律、法规、规范的要求,应体现组织的质量追求。

(八)项目职业健康安全与环境管理规划

项目职业健康安全与环境管理是指为使项目实施人员和相关人员规避伤害或影响健康风险而进行的计划、组织、指挥、协调和控制等活动。

建筑产品是一种复杂的产品,它具有体积庞大、位置固定、品种多样等特点。正是这些特点决定了建筑产品的生产过程具有周期长、涉及范围广、工序多、劳动人员多、技术复杂、受自然环境和社会环境影响大的特点。这就使得项目实施人员和相关人员的职业健康安全工作变得复杂困难。因此在生产过程中,通过职业健康安全生产的管理活动,减少并消除不安全行为和状态,以保证人员的健康和安全。

建设工程项目的环境保护是指保护和改善施工现场的环境。企业应按照国家和地方的相关法律、法规以及行业及企业自身的要求,采取措施保护施工现场的环境。

项目职业健康安全与环境管理规划主要包括下列内容:

1. 要对职业健康和安全管理体系的建立和运行进行规划,也要对环境管理体系的建立和运行进行规划;

2. 要对危险源进行预测,对其控制方法进行粗略规划;

3. 要编制有战略性和针对性的安全技术措施计划和环境保护措施计划;

4. 对于施工项目管理组织,过程的职业健康安全和环境保护显得尤为重要。建设工程项目管理规划大纲和设计项目管理规划大纲还应特别重视项目产品的职业健康安全性和环境保护性。

(九)项目采购与资源管理规划

项目采购管理是对项目的勘察、设计、施工、资源供应、咨询服务等采购工作进行的计划、组织、指挥、协调和控制等活动。

工程项目的采购范围十分广泛,通常包括物资采购(如各种材料和设备的采购),工程采购(如通过工程招标委托工程的承包单位),服务的采购(如劳务的承包,监理任务委托,工程咨询、鉴定任务的委托,技术服务的采购等),其他如信息、专利技术、场地等的采购。所以工程项目的采购要占用大量的人力、财力等来获取工程项目以及与项目实施的货物与服务等,对工程项目采购的管理不仅关系到工程项目的质量、成本,还关系到工程项目的投入与产出的关系,从而直接影响项目的收益和各方的经济利益。因此,项目采购管理在工程项目管理中具有很重要的作用。

项目采购规划包括采购什么,何时采购,询价,评价并确定参加投标的分包人,分包合同结构策划、采购文件的内容和编写等。

项目资源管理是对项目所需人力、材料、机械设备、技术、资金和基础设施所进行的计划、组织、协调和控制的活动。

项目资源管理规划包括识别、估算、分配相关资源,安排资源使用进度,进行资源控制的策划等。

（十）项目信息管理规划

工程项目的信息管理是对项目的信息进行收集、整理、储存、传递、应用的总称。信息管理是为工程项目的总目标服务的,通过有效的信息沟通使各级管理人员能全面、及时、准确地获取所需信息,从而保证项目目标的成功,保证项目管理系统高效率地运行。

对于工程项目管理来说,其信息主要包括成本控制信息、进度控制信息、质量控制信息以及合同管理信息等。

项目信息管理规划的内容包括:信息管理体系的建立,信息流的设计,信息收集、处理、储存、调用等的构思,软件和硬件的获得及投资等。

（十一）项目沟通管理规划

项目沟通管理是对项目内外部关系的协调及信息交流所进行的策划、组织和控制等活动。沟通是组织协调的手段,是解决项目组织及成员之间障碍的基本方法。项目协调的程度和效果常常依赖于各项目参加者之间的沟通程度,通过沟通可以解决项目各方在目标、技术、过程、管理方法和程序中间的矛盾、障碍与争执。

项目沟通管理规划的内容包括:项目的沟通关系,项目沟通体系,项目沟通网络,项目的沟通方式和渠道,项目沟通计划,项目沟通依据,项目沟通障碍与冲突管理方式,项目协调组织、原则和方式等。

（十二）项目风险管理规划

项目的风险管理是指通过风险识别、风险分析和风险评价认识项目风险,并以此为基础合理制定各种风险应对措施,对项目风险实行有效控制,妥善处理风险事件造成的不利后果,以最小的投入保证项目总体目标实现的管理工作。

项目风险管理规划应包括:应根据工程的实际情况对项目的主要风险因素作出预测,并提出相应的对策措施,提出风险管理的主要原则。

（十三）项目收尾管理规划

项目的收尾管理是对项目的收尾、试运行、竣工验收、竣工结算、竣工决算、考核评价、回访保修等进行计划、组织、协调和控制等活动。它是工程项目管理全过程的最后一个阶段,缺少这一阶段,项目就不能顺利交付使用并发挥投资效益。

项目的收尾管理规划包括工作成果验收和移交,费用的决算和结算,合同终结,项目审计,售后服务,项目管理组织解体和项目经理解职,文件归档,项目管理总结等。项目管理规划大纲应作出预测和原则性安排。这个阶段涉及问题较多,不能面面俱到,但是重点问题不能忽略。

第三节　项目管理实施规划

项目管理实施规划是以整个项目为对象,也可能以某个阶段或某一部分为对象,在项目实施前由项目经理组织为指导项目实施而编制,具有作业性和可操作性。它以项目管理规划大纲的总体部署和决策意图为指导,根据实施项目管理的需要补充具体内容。它是项目管理的执行规划,是项目管理的"规范"。

一、项目管理实施规划的作用

项目管理实施规划的主要作用如下:

1. 贯彻执行项目管理规划大纲的精神。项目管理规划大纲毕竟是战略性的、控制性的、粗线条的规划,所以要通过项目管理实施规划具体实施项目管理规划大纲对项目的安排,为项目管理提供具体的指导文件。

2. 指导项目的过程管理。通过选择确定合理的目标、组织、职责、依据、计划、程序、过程、标准、方法、资源、措施、评价、认定、考核等来落实项目意图,为项目的全过程管理提供依据。

3. 为项目经理指导项目管理提供依据。项目管理实施规划可以告诉项目经理,在项目管理中做什么,怎么做,何时做,谁来做,依据什么做,用什么方法做,如何应对风险,怎样沟通与协调出结果等。

4. 项目管理实施规划是项目管理的重要档案资料,存档后就是可贵的管理储备。

二、项目管理实施规划的编制依据

项目管理实施规划的编制依据❶包括:项目管理规划大纲、项目条件和分析资料、工程合同及相关文件、同类项目的相关资料等。

1. 项目管理规划大纲。项目管理实施规划是项目管理规划大纲的细化和具体化。为指导项目的实施具体规定各项目管理目标的要求、职责分工和管理方法,为履行任务作出精细安排。

2. 项目条件和环境分析资料。项目实施条件和环境分析资料越清晰、可靠,编制的项目管理实施规划越有指导价值。因此应广泛收集和调查项目条件和环境资料,对这些资料进行科学分析。

3. 工程合同及相关文件。合同中规定了项目管理工作的任务和目标,具有强制性。相关文件包括设计文件、法规文件、定额文件、政策文件、指令文件等。

4. 同类项目的相关资料。同类项目积累下来的经验、数据等是快速编制项目管理实施规划的有效参考依据。

三、项目管理实施规划的编制程序

1. 进行合同及项目条件分析。

2. 确定项目管理实施规划的目录及框架。

3. 分工编写。项目管理实施规划必须按照专业和管理职能分别由项目经理部的各部门或各职能人员编写。

4. 汇总协调。

5. 审查,修改,定稿。

---

❶ 《建设工程项目管理规范》(GB/T 50326—2006)规定:

　4.3.3　项目管理实施规划可依据下列资料编制:项目管理规划大纲;项目条件和分析资料;工程合同及相关文件;同类项目的相关资料等。

6. 报批。

四、项目管理实施规划的内容

项目管理实施规划包括下列 16 项内容❶：项目概况；总体工作计划；组织方案；技术方案；进度计划；质量计划；职业健康安全与环境管理计划；成本计划；资源需求计划；风险管理计划；信息管理计划；项目沟通管理计划；项目收尾管理计划；项目现场平面布置图；项目目标控制措施；技术经济指标。

（一）项目概况

项目管理实施规划的项目概况包括：工程项目名称、性质、用途及具体使用要求，项目预算费用和合同费用，合同结构图、主要合同目标，项目规模及主要任务量，具体建设地点和占地面积，项目工程结构与构造，地上、地下层数，现场情况，水、电、暖气、煤气、通信、道路情况，劳动力、材料、设备、构件供应情况，资金供应情况，说明主要项目范围的工作清单，任务分工，项目管理组织体系及主要目标。

（二）总体工作计划

总体工作计划包括项目管理工作总体目标，项目管理范围，项目管理工作总体部署，项目管理阶段划分和阶段目标，保证计划完成的资源投入、技术路线、组织路线、管理方针和路线等。

总体工作安排应明确下列内容：该项目的质量、进度、成本及安全总目标；拟投入的最多人数和平均人数；分包计划；劳务供应计划；物资供应计划；表示施工项目范围的项目专业工作（包）表（表中列出工作〈包〉编码、工作名称、工作范围、目标成本、质量标准或要求、完成时间、责任人、其他相关人）；工程施工区段（或单项工程）的划分及施工顺序安排等。

（三）组织方案

组织方案包括下列内容：

1. 项目结构图、组织结构图、合同结构图、编码结构图、重点工作流程图、任务分工表、职能分工表，并进行必要的说明。各种图应按规则编制，处理好相互之间的关系；

2. 合同所规定的项目范围与项目管理责任；

3. 项目经理部的人员安排；

4. 项目管理总体工作流程；

5. 项目经理部各部门的责任矩阵；

6. 工程分包策略和分包方案、材料供应方案、设备供应方案；

7. 新设置的制度一览表、引用组织已有制度一览表。

（四）技术方案

对于施工项目的技术方案等同于施工方案，施工方案与施工方法合理与否，将直接影响到工程的施工进度、施工质量、工程成本与施工安全以及施工平面布置等，因此，必须引起足够重视。

技术方案包括：项目构造与结构、工艺方法、工艺流程、工艺顺序、技术处理、设备选用、能

---

❶ 《建设工程项目管理规范》(GB/T 50326—2006)规定：

4.3.4 项目管理实施规划应包括下列内容：项目概况；总体工作计划；组织方案；技术方案；进度计划；质量计划；职业健康安全与环境管理计划；成本计划；资源需求计划；风险管理计划；信息管理计划；项目沟通管理计划；项目收尾管理计划；项目现场平面布置图；项目目标控制措施；技术经济指标。

源消耗、技术经济指标等。应辅以必要的图和表，以便表达清楚。

为了防止技术方案的片面性，一般需对主要工程项目可能采用的方案、方法作技术经济比较，从而使选定的方案技术先进、施工可行、经济合理。

（五）进度计划

项目进度计划是在确定了组织方案和技术方案的基础上，根据合同文件和资源条件等内外部约束条件，按照合理的活动顺序和原则，确定各项活动之间的相互关系、活动持续时间和活动的总时间。

项目进度计划主要包括编制说明、进度计划表，资源需要量和供应平衡表。

1. 编制说明主要包括进度计划中关键目标的说明，实施中的关键点和难点，保证条件的重点以及要采取的主要措施。

2. 进度计划表是主要内容，包括分项工程或工序名称、进度图等。进度图应能反映出工艺关系和组织关系，其他内容也要尽量详细具体，以便于操作。

3. 资源需要量及供应平衡表是根据进度计划表编制的资源保证计划，可包括劳动力、材料预制构件和施工机械等资源的计划。

4. 详细准备工作计划包括下列内容：准备组织及时间安排；技术准备工作；作业人员和管理人员的组织准备；物资准备；资金准备。

进度计划应合理分级，即注意使每份计划的范围大小适中，不要使计划范围过大或过小，也不要只用一份计划包含所有的内容。

（六）质量计划

质量计划是对特定的项目、产品、过程或合同，规定由谁及何时应使用哪些程序和相关资源的文件。对于工程建设项目，质量计划是针对特定的项目所编制的规定程序和相应资源的文件，是质量管理的依据，同时也可作为用户实施质量监督的依据。通过建设项目的质量计划使产品质量能够得到有效的保障。

质量计划应确定下列内容：质量目标和要求；质量管理组织和职责；所需的过程文件和资源；产品（或过程）所要求的评审、验证、确认、监视、检验和试验活动，以及接收准则；记录的要求；所采取的措施。

（七）职业健康安全与环境管理计划

职业健康安全与环境管理计划在项目管理规划大纲中职业健康安全与环境管理规划的基础上细化下列内容：

1. 项目的职业健康安全管理点；

2. 识别危险源，判别其风险等级。对不同等级的风险采取不同的对策；

3. 制定安全技术措施计划；

4. 制定安全检查计划；

5. 根据污染情况制定防治污染、保护环境计划。

（八）成本计划

在项目管理实施规划中，成本计划是在项目目标规划的基础上，结合进度计划、成本管理措施、市场信息、组织的成本战略和策略，具体确定主要费用项目的成本数量以及降低成本的数量，确定成本控制措施与方法，确定成本核算体系，为项目经理部实施项目管理目标责任书提出实施方案和方向。

成本计划包括下列内容：

1. 编制说明。是对工程的范围、投标竞争过程和合同条件、承包人对项目经理提出的责任成本目标、编制依据和指导思想等的具体说明。

2. 项目成本计划指标。根据工程项目管理和成本核算的需要,一般有三类指标:

(1)成本计划的数量指标,如按子项汇总的工程项目计划总成本指标;按分部汇总的各单位工程(或子项)计划成本指标;按人工、材料、机械等各主要生产要素计划成本指标。

(2)成本计划的质量指标,如工程项目总成本降低率。

(3)成本计划的效益指标,如工程项目成本降低额。

3. 按工程量清单列出的单位工程计划成本汇总表。

4. 根据清单项目的造价分析,分别对人工费、材料费、机械费、措施费、企业管理费和税费进行汇总,形成单位工程成本计划表。

(九)资源管理计划

由于工程项目建设过程中所需资源种类多、数量大,同时资源供应受外界影响很大,具有复杂性和不确定性。因此应结合进度计划编制资源管理计划,对资源的投入量、投入时间、投入步骤作出合理安排,以满足项目实施的需要。

资源管理计划包括建立资源管理制度,编制资源使用计划、供应计划和处置计划,规定控制程序和责任体系。其中人力资源管理计划包括人力资源需求计划,人力资源配置计划和人力资源培训计划;材料管理计划包括材料需求计划,材料使用计划,分阶段材料计划;机械设备管理计划包括机械设备需求计划,机械设备使用计划和机械设备保养与维修计划;项目资金管理计划包括项目资金流动计划和财务用款计划。

(十)风险管理计划

风险管理计划是研究和确定消除、减少或转移风险的方法,接受风险的决定及利用有利机会的计划应依据已知的技术或过去经验的数据,以避免产生新的风险。

风险管理计划作为项目计划的一部分,应与项目的其他计划,如进度计划、成本计划、组织计划、实施方案等通盘考虑。当确定风险且需要防止意外事故计划时,必须考虑风险对其他计划的不利影响。

项目风险管理计划内容包括:风险管理目标,风险管理范围,可使用的风险管理方法、工具及数据来源,风险分类和风险排序要求,风险管理道德职责与权限,风险跟踪的要求,相应的资源预算等。

(十一)信息管理计划

制定信息管理计划是项目信息管理的一项重要工作,应包括下列内容:

1. 项目管理的信息需求分析。信息需求分析是要确定项目各层次人员需要什么样的信息,需要时间以及信息提供的方法等。

2. 项目信息管理工作流程。信息管理工作流程是项目信息流通的渠道,用来反映工程项目上各单位及人员之间的关系。在工程项目管理中,信息流程主要有管理系统的纵向信息流、管理系统的横向信息流和外部系统的信息流。

3. 信息来源和传递途径。信息来源可分为内部信息来源和外部信息来源。内部信息来自工程项目本身,如工程概况、项目目标、技术方案、进度计划、各项技术经济指标、项目经理部的组织结构及相关管理制度等。外部信息主要包括国家或地方的相关法律法规、物价指数、原材料及设备价格等。

4. 信息处理要求及方式。在工程建设过程中必须对收集来的资料、信息进行处理,以便于管理和使用。为了使信息能有效发挥作用,信息处理必须做到快捷、准确、适用、经济。对于信息的处理可采用手工处理、机械处理和计算机处理等方式。使用计算机进行项目信息管理不仅可以接受并存储大量信息,而且可以利用与项目管理相关的软件(如 P3、PIP、施工现场管理软件、合同管理软件、资料管理软件等)对信息进行深度处理和加工,同时也可以对信息进行快速检索和传输。

5. 信息管理人员的职责。通过建立项目信息管理系统,在原有的项目组织的基础上,对信息管理任务和管理职能进行分工。项目经理可以根据工程实际情况在各工作部门设置专职或兼职的信息管理员,也可在项目经理部设置专职信息管理员,在组织信息管理部门的指导下进行工作。对于规模较大的项目可单独设置项目信息管理部门。

(十二)项目沟通管理计划

项目沟通计划是项目管理工作中各组织和人员之间关系能否顺利协调、管理目标能否顺利实现的关键。项目沟通管理计划应由项目经理组织编制。

项目沟通管理计划应包括下列内容:

1. 项目的沟通方式和途径。主要说明项目信息的流向和信息的分发方法(如书面报告、会议、文件等);

2. 信息收集归档格式;

3. 信息的发布和使用权限规定;

4. 沟通障碍与冲突管理计划;

5. 沟通技术约束条件与假设前提的编制。

在沟通计划中,要确定利害关系者的信息需求和满足这些需求的恰当手段。同时,在项目的整个过程中都应该对其结果进行定期或不定期的检查、考核和评价,并结合实施结果进行修改,以保证其准确性和适用性。

(十三)项目收尾管理计划

在项目收尾阶段制定工作计划,使收尾工作的思想具体化、指标化和形象化,从而指导各项收尾管理工作。

项目收尾管理计划应主要包括下列内容:

1. 项目收尾计划;

2. 项目结算计划;

3. 文件归档计划;

4. 项目总结计划。

(十四)项目现场平面布置图

施工平面图是具体指导现场施工部署的行动方案,对于指导现场管理、文明施工、节约用地、降低成本具有重大意义。它是按照施工部署、施工方案和施工进度计划的要求,对施工现场的各项生产、生活设施作出合理规划和布置,并绘制在图纸上。

由于建筑施工是一个复杂而又长期的动态过程,不同阶段对施工现场的布置要求不同,因此可根据施工进度的不同阶段编制相应阶段的施工平面图。一般可划分为:土方开挖、基础施工、主体施工和装饰装修等。

现场平面布置图应包括以下内容:

1. 一切地上、地下已有的,并在施工期间保留的建筑物、构筑物和各种管线道路;拟建的建筑物、构筑物。

2. 可临时占用的地区,场外和场内交通道路,现场主要入口和次要入口,现场临时供水、供电的入口位置。

3. 测量放线的标桩、现场地面的大致标高。需要取土或弃土的项目应有取、弃土地区位置。

4. 现场主要施工机械的位置(如塔式起重机、施工电梯或垂直运输龙门架)。塔式起重机应按最大臂杆长度绘出有效工作范围;移动式塔式起重机应绘出铁轨位置。

5. 各种建筑材料、构件和半成品的仓库及堆场。

6. 临时给排水的管线,动力、照明供电线路。

7. 生产、生活用的临时设施。包括行政管理用的办公室、施工人员的宿舍以及文化福利用的临时建筑物等。

8. 消防入口、消防道路和消火栓的位置。

9. 平面图比例,采用的图例、方向、风向和主导风向标记。

(十五)项目目标控制措施

控制措施是为保证工程目标顺利实现,针对工程特点,在技术和组织方面采取相应的方法。一般包括:保证进度目标的措施;保证质量目标的措施;保证安全目标的措施;保证成本目标的措施;保证季节性工作的措施;保护环境的措施等。

每一种目标的控制措施均应从组织、经济、技术、合同、法规等方面综合考虑,务求可行、有效。

1. 组织措施的特点是,措施与组织机构、分工、责任制、计划工作有关,与制度有关。

2. 经济措施的特点是,措施与资金、核算、价格、概算、预算有关。

3. 技术措施的特点是,措施与工艺有关,与技术方案有关,与工法有关。

4. 合同措施的特点是,措施与谈判、招投标、合同签订、索赔等有关。

5. 法规措施的特点是,制定措施时利用法规的强制性,实施中利用法规解决问题的有效性。

(十六)技术经济指标

项目管理实施规划编制完成以后,还需对其进行技术经济分析评价,以便改进方案或对多方案进行优选。技术经济指标至少应包括以下方面:

1. 进度方面的指标:总工期。

2. 质量方面的指标:工程整体质量标准、分部分项工程的质量标准。

3. 成本方面的指标:工程总造价或总成本、单位工程成本、成本降低率。

4. 资源消耗方面的指标:总用工量、用料量、子项目用工量、高峰人数、节约量、机械设备使用数量。

这些指标是规划的结果,体现规划的水平。它们又是项目管理目标的进一步分解,可以验证项目目标的完成程度和完成的可能性。规划完成后作为确定项目经理部责任的依据。组织对项目经理部,以及项目经理部对其职能部门或人员的责任指标应以这些指标为依据。项目完成后,应作为评价项目管理业绩的内容和依据。

五、项目管理实施规划与施工组织设计和质量计划的关系

施工项目管理实施规划不同于传统的施工组织设计和质量计划。施工组织设计是指导拟建工程从施工准备到竣工验收全过程的技术经济文件,主旨是满足施工要求。质量计划是为贯彻质量管理体系标准、进行全面质量管理的计划文件,主要是为质量管理服务。两者不能像项目管理规划那样满足项目管理的全面要求,但三者在内容和作用上具有一定的共性,具体体现在以下方面：

1. 项目管理实施规划可以用施工组织设计或质量计划替代，但必须对它们的内容进行改革、扩展，从而满足项目管理规划的要求。大中型项目需单独编制项目管理实施规划。

2. 项目管理实施规划是企业的内部文件，不应外传，但是如果监理机构要审查施工组织设计和质量计划时，可以从项目管理实施规划中摘录。

3. 当发包人在招标文件中要求编制施工组织设计或质量计划时，可以将项目管理实施规划大纲中的相应内容经过细化、修改、调整、补充后使用。但编制项目管理实施规划大纲时，应注意招标人对相应内容的要求。承包人中标后需向发包人提供工程实施计划时，可将项目管理实施规划中的相应内容经过细化、修改、调整、补充后应用到工程实施计划中。

复习思考题

1. 试述项目管理规划的作用与分类。
2. 试述项目管理规划大纲的作用及依据。
3. 试述项目管理规划大纲的编制程序。
4. 项目管理规划大纲的内容有哪些？
5. 试述项目管理实施规划的作用及依据。
6. 试述项目管理实施规划的编制程序。
7. 项目管理实施规划的内容有哪些？
8. 试述项目管理实施规划与施工组织设计和质量计划的关系。

参考文献

[1] 中华人民共和国建设部.(GB/T 50326—2006)建设工程项目管理规范[S].北京:中国建筑工业出版社,2006.

[2] 中华人民共和国建设部.(JGJ/T 121—99)工程网络计划技术规程[S].北京:中国建筑工业出版社,1999.

[3] 王雪青.国际工程项目管理[M].北京:中国建筑工业出版社,2000.

[4] 吴涛,丛培经.建设工程项目管理规范实施手册[M]第2版.北京:中国建筑工业出版社,2006.

[5] 陈乃佑.建筑施工组织[M].北京:机械工业出版社,2003.

[6] 赵正印,张迪.建筑施工组织设计与管理[M].郑州:黄河水利出版杜,2003.

[7] 危道军.建筑施工组织[M].北京:中国建筑工业出版社,2008.

[8] 于立君,孙宝庆.建筑工程施工组织[M].北京:高等教育出版社,2005.

[9] 钱昆润.建筑施工组织设计[M].南京:东南大学出版社,2000.

[10] 重庆大学,同济大学,哈尔滨工业大学.土木工程施工[M].北京:中国建筑工业出版社,2003.

[11] 毛鹤琴.土木工程施工[M].武汉:武汉工业大学出版社,2000.

[12] 成虎.工程项目管理[M].北京:高等教育出版社,2006.

[13] 李建华.建筑施工组织与管理[M].北京:清华大学出版社,2003.

[14] 马敬坤.公路施工组织设计[M].北京:人民交通出版社,2002.

[15] 刘武成.路桥土木工程施工组织学[M].北京:中国铁道出版社,2003.

[16] 田克平.桥梁施工组织设计与实例[M].北京:人民交通出版社,2002.

[17] 北京土木建筑学会.建筑工程施工组织设计与施工方案[M].北京:经济科学出版社,2003.

[18] 周国恩.建筑工程施工组织管理[M].北京:高等教育出版社,2002.